# 완벽한 학습을 위한
# 렛유인의 **도서 구매 무료 혜택**

KB247811

## 쿠폰 번호

### PACK-SN9B-BMA1-ZU49

※ 쿠폰 사용은 등록 후 1년까지 가능합니다

## 쿠폰 등록 방법

렛유인 홈페이지 로그인
(www.letuin.com)

[마이페이지]
- [할인쿠폰] 클릭

쿠폰 번호 입력

## 도서 구매 혜택

반도체
기초이론
무료강의

반도체 산업
필수용어집
(PDF)

FREE

# 언제 어디서든 수강! 3주 단기 온라인 과정
# 실무역량 강화 프로젝트 과정

수준별 맞춤형 커리큘럼과 현업 데이터 기반 프로젝트로
**기초는 탄탄하게! 실무는 정확하게!**

## 1
### 산업별 현직자의 커리큘럼

현직자가 직접 설계한
기본+실전 커리큘럼으로
쉽고 빠르게 역량 강화

## 2
### 기업이 원하는 인재상 실무 역량 강화

현업 데이터를 활용한
실무 프로젝트를 진행하고
1:1 피드백으로 실무 경험 GET!

## 3
### 이공계 첨단산업 최다 과정 보유 및 운영

**반도체 산업**
· Spotfire 활용 데이터분석
· 공정/설비 기초&실무
· 후공정 실무
· 데이터분석
· 회로설계 실무

**바이오 산업**
· 의약품 품질관리

**방위 산업**
· 방위산업 실무

**2차전지 산업**
· Cell 개발
· 공정/설비
· 품질실무

**디스플레이 산업**
· AI활용 데이터분석

1:1 밀착 관리 시스템
평균 수료율
**98.9%**

수강료
**90%**
할인 받기 >

# 밀착 관리! 3개월 집중 취업 훈련
# 반도체 엔지니어 양성 과정

반도체 분야별 핵심이론+실습+프로젝트+멘토링으로
**반도체 취업 준비, 고민 없이 한 방에!**

**1**

## 수강료 Zero + α

교육비 전액 지원,
월 훈련장려금 지급,
교재 무상 지급

**2**

## 엔지니어 실무 역량 Up

각 분야별 특화된
현장실습&데이터분석
프로젝트

**3**

## 취업 준비 All Care

취업 전문가의 특강
현직 엔지니어의 멘토링
서류·면접 컨설팅

---

## 반도체 공정/설비 데이터 분석과정

· 현장 공정실습, XR기반 실습을 통한 공정 엔지니어 실무 경험
· 실측 공정 데이터 활용 Python 데이터 분석 프로젝트

## 반도체 제품 품질 평가 및 분석과정

· 측정, 분석, 개선 등 실제 반도체 품질 분야 현업 업무 경험
· 삼성,SK에서 사용중인 Spotfire 툴 활용 데이터 분석 프로젝트

## 반도체 패키지 공정 데이터 분석과정

· 반도체 교육업계 최초! 커리큘럼 내 후공정 장비실습 포함
· eZ SPC를 활용한 후공정 이상 감지 및 개선 분석 프로젝트

# 베스트셀러 1위 렛유인 반도체 시리즈

# 반도체 취업을 위한 도서 가이드

### 반도체 기출편

면접관 출신 저자가 알려주는
기업별 면접 기출 및 답변 전략 수록

### 반도체 직무바이블

7명의 현직자가 알려주는 직무별
필수 역량 등 대기업 합격 비법 수록

### 반도체 이론편

대기업 면접 기출 기반
반도체 핵심 이론 총정리

### 반도체 장비편

장비 기초 이론부터 엔지니어 특화
자소서&면접 전략 수록

## 한 권으로 끝내는 렛유인의
## 이공계 취업 도서 구경하기

한권으로 끝내는

# 전공·직무 면접

# 반도체

# 후공정 편
신간

후공정 산업 동향, 대표 기업 소개, 후공정 직무 소개, 패키지 제품 소개
컨벤셔널 패키징 공정, 어드밴스드 패키징 공정, 미래 핵심 기술

차호철, 김용식, 렛유인연구소 지음

반도체
7년 연속
**1위**

렛유인
반도체 시리즈
**신간**

# 저자의 말

이 도서는 두 가지 목적으로 집필했다. 첫 번째는 앞으로 중요해지는 반도체 후공정을 쉽게 설명하기 위함이고, 두 번째는 이 어려운 패키지 기술이 우리 일상 생활에서 어떻게 활용되는지 실제 사례를 다양하게 보여주기 위함이다.

최근 반도체 산업의 채용 트렌드는 반도체 관련 지식을 기본적으로 물어보는 난이도 높은 면접이 진행된다. 저자는 많은 취업준비생을 컨설팅하며, 기본적으로 알아야 할 직무 관련 기술이나 산업 동향을 파악하지 못한 사람이 너무 많이 봤다. 지원하는 분야에 대한 기술과 산업 동향을 파악하지 못하는 이유를 다수에게 물어본 결과 다음과 같았다.

*"많은 회사를 동시에 지원하다 보니 회사별로 주력하는 사업/제품/기술을 모두 공부할 수 없고,
또한 내용이 어려워서 어디서부터 손을 대야 할지 모르겠어요"*

이러한 상황이 발생하는 이유는 딱 1가지이다. 단순히 내용을 많이 외우고 알게 되면 그것이 취업 성공의 열쇠라고 오해하기 때문이다. 회사원이 되는 순간 이론을 활용하여 실제 제품이 작동하도록 만들어내고, 만들어내는 과정에서 수많은 문제를 해결해야 하는 사람이 돼야 한다. 실무 관점에서 진짜 문제를 해결하는 지식은 단순히 이론만 아는 것이 아니라, 실제 적용분야를 이해하고 그 분야에서 발생하는 문제를 해결하는 것이다. 이것만 잘 파악하면 취업 성공에 매우 유리한 지원자가 된다. 결론적으로 많이 외우는 것이 중요한 것이 아니라, 스스로 내용을 이해하고 해당 분야에 진짜 필요한 지식만 외우는 "나만의 반도체 노트"를 만드는 것부터 시작해야 한다. 그러면 취업 성공에 많이 가까워질 수 있는 것이다.

반도체 후공정이라는 단어를 들어본 독자는 많겠지만, 후공정의 영역이 어디까지인지 파악하기는 굉장히 어렵다. 많은 독자분들은 전공정이라는 단어에 더 익숙하다고 생각한다. 웨이퍼를 제조하는 관점에서 성능을 향상시키기 위해 가장 중요한 것이 미세화 공정이지만, 최근에는 미세화 공정을 발전시키는 것에 많은 한계가 생기기 시작했다. 이러한 한계를 돌파하기 위하여 최근 반도체 업계에서 집중적으로 연구하는 분야는 바로 반도체 패키지 또는 후공정이다.

후공정은 웨이퍼가 생산된 이후 반도체를 주문한 고객의 요구사항에 맞게 웨이퍼를 자르고, 반도체가 작동할 수 있도록 전기적으로 연결한 후, 외부로부터 보호하는 반도체 패키지를 제조하는 목적을 모두 포함하는 공정을 의미한다. 따라서, 앞으로 반도체의 성능을 향상시키기 위해서는 반도체 후공정 분야의 기술 발전에 많은 투자가 이루어질 것이다.

또한 반도체 후공정이라는 어려운 분야를 학습하여 전공정과의 연관 관계를 깨닫고 후공정의 다양한 기술 개발 방식에 대해 이해할 필요가 있다. 이러한 후공정 분야의 산업 트렌드와 기술 이해를 통해 취업을 목표로 하는 독자는 취업 성공이라는 목표에 한 걸음 더 다가갈 수 있게 될 것이다. 이외에도 반도체 기술에 관심이 많은 독자는 후공정 분야의 기술 이해를 통해 반도체를 더욱 더 이해하고, 향후 발전 동향을 파악하여 개인별 목적에 맞게 후공정 지식을 적극 활용하기 바란다.

*대표저자 차호철*

# 저자의 말

먼저, 이 도서의 목적은 반도체 후공정 패키징 분야의 지식을 체계적으로 정리하고, 업계 종사자 및 연구자들이 실무에 바로 적용할 수 있도록 돕기 위함입니다. 반도체 산업은 빠르게 발전하고 있으며, 패키징 기술 역시 그 중요성이 날로 커지고 있습니다. 이에 따라 최신 기술 동향, 패키징 실무, 문제 해결 방법 등을 한데 모아 누구나 쉽게 이해하고 활용할 수 있는 자료를 제공하는 것이 저자의 목표입니다. 또한, 이 책이 후공정 패키징 분야의 표준과 가이드라인 역할을 하여, 패키징 공정을 배우고자 하는 취준생과 연구자들에게 전반적인 기술 수준 향상과 경쟁력 강화를 도모하는데 기여하기를 희망합니다.

우선 반도체 후공정에 관심 있는 엔지니어, 연구원, 학생들이 실무와 연구에 참고자료로 이 책을 활용하는 것이 가장 이상적입니다. 이 책에서는 기술 습득과 문제 해결에 도움을 주는 실무 사례, 최신 트렌드, 표준 절차 등을 상세히 다루고 있기 때문에, 프로젝트 진행 시 참고하거나 교육 자료로 활용하면 큰 도움이 될 것입니다. 또한 이 책이 업계 내 다양한 전문가들과의 소통과 협업이 원활해지고, 새로운 아이디어와 혁신적인 해결책을 모색하는 데도 유용하게 쓰이길 바랍니다. 더 나아가 후공정 패키징 기술의 표준화와 품질 향상에 기여하는 참고서로 자리매김하길 기대합니다.

마지막으로, 이 도서 제작에 도움을 주신 모든 분들에게 진심으로 감사의 말씀을 전하고 싶습니다. 집필 과정에서 조언과 격려를 아끼지 않으신 분들, 기술적 검증과 자료 제공에 협조해 주신 업계 관계자 분들, 그리고 편집과 출판 과정에서 수고해 주신 렛유인에듀(주) 임직원들의 노고 덕분에 이 책이 완성될 수 있었습니다. 여러분의 소중한 도움과 열정이 없었다면 이 성과는 불가능했을 것입니다. 앞으로도 반도체 후공정 분야의 발전을 위해 함께 노력하여, 이 책이 많은 분들에게 유익한 길잡이가 되기를 희망합니다.

저자 김용식

# 목차

# Part 01
# 반도체 입문

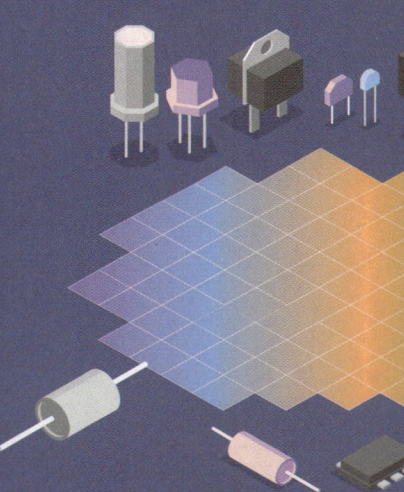

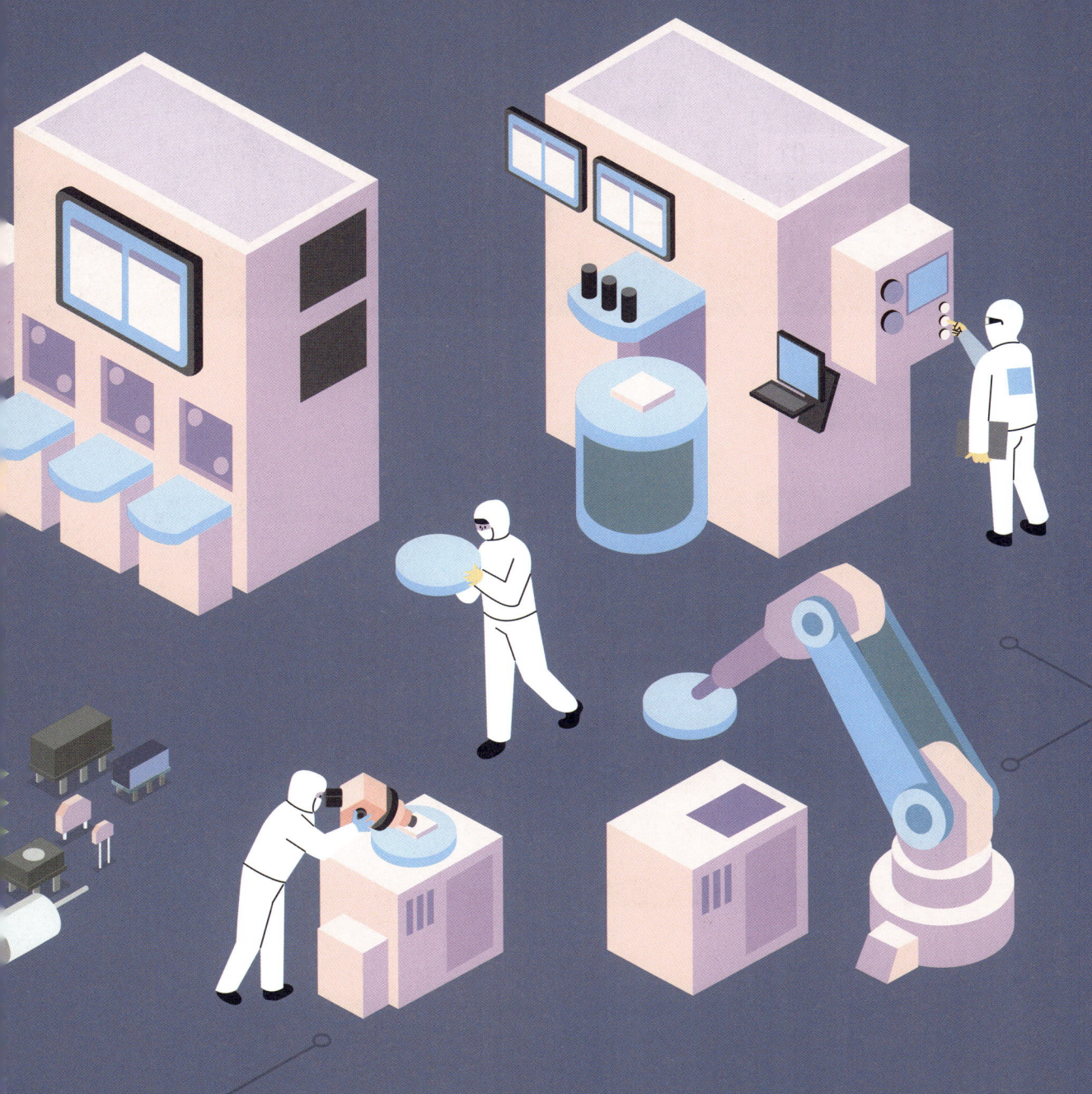

# Chapter 01
# 반도체 입문

## 핵심요약

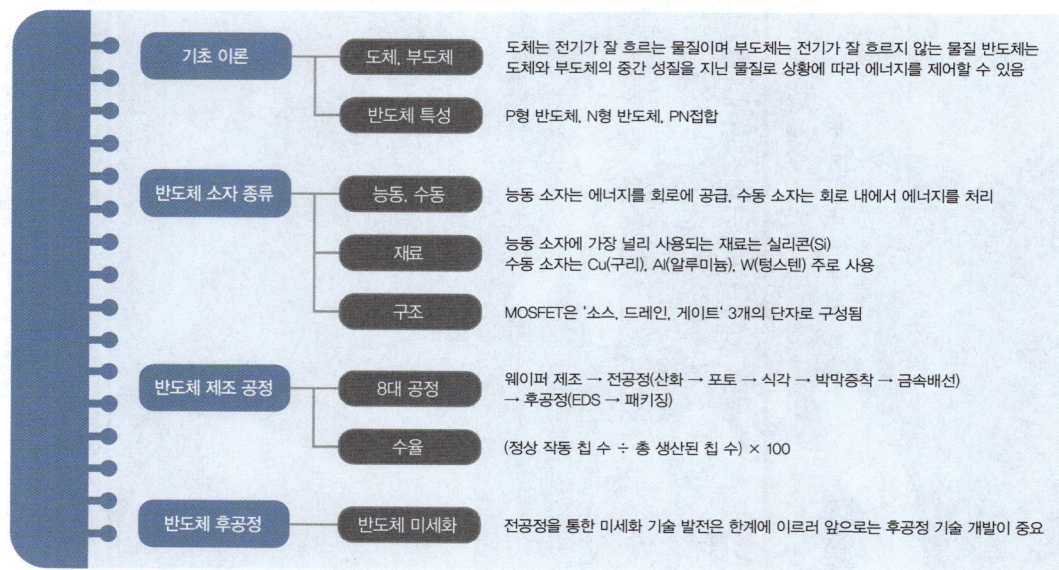

| 기초 이론 | 도체, 부도체 | 도체는 전기가 잘 흐르는 물질이며 부도체는 전기가 잘 흐르지 않는 물질 반도체는 도체와 부도체의 중간 성질을 지닌 물질로 상황에 따라 에너지를 제어할 수 있음 |
| | 반도체 특성 | P형 반도체, N형 반도체, PN접합 |
| 반도체 소자 종류 | 능동, 수동 | 능동 소자는 에너지를 회로에 공급, 수동 소자는 회로 내에서 에너지를 처리 |
| | 재료 | 능동 소자에 가장 널리 사용되는 재료는 실리콘(Si) 수동 소자는 Cu(구리), Al(알루미늄), W(텅스텐) 주로 사용 |
| | 구조 | MOSFET은 '소스, 드레인, 게이트' 3개의 단자로 구성됨 |
| 반도체 제조 공정 | 8대 공정 | 웨이퍼 제조 → 전공정(산화 → 포토 → 식각 → 박막증착 → 금속배선) → 후공정(EDS → 패키징) |
| | 수율 | (정상 작동 칩 수 ÷ 총 생산된 칩 수) × 100 |
| 반도체 후공정 | 반도체 미세화 | 전공정을 통한 미세화 기술 발전은 한계에 이르러 앞으로는 후공정 기술 개발이 중요 |

학습 포인트

반도체가 어떻게 작동하는지 이해하고 반도체 제조 공정이 전공정과 후공정으로 나뉜다는 것을 파악한다. 또한 반도체 제조 과정에서 점차 중요도가 높아지는 후공정이 무엇인지 정확하게 파악한다.

이제 공학계열 전공자가 아니더라도 '반도체'라는 용어를 일상에서 쉽게 접하는 시대가 됐다. 특히 한국은 반도체 강국으로 세계 시장에서 인정받고 있으며, 이러한 인정을 받는 이유는 바로 삼성전자와 SK하이닉스와 같은 종합 반도체 기업이 있기 때문이다. 이 두 기업은 전 세계 메모리 시장을 독점하고 있다고 해도 과언이 아닐 정도로 수십 년째 메모리 반도체 제조 기술을 발전시키고 있다. 지금도 한국의 반도체 시장은 계속해서 확장되고 있고 전문 기술 인력 또한 지속적으로 필요하기 때문에 반도체 산업의 취업 전망은 매우 밝은 편이다. 이 책을 읽으면서 반도체 산업에 관심을 가지게 된다면, 지금부터 하나씩 차근차근 준비하여 취업 목표를 수립해 보는 것도 좋을 것 같다.

## ① 반도체 기초

반도체는 현대 전자기기의 핵심 부품으로 우리 일상에서 절대 빼놓을 수 없다. 우리는 스마트폰, 컴퓨터, 자동차, 가전제품 등 다양한 전자기기에서 반도체를 만나볼 수 있다. 하지만 반도체가 정확히 무엇인지 정의를 이야기하라고 했을 때 관련 전공자가 아닌 이상 쉽게 말하기는 어려울 것이다. 지금부터 반도체가 무엇인지, 어떤 원리로 작동하는지 알아보자.

### 1. 도체와 부도체

반도체는 평소에는 전기가 잘 통하지 않는 부도체에 가깝지만, 특정 조건에서는 전기가 잘 통하는 도체처럼 작동한다. 따라서 반도체의 특성을 이해하기 위해서는 먼저 도체와 부도체가 무엇인지 정확하게 알아야 한다.

도체는 전기가 잘 흐르는 물질을 말하며, 원자가띠와 전도띠가 서로 겹쳐 있어 아주 작은 에너지로도 쉽게 전도성을 가질 수 있는 특징이 있다. 대표적으로는 Cu(구리), Al(알루미늄), Au(금) 등이 있으며, 이러한 금속 물질들은 전자가 자유롭게 움직여 전류가 쉽게 흐를 수 있는 성질이 있다.

부도체는 전기가 잘 흐르지 않는 물질로, 전도대와 가전자대 사이의 에너지 간격이 매우 넓어 전자가 자유롭게 이동할 수 없다. 일반적으로 약 4eV 이상의 Band Gap을 가지면 전자가 충분한 에너지를 얻지 못해 전류가 흐르지 않는 상태가 된다. 대표적으로 고무, 유리, 플라스틱 등이 부도체에 해당한다.

반도체는 도체와 부도체의 중간 성질을 지닌 물질로, 4eV 미만의 Band Gap을 가질 때 외부 환경에 따라 전도성이 달라지는 특징이 있다. 상온에서는 전도성이 낮지만, 열이나 빛을 가하거나 불순물을 주입하면 전자가 띠 간격을 넘어 전도대로 이동해 전류가 흐를 수 있게 된다. 즉, 반도체는 상황에 따라 에너지를 제어할 수 있는 환경을 구성할 수 있다는 점이 핵심이다.

반도체는 전기 신호 제어, 증폭, 스위칭 등 다양한 기능에 활용되며, 그 성능을 결정하는 가장 중요한 요소는 소재이다. 최근에는 웨이퍼 미세화 기술의 한계가 드러나면서, 신규 소재 기반 웨이퍼 개발, 단위 공정에 적용되는 다양한 물질, 후공정에서의 패키징 구조 및 소재 혁신 등을 중심으로 성능 개선이 이루어지고 있다. 이에 대한 구체적인 설명은 다음 챕터에서 자세히 알아보자.

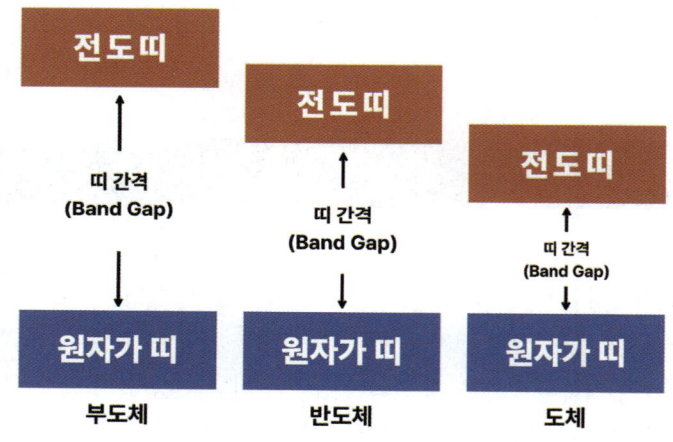

[그림 1-1] 부도체, 반도체, 도체의 Band Gap(띠 간격)

## 2. 반도체의 특성

반도체는 앞서 언급했던 것처럼 외부 환경에 따라 전도성이 달라지기 때문에, 이를 활용하여 다양한 전자 부품을 만들 수 있다. 이것이 가능한 이유는 바로 PN접합 기술이 있기 때문이다. PN접합을 이해하는 것은 반도체가 어떻게 트랜지스터나 다이오드와 같은 전자 부품으로 제작되는지 이해하는 데 아주 중요하다. 반도체는 기본적으로 P형 반도체와 N형 반도체 두 가지 종류로 구분할 수 있으며, 두 종류의 반도체는 도핑(Doping)이라는 과정을 통해 제작된다. 여기서 도핑이란 순수한 실리콘(Si) 반도체에 특정 불순물을 첨가하여 전기적 특성을 변화시키는 방법이다.

## (1) P형 반도체

P형 반도체의 P는 'Positive'를 의미하며, 실리콘에 B(붕소), Al(알루미늄)과 같은 3가 원소를 불순물로 첨가하여 만든다. 3가 원소는 공유 결합에 필요한 전자가 하나 부족하기 때문에 전자보다 홀(Hole)이 주요한 역할을 하게 된다. 그 결과 P형 반도체에서는 전기가 흐를 때 양전하를 이동시키는 방식으로 전류가 흐른다.

## (2) N형 반도체

N형 반도체의 N은 'Negative'를 의미하며, 실리콘에 P(인), As(비소)와 같은 5가 원소를 불순물로 첨가하여 만든다. 5가 원소는 공유 결합에 필요한 전자보다 1개의 전자가 더 많아 자유롭게 이동할 수 있는 상태가 된다. 이 자유전자가 전류의 주된 이동체가 되므로, N형 반도체에서는 전자가 이동하면서 전류가 흐른다.

이후에 P형 반도체와 N형 반도체가 결합되어 PN접합이 형성된다. 이 접합에서 중요한 현상은 다이오드의 특성을 만들어내는 것이다. 서로 다른 영역으로 구성되기 때문에 전자는 P형 쪽으로 이동하려 하고, 홀은 N형 쪽으로 이동하려 한다. 이 과정에서 재결합이 일어나며 해당 영역이 형성된다. 이곳에서는 전자와 홀이 이동하지 않기 때문에 전류가 흐를 수 없고, 전압을 인가하면 이 영역을 넘어 전류가 흐르게 된다.

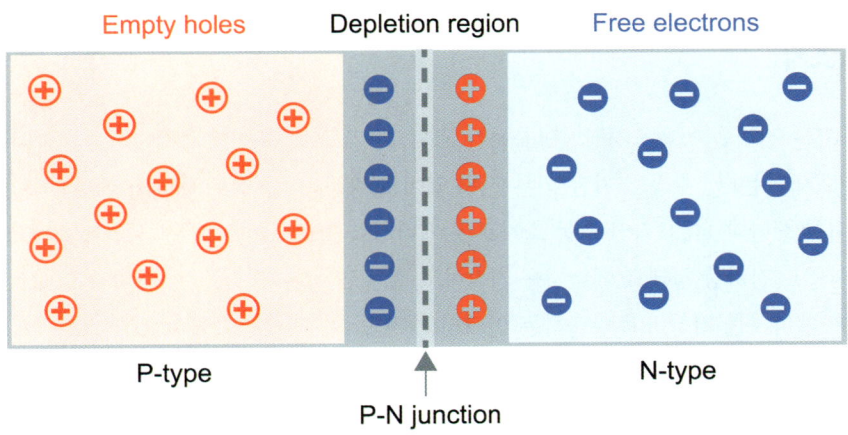

[그림 1-2] PN접합의 전자와 홀 배치도

## ② 반도체 소자 종류

PN접합이 형성된 이후에는 전압을 인가하여 전류가 흐르게 설계한다. 이러한 설계에 맞추어 작동하도록 반도체 전기적 특성을 활용하여 만들어진 전자 부품을 소자라고 한다. 소자는 현대 전자기기를 작동시키는 핵심 요소로 활용되고 있다. 반도체 소자는 저항, 인덕터, 커패시터, 다이오드, 트랜지스터, 집적회로 등 다양한 개별 소자로 구성되며, 능동 소자와 수동 소자로 나뉜다. 반도체의 성능을 향상하기 위해서는 소자를 어떻게 설계하느냐가 가장 중요한데, 이를 위해 소자의 구조와 재료를 지속적으로 개발하고 있다.

## 1. 능동 소자와 수동 소자의 이해

### (1) 능동 소자

능동 소자는 신호를 증폭, 제어하거나 에너지를 회로에 공급할 수 있는 소자이다. 소자가 동작하기 위해서는 외부 전원이 필요한데, 이 때 전류나 전압의 흐름을 능동적으로 조절하여 신호를 처리하는 '전자 회로의 두뇌'와 같은 역할을 한다. 대표적인 능동소자로는 신호 증폭 및 스위치 역할을 하는 트랜지스터, 전류를 한 방향으로만 흐르게 하여 정류나 스위치 기능을 하는 다이오드, 연산 증폭기나 마이크로컨트롤러(MCU) 등 복합적으로 능동 기능을 수행하는 집적회로(IC[1])가 있다.

### (2) 수동 소자

수동 소자는 전력을 소비 · 저장 · 방출하는 소자로, 스스로 신호를 증폭하거나 제어하는 능동적인 기능은 하지 않는다. 수동 소자는 외부 전원 없이도 작동하며, 회로 내에서 에너지를 수동적으로 처리하는 역할을 한다. 대표적인 수동 소자로는 에너지를 열로 소비하여 전류를 제한하고 전압을 분배하는 저항(R), 전기장 형태로 에너지를 저장하고 방출하는 커패시터(C), 자기장 형태로 전류 변화를 방해하여 에너지를 저장하고 방출하는 인덕터(L)가 있다. 전자공학에서 RLC 회로라는 이름이 있을 만큼, 이 세 가지 수동 소자는 매우 중요한 역할을 한다.

---

[1] Integrated Circuit의 약자로 트랜지스터, 저항, 커패시터 등 다수의 전자회로 소자를 하나의 반도체 기판(칩) 위에 미세하게 집적하여 만든 복합 전자소자

## 2. 소자의 재료

소자가 작동하기 위해서는 기능과 특성에 따라 다양한 재료를 사용하며, 특히 반도체는 도체와 부도체의 성질을 제어할 수 있는 물질을 사용해야 한다. 과거부터 현재까지 능동 소자에 가장 널리 사용되는 재료는 Si(실리콘)으로, 지각에 풍부해 가격이 저렴하고 독성이 낮으며, 열적 안정성과 전기적 특성이 우수하다는 장점이 있기 때문이다. 특히 절연체인 $SiO_2$(이산화규소) 막을 쉽게 만들 수 있어 MOSFET[2] 트랜지스터 제작에 최적화되어있다. 그 외에도 SiC(실리콘 카바이드), Ge(게르마늄), GaN(질화갈륨), GaAs(갈륨비소) 등 다양한 반도체 재료가 있다.

또한 수동 소자에는 RLC 구성요소로 Cu(구리), Al(알루미늄), W(텅스텐) 등을 주로 사용하며, 이 외에도 $SiO_2$(이산화규소), $Si_3N_4$(질화규소), 고유전율 물질과 같은 절연체 재료와 저항기 재료로 사용되는 합금 등 다양한 소재를 활용하여 제작한다.

## 3. 소자의 구조

소자는 능동 소자와 수동 소자로 나뉘지만, 이 중 반도체의 핵심 작동 원리를 담당하는 능동 소자에 관해서만 설명하도록 한다(수동 소자는 일종의 부품으로 활용하기 때문에 자세한 설명은 생략한다). 능동 소자는 외부 전원의 공급을 받아 신호를 증폭하거나 스위칭·변환하는 등 회로의 능동적 제어 기능을 수행한다. 대표적인 예로 트랜지스터가 있으며, 이 중에서도 가장 널리 사용되는 MOSFET의 구조를 중심으로 학습한다. MOSFET은 세 개의 단자로 구성되며, 소스, 드레인, 게이트로 나누어진다. 소스는 전자가 들어오는 부분을 의미하고, 드레인은 전자가 나가는 부분, 게이트는 소스와 드레인 사이의 전류 흐름을 제어하는 스위치 역할을 한다.

작동원리는 [그림 1-3]과 같이 게이트 단자에 전압을 가하면, 그 아래의 채널 영역에 전하가 유도되어 소스와 드레인 사이에 전류가 흐를 수 있는 통로가 만들어진다. 이때 게이트 전압을 조절하여 전류의 흐름을 키우거나 끌 수 있으며, 그 세기를 조절할 수 있다. 최근에는 2차원 MOSFET의 구조 한계를 극복하기 위해 [그림 1-4]와 같은 FinFET이나 GAA[3]처럼 게이트가 채널을 여러 면에서 둘러싸는 3차원 구조가 적용된다.

---

2 Metal-Oxide-Semiconductor Field-Effect Transistor의 약자이다. 디지털 회로와 아날로그 회로에서 가장 일반적인 구조로, 반도체의 전하 농도 변화를 기반으로 반도체의 성능을 좌우한다.
3 Gate All-Around의 약자로 반도체 소자의 트랜지스터 신기술을 말한다.

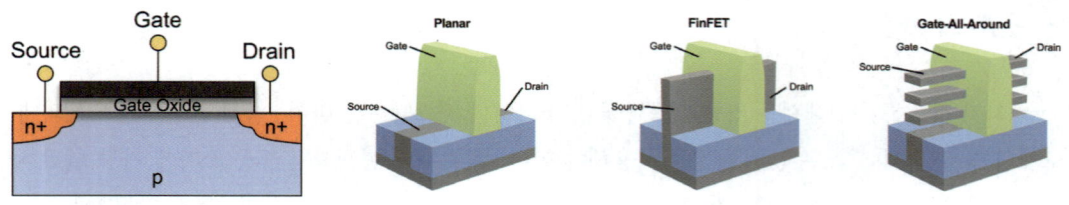

[그림 1-3] MOSFET의 구조    [그림 1-4] Planar MOSFET과 비교한 FinFET 및 GAA의 구조

## ③ 반도체 제조 공정의 흐름

### 1. 반도체 제조 공정 소개

반도체 제조는 순수한 웨이퍼 위에 반도체 소자가 작동될 수 있도록 구조를 만들고, 외부 전원을 연결했을 때 작동 가능한 제품으로 만들어내는 과정을 의미한다. 흔히 반도체 8대 공정과 같이 8개의 공정만 거치면 반도체가 제작되는 것으로 알지만, 실제로는 수백 개의 단위 공정을 거쳐야 한다. 실제로 최종 제품 납품 전 테스트하는 공정만 10가지가 넘는다. 반도체는 하나의 제품을 생산하기까지 일반적으로 3~4달 정도의 시간이 소요된다.

단위 공정을 이해하기 전에 가장 먼저 알아야 할 것은 반도체 8대 공정이다. 8대 공정은 [그림 1-5]와 같이 순수한 웨이퍼를 제조하는 웨이퍼 제조 공정, 반도체의 핵심이 되는 회로를 웨이퍼에 그려넣고 전기 신호를 연결하는 전공정, 웨이퍼를 잘라서 고객 요구사항에 맞게 패키징 기술을 통해 적층하고 보호할 수 있도록 만드는 후공정까지 이렇게 총 3가지 단계로 나눌 수 있다.

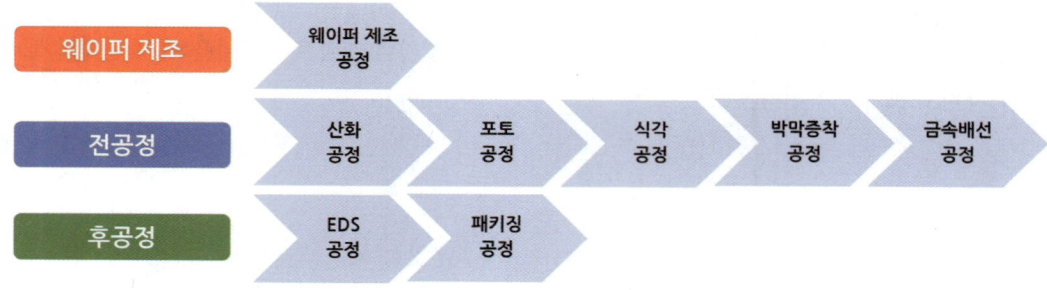

[그림 1-5] 반도체 8대 공정의 종류

전공정은 세부 공정 개수가 가장 많고 복잡하며 전체 제조 기간의 70%인 2~3달 정도 소요되는 핵심 공정이다. 전공정은 FEOL, MEOL, BEOL과 같이 크게 3가지 단계로 구분할 수 있다. 현업에서는 이를 각각 페올, 메올, 베올이라고 부른다. 현업에서도 주로 사용하는 이 용어는 각각 어떤 공정을 의미하는지 자세하게 살펴보자.

## (1) FEOL(Front End of Line), BEOL(Back End of Line)

FEOL은 반도체의 핵심이 되는 회로를 웨이퍼 위에 디자인하고 적용하는 단계로, 세부 공정 기준으로는 수백 개의 단위 공정을 거쳐 반도체 소자를 만든다. BEOL은 반도체 소자 위에 금속 배선과 절연층을 형성해 소자 간 전기 신호가 오갈 수 있도록 연결 구조를 만드는 단계이다. 이를 통해 소자 간 연결하여 반도체의 성능을 최종적으로 결정하게 된다. [그림 1-6]을 통해 알 수 있듯이 FEOL과 BEOL은 특정 공정으로 구분하는 것이 아니라, 반도체의 목적에 맞게 다양한 공정을 반복하여 성능을 구현하는 과정이다.

## (2) MEOL(Middle End of Line)

MEOL은 FEOL과 BEOL의 중간 다리 역할을 하는 공정으로, 소자의 미세화에 따라 저항을 낮추고 연결 신뢰성을 확보하는 것이 중요해지면서 새롭게 독립된 단계이다. 기존에는 BEOL의 일부로 분류되었으나, 그 중요성이 커지면서 MEOL로 분리되어 사용되고 있다. MEOL 공정의 주요 목적은 트랜지스터 위에 절연막을 형성한 뒤, 활성 영역과 이어지도록 비아(Via) 구멍을 만들어 상부 금속 배선과 전기적으로 연결되게 하는 데 있다.

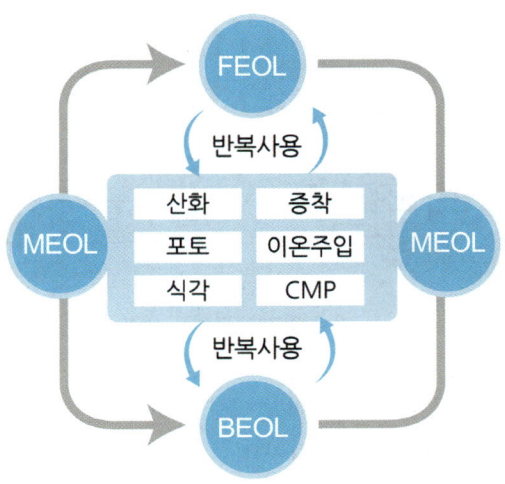

[그림 1-6] 반도체 8대 공정의 종류

전공정 복잡도가 계속 높아지고 있지만 미세화 기술이 한계에 가까워지며 2nm 이하 패턴 구현은 점점 더 어려워지고 있다. 그럼에도 AI · HPC 등 고성능 반도체 수요가 빠르게 증가하면서 성능 향상을 위한 다양한 접근을 시도 중이다. 새로운 공정 · 재료 · 구조 등을 총동원해 미세 패턴 구현을 시도하고 있으나, 기술적 한계가 임박한 만큼 향후 몇 년 내에 전공정만으로 극적인 성능 향상을 이루기는 쉽지 않을 것으로 보고 있다. 반도체 제조 과정에서 전공정은 매우 중요하지만, 본 도서는 후공정 전문 도서이기 때문에 전공정과 관련된 자세한 내용은 다른 도서를 참고하는 것을 권장한다.

## 2. 반도체 수율 향상 방법

반도체 기술 발전을 위해서는 다양한 요소를 고려해야 한다. 특히 반도체는 설계만으로 끝나는 것이 아니라 제조 기술을 통해 정상품을 확보하는 것이 중요한데, 이를 판단하는 기준을 수율이라고 한다. 수율이란 각 단위 공정을 진행하면서 양품으로 판정된 웨이퍼 또는 칩의 비중을 의미하며, 전체 생산량 중에서 정상 작동하는 반도체의 비율이 높으면 수익성 증가, 품질 관리 우수, 경쟁력 확보 등 다양한 관점에서 장점을 가질 수 있다. 아래의 공식은 수율을 계산하는 공식이며, 전체 생산된 칩 수 중에 정상 작동하는 칩의 비중으로 계산된다.

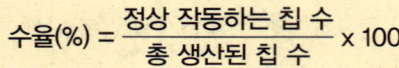

$$수율(\%) = \frac{정상\ 작동하는\ 칩\ 수}{총\ 생산된\ 칩\ 수} \times 100$$

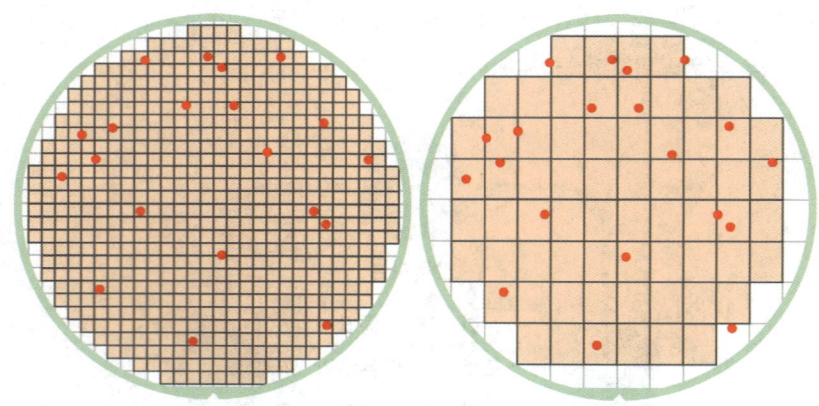

[그림 1-7] 웨이퍼의 불량품 선별 과정

[그림 1-7]과 같이 웨이퍼 생산 이후 불량이 발생한 경우 빨간색 부분으로 시스템에서 표기된다. 이를 통해 불량 원인을 분석하여 개선이 가능한지 확인하고, 개선이 불가능하다면 Scrap 처리를 통해 정상품만 다음 공정으로 이동한다. 반도체 공정에서는 단순히 선행 기술을 연구하여 다른 경쟁사 대비 높은 기술력을 확보하는 것이 중요한게 아니라, 수율이 낮아지는 것을 최대한 막아야 한다. 이를 위해서는 아래의 5가지 조건을 반드시 지켜야 한다.

① 각 공정별 최적의 조건으로 생산되도록 설비 모니터링 및 유지보수

② 웨이퍼의 수율이 낮은 Edge Die의 성능 확보를 통한 정상품 추가 획득

③ 반도체 소자 성능 향상 기술 적용(Gate-All-Around 기술 등)

④ 공정별 자동화 기술 도입(현재 전공정은 자동화율이 100%에 가까우나, 후공정 자동화 적용 필요)

⑤ 인공지능/머신러닝 기술을 활용한 스마트 제조 공정 기술 적용

수율이 낮은 특정 공정이나 환경에서 정상품을 최대한 많이 확보하기 위해서는 매년 새로운 기술을 개발하고 지속적인 설비 투자가 진행되어야 한다. 특히 인프라 투자와 고가의 장비를 확보하는 것이 중요한 만큼, 종합 반도체 기업과 소부장(소재·부품·장비) 기업의 협력이 앞으로 더욱 중요해질 것이다.

## 3. 반도체 제조 공정의 미래 트렌드

현재 반도체 성능을 높이는 방법으로 주목을 받는 단계가 바로 후공정이다. 후공정은 웨이퍼를 자르고, 적층하고, 보호하는 목적을 달성하기 위해 패키징 공정을 진행하고, 이후 테스트와 품질 검증 과정을 거쳐 고객에게 최종 납품을 담당하는 공정이다. 이 외에도 패키지 제품은 반도체 외부와 전기적으로 연결되어야 하므로, PCB 기판과 같은 외부 부품에 연결이 가능하도록 제작해야 한다. 후공정은 웨이퍼 내부뿐만 아니라 외부에 변화를 주어 성능을 향상시킬 수 있기 때문에, 후공정 기술 발전을 전 세계가 주목하고 있다.

후공정은 반도체 8대 공정 기준으로는 단 2개의 공정만 해당하지만, 그렇다고 해서 중요하지 않은 공정은 결코 아니다. 이 두 가지 대표 공정 내에는 다양한 목적을 달성하기 위한 세부 공정들이 많이 존재한다. 전공정에서 제작된 웨이퍼가 제대로 작동하는지 마지막으로 검증하는 Wafer Test, 고객의 요구사항에 맞게 Package 제작과 Package Test뿐만 아니라, 최근 Application Level에서 작동하는 조건까지 검증하는 Module Test까지 확장되고 있다. 또한 Package 제작이 새로운 접근 방식을 통해 빠르게 변하면서 제조사들은 각기 다른 단위 공정 기술로 문제를 해결하고 있다. 이로 인해 기업별 기술 전략이 크게 달라지고 있으며, 이에 따라 시장 점유율도 지속적으로 변하고 있다.

여기서 문제가 되는 것은 한국처럼 메모리 반도체 중심으로 사업 구조가 형성된 기업들이다. 고성능 반도체는 각 고객사의 제품 환경과 요구 조건에 맞춰 설계되어야 하는데, 정해진 스펙에 따라 대량 생산하는 메모리 반도체 방식과는 성격이 크게 다르다. 따라서 고객사의 상황에 맞춰 유연하게 설계·구성이 가능한 시스템 반도체 방식이 점차 선호되고 있으며, 이는 메모리 중심 기업들에게 새로운 도전 과제로 떠오르고 있다.

또한 단순히 데이터를 저장하여 읽고 쓰는 기능이 아니라, CPU/GPU와 같이 복잡하고 다양한 데이터를 동시에 연산하면서 새로운 결과를 내는 로직 반도체가 더욱 중요해지고 있다. 이를 시스

템 반도체라고 하는데, 시스템 반도체의 핵심은 다양한 메모리 칩과 연산 로직칩을 연결하여 최적의 성능을 구현하는 것이다. NVIDIA가 GPU를 집중적으로 연구하고 생산하여 글로벌 반도체 시장에서 입지가 엄청나게 올라간 것처럼, 앞으로 반도체 시장 또한 시스템 반도체를 잘 만드는 기업이 주목을 받을 것이다.

## ④ 반도체 후공정의 중요성

반도체 후공정은 흔히 패키징이라고 불리며, 그 목적은 다음과 같이 크게 다섯 가지로 정리할 수 있다.
① 반도체 칩을 외부 회로와 전기적으로 연결한다.
② 칩을 기계적으로 조립하기 쉬운 형태로 만든다.
③ 칩을 충격 · 습기 · 오염 등 외부 환경으로부터 보호한다.
④ 고온으로 인한 성능 저하를 막기 위해 열을 효과적으로 방출한다.
⑤ 칩이 장시간 안정적으로 동작하도록 신뢰성을 확보한다.

반도체는 성능이 좋기만 해서는 충분하지 않으며, 실제 전자제품 내부에서 안정적이고 오래 작동할 수 있도록 패키징 기술이 필수적이다.

## 1. 반도체 미세화 기술의 발전

반도체 산업에서 가장 널리 알려진 이론 중 하나가 바로 무어의 법칙이다. 이 법칙은 1965년 Intel의 창립자인 고든 무어(Gordon E. Moore)가 제시한 것으로, 반도체에 집적되는 트랜지스터 숫자가 2년마다 2배로 증가한다는 것이다. 무어의 법칙은 반도체 성능을 결정하는 핵심 요소인 트랜지스터의 크기 축소와 성능 향상의 흐름을 정확히 제시했다.

하지만 2005년 전후 데너드 스케일링 법칙(Dennard Scaling)[4]이 무너지면서, 무어의 법칙 1막은 사실상 끝났다. 그 이후 2020년까지는 트랜지스터 미세화와 함께 칩 면적을 수평으로 키우는 방식으로 성능을 끌어올렸지만, 칩 크기를 무한정 늘릴 수 없다는 두 번째 물리적 · 경제적 한계에 직면하게 된다.

---

4   주로 MOSFET Scaling으로 알려져 있으며, 트랜지스터의 크기가 작아져도 전력 밀도가 일정하게 유지되어 전력 사용량이 면적에 비례하게 된다는 의미이다

오늘날에는 전통적인 의미에서 무어의 법칙을 그대로 유지하는 것은 사실상 종료된 상황이며, 앞으로 성능을 높이기 위해서는 단순 선폭 축소를 넘어 미세화 공정, 3D 적층, 칩렛 등 새로운 구조적 혁신을 결합한 고도화된 미세화 전략이 필수적이다.

미세화 기술을 구현하기 위한 핵심 기술은 '미세화와 통합', '신소재 개발', 그리고 '진보된 패키징 기술'이다. 그러나 미세화와 소재 개발을 통한 접근은 트랜지스터 1개당 제조 비용을 줄이는 것에 한계가 있어 비용 상승의 주된 요인이 되고 있다. 반면, 반도체 제조 비용을 낮출 수 있는 유일한 대안으로는 Advanced Packaging 기술이 주목받고 있다. 그동안 다양한 시도를 통해 성능 향상과 비용 절감, 그리고 반도체의 미세화를 동시에 달성해 왔지만, 이제는 웨이퍼 자체를 더 미세화하는 과정에서 발생하는 비용 증가도 함께 고려해야 하는 상황이다.

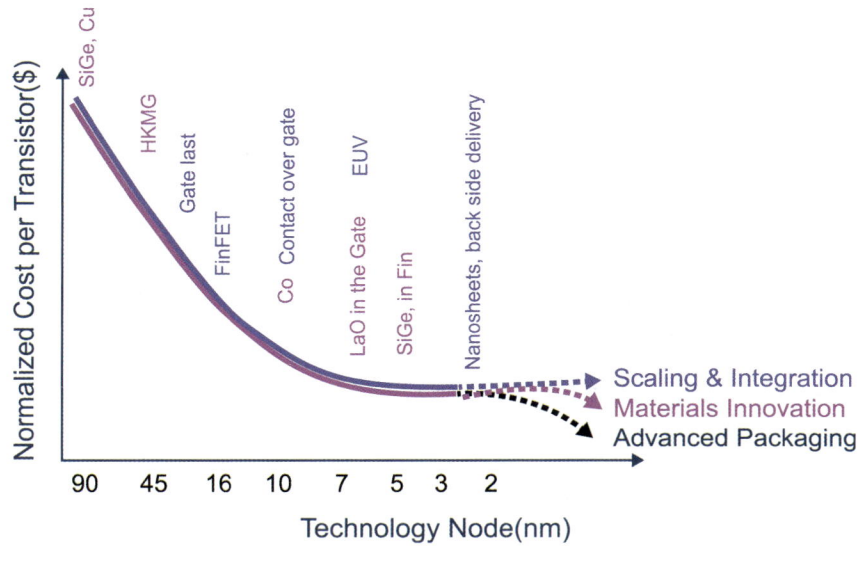

[그림 1-8] 반도체 미세화 방안

그렇다면 후공정의 기술 개발이 아니라 전공정의 기술 개발로 해결하면 되는 것은 아닌지 의문을 가질 수 있다. 앞서 언급했던 것처럼, 전공정은 웨이퍼 제조의 약 70%를 차지할 정도로 중요한 비중을 차지하고 있어서 과거에는 전공정 위주의 Scaling & Integration 개발이 가능했다. [그림 1-8]에서 보이듯 지금까지는 Cu(구리) 활용, FinFET과 같은 트랜지스터 개발, EUV와 같은 미세 패턴 구현 장비 등 다양한 노력을 통해 기술 개발을 이뤘다. 하지만 현재는 비용 부담이 지나치게 커지면서, 이러한 전공정 기술에 지속적으로 투자하는 것 자체가 점점 더 어려운 상황에 놓이게 되었다.

## 2. 반도체 후공정의 발전 방향

반도체 후공정 기술은 1970년대 Conventional Package 제품이 등장하면서 기술 개발이 시작되었고, 2000년대까지는 기존의 패키지 기술을 발전시키며 다양한 기술 개발이 이루어졌다. 하지만 반도체 공정이 점점 미세화되면서 그 이후로는 Advanced Package 제품으로 신기술이 적용되고 있다. 패키지 제품의 기술 발전이 점점 중요해지는 이유는 반도체의 단순 대량 생산체계가 아닌, 고객사가 원하는 스펙에 맞게 제작해야 하기 때문이다. 최근 점점 중요해지고 있는 AI, 자율주행, 5G/6G 통신, 전력 반도체, Application Processor와 같은 제품은 고사양을 확보하면서 동시에 각 고객의 제품에 따른 맞춤 제조가 필수적이다. 이를 달성하기 위해서는 단순히 반도체를 만드는 것이 아니라, 고객사의 요구사항에 맞게 적절한 패키지 제품을 생산해야 한다.

패키지 제품을 생산하기 위해서는 메모리 반도체 제조사인 삼성전자, SK하이닉스, Micron 같은 기업과의 협업보다는, OSAT[5], 팹리스, 파운드리 기업과의 협력이 더욱 중요하다. 이 기업들의 특징은 메모리 반도체보다는 시스템 반도체를 생산하고 있다는 것인데, 앞서 언급한 AI용 반도체나 AP 등은 대부분 시스템 반도체이다. 따라서 미래 기술발전은 시스템 반도체 위주로 이루어질 것이다. 2024년 현재 전체 반도체 시장에서 시스템 반도체가 차지하는 비율은 60~70%에 달하여 이미 메모리 반도체 시장을 앞지른 상황이다. 심지어 2030년에는 이 비율이 80%에 이를 것으로 예상된다.

메모리 반도체라고 불리는 HBM도 성능 향상과 기술 발전을 위해 Base Die, Logic Chip 등 시스템 반도체에서 적용하고 있던 칩의 통합 제조가 중요해지고 있다. SK하이닉스의 HBM4 제품 역시 기업 내부에서 모두 생산할 수 없는 상황이라 TSV 기술을 활용한 메모리 제작까지 진행한 후, TSMC 위탁생산 라인으로 이동하여 최종 제품을 만들고 이후 고객사에 납품하는 형태로 확정되었다고 알려져 있다. 이제는 하나의 기업에서 자체적으로 반도체를 생산하는 것을 넘어, 기업 간 협력을 통해 기술 고도화를 해 나가는 시기인 만큼 앞으로 후공정의 기술 발전은 더욱 중요해질 것이다.

[그림 1-9]는 Advanced Package 제품의 출시 로드맵으로 색깔별로 적용된 기술을 구분해두었다.

---

5  Outsourced Semiconductor Assembly and Test의 약자로 반도체 조립과 테스트, 즉 후공정 제조를 위탁받아 전문적으로 수행하는 기업

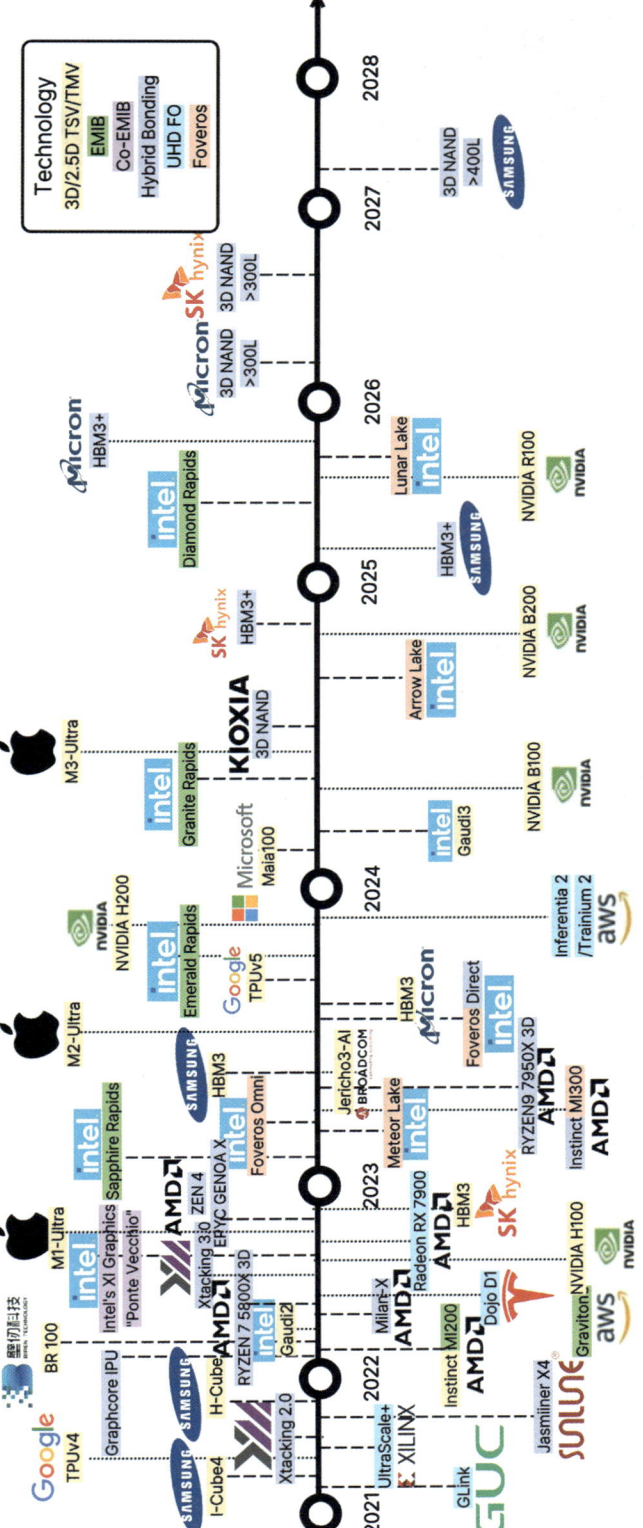

[그림 1-9] Advanced Package 제품 출시 로드맵

# Chapter 02

# 반도체 산업의 밸류체인

## 핵심요약

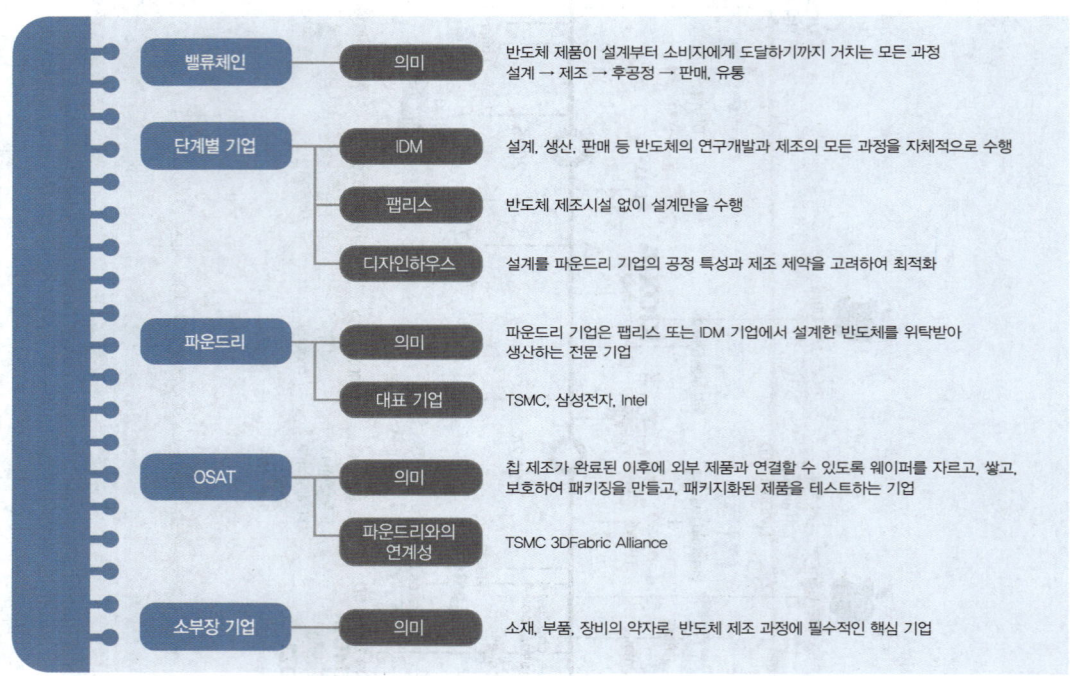

| | | |
|---|---|---|
| 밸류체인 | 의미 | 반도체 제품이 설계부터 소비자에게 도달하기까지 거치는 모든 과정<br>설계 → 제조 → 후공정 → 판매, 유통 |
| 단계별 기업 | IDM | 설계, 생산, 판매 등 반도체의 연구개발과 제조의 모든 과정을 자체적으로 수행 |
| | 팹리스 | 반도체 제조시설 없이 설계만을 수행 |
| | 디자인하우스 | 설계를 파운드리 기업의 공정 특성과 제조 제약을 고려하여 최적화 |
| 파운드리 | 의미 | 파운드리 기업은 팹리스 또는 IDM 기업에서 설계한 반도체를 위탁받아<br>생산하는 전문 기업 |
| | 대표 기업 | TSMC, 삼성전자, Intel |
| OSAT | 의미 | 칩 제조가 완료된 이후에 외부 제품과 연결할 수 있도록 웨이퍼를 자르고, 쌓고,<br>보호하여 패키징을 만들고, 패키지화된 제품을 테스트하는 기업 |
| | 파운드리와의<br>연계성 | TSMC 3DFabric Alliance |
| 소부장 기업 | 의미 | 소재, 부품, 장비의 약자로, 반도체 제조 과정에 필수적인 핵심 기업 |

반도체 산업은 국내 기준으로 메모리 반도체 기업 중심의 채용과 산업 구조가 오랫동안 유지되다 보니, 반도체 전체 밸류체인의 중요성에 대해 인지하지 못할 가능성이 크다. 하지만 전 세계 반도체 시장에서 시스템 반도체 비율이 70%에 이르고, 앞으로도 더 높아질 가능성이 크다. 이러한 흐름에서는 반도체 밸류체인을 정확하게 알아둘 필요가 있다.

이번 챕터에서는 반도체 산업 밸류체인 전체를 소개하고, 이 중 후공정 산업과 직접적으로 연결된 부분을 알아보자.

## ① 반도체 밸류체인 소개

### 1. 밸류체인의 의미

반도체 산업에서 밸류체인(Value Chain)은 반도체 제품이 설계부터 소비자에게 도달하기까지 거치는 모든 과정을 말한다. 즉 반도체가 만들어지고 활용되는 전체 흐름을 단계별로 나눈 것이다. 주요 단계는 아래와 같다.

### (1) 설계(Design)

반도체 설계는 제품 기획부터 최종 물리 설계까지를 포함하는 단계이다. 설계 기업(Fabless)은 시장 요구 분석, 제품 기획, 아키텍처 설계, 논리 설계, 물리 설계 등을 거쳐 최종 타겟 공정 노드에 맞춘 설계 데이터를 생성한다.

설계 단계에서는 EDA(Electronic Design Automation)와 IP Core가 필수적이다. EDA는 반도체 소자 설계를 위해 전자 회로의 논리와 물리적인 설계뿐만 아니라, 다양한 조건에서 결과 예측, 검증 및 설계 작업의 생산성 개선에 필요한 소프트웨어 제품이다. 해당 소프트웨어가 있으면 복잡한 설계와 시뮬레이션 수행 절차를 EDA 프로그램을 통하여 간단하게 수행할 수 있다. 또한 IP Core는 지식재산권이 되는 논리, 셀 혹은 집적회로의 레이아웃 설계에 재이용이 가능한 유닛으로 다른 기업에 특허권을 양도 또는 대여하거나, 하나의 사업체에 전적으로 소유해서 사용이 가능하다.

설계 단계의 품질이 최종 제품의 성능, 신뢰성, 수율을 크게 좌우하므로, 설계 엔지니어의 경험과 기술력이 매우 중요하다. Apple, NVIDIA, Qualcomm, AMD 등 글로벌 팹리스 기업들이 이 영역을 주도하고 있다.

## (2) 웨이퍼 제조(Manufacturing)

웨이퍼 제조는 설계된 회로 패턴을 실제 반도체 웨이퍼 위에 구현하는 핵심 공정이다. 이 단계는 포토리소그래피(Photo), 식각(Etching), 증착(Deposition), 이온 주입(Ion Implantation) 등 수백 개의 정밀한 공정 단계를 포함한다.

이 단계에서는 웨이퍼 가공부터 칩 생산, 조립, 검사·테스트 등 다양한 공정에 필요한 장비가 필수적이며, 이러한 장비는 주로 미국, 네덜란드, 일본 기업이 제작한다. 또한 소자를 구성하는 소재, 소자 생산에 사용되는 가스와 화학약품, 완제품 조립에 필요한 소재 등이 필요하다. 반도체 소재는 소자 성능과 직결되며, 컴퓨팅 속도, 전력 효율, 신뢰성 개선을 위해 끊임없이 연구되고 있다. 소재는 웨이퍼, 패키지, 공정 소재, 장비 부품 등으로 구분되며, 2025년 기준으로 일본이 전 세계 소재 시장의 48%를 차지하고 있다.

TSMC, 삼성전자, Intel 등이 주요 기업이며 해당 시장에 진입하기 위해서는 수십조 원대의 막대한 설비 투자가 필요하다. 2nm, 3nm 등의 최첨단 공정으로 갈수록 공정 난이도와 투자 비용이 급격히 증가하며, 기술력과 수율이 기업의 경쟁력을 결정한다.

## (3) 후공정(Package & Testing)

후공정은 웨이퍼에서 개별 칩을 분리하고, 이를 최종 패키지에 조립한 후 성능과 신뢰성을 검증하는 단계다. 주요 세부 공정은 다이싱(Dicing), 본딩(Bonding), 와이어 본딩 또는 플립칩 본딩, 몰딩(Molding) 등이 포함된다. 최근에는 칩렛 기반 패키징, 3D 적층 기술, 고대역폭 메모리(HBM) 패키징 등 첨단 기술이 빠르게 도입되고 있다. 대표적인 OSAT으로는 ASE, Amkor Technology 등이 있다. 후공정 단계의 부가가치는 전체의 10~15% 수준이지만, 칩의 신뢰성, 열 관리, 집적도를 결정하는 중요한 역할을 한다. 향후 AI, 자동차, 고성능 컴퓨팅 분야에서 패키징 기술의 중요성은 지속적으로 증가할 것으로 예상된다.

## (4) 판매, 유통

판매 및 유통 단계는 완성된 반도체 제품을 최종 고객에게 전달하는 과정이다. 반도체 유통 구조는 크게 직접 판매와 대리점 판매로 나뉘며, 글로벌 반도체 기업들은 지역별 유통 파트너와 협력하여 효율적인 공급망을 구축한다. 최근에는 공급망 최적화, 디지털 유통 채널 확대, 글로벌 수급 불균형을 완화 등이 경쟁 포인트가 되고 있다.

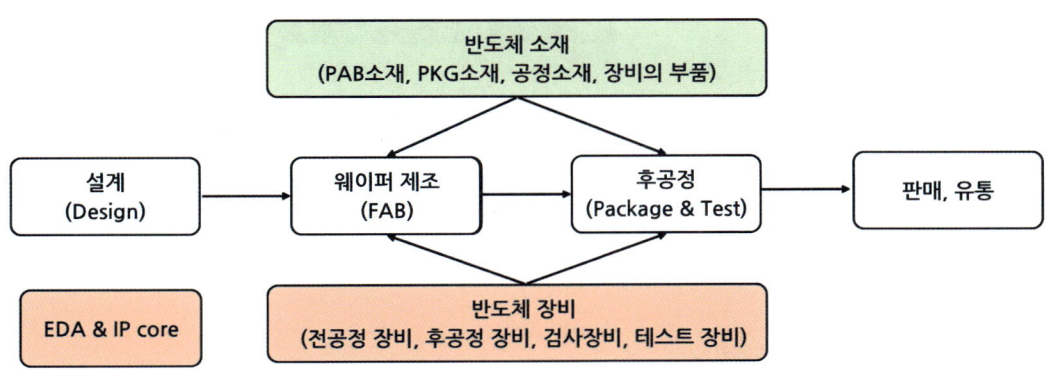

[그림 1-10] 반도체 산업의 밸류체인 구성도

## 2. 밸류체인 단계별 기업

반도체 산업에서는 밸류체인 단계별로 전문적으로 담당하는 기업이 있는데 이는 기술 난이도, 투자 비용, 생산 효율, 전문성 확보 등의 이유 때문이다. 이러한 기업 유형은 크게 다섯 가지로 구분되며, IDM[6], 팹리스, 디자인하우스, 파운드리, OSAT가 그 대표적 구조이다. 삼성전자나 SK하이닉스처럼 설계부터 제조, 패키징, 테스트까지 모든 과정을 자체적으로 수행하는 기업은 IDM에 속한다. 그러나 IDM 기업이라고 해서 모든 종류의 반도체를 직접 만들지는 않는다. 각 기업마다 강점으로 삼는 전문 분야가 존재하며, 모든 제품군을 아우르기 위해 필요한 자본과 인프라 규모가 현실적으로 너무 크기 때문에 전 영역을 직접 수행하는 데에는 한계가 있기 때문이다. 밸류체인별 기업 유형과 해당 기업에 대한 자세한 설명은 [그림 1-11], [표 1-1]을 참고하자.

---

6 Integrated Device Manufacturer의 약자로 종합 반도체 기업을 말한다.

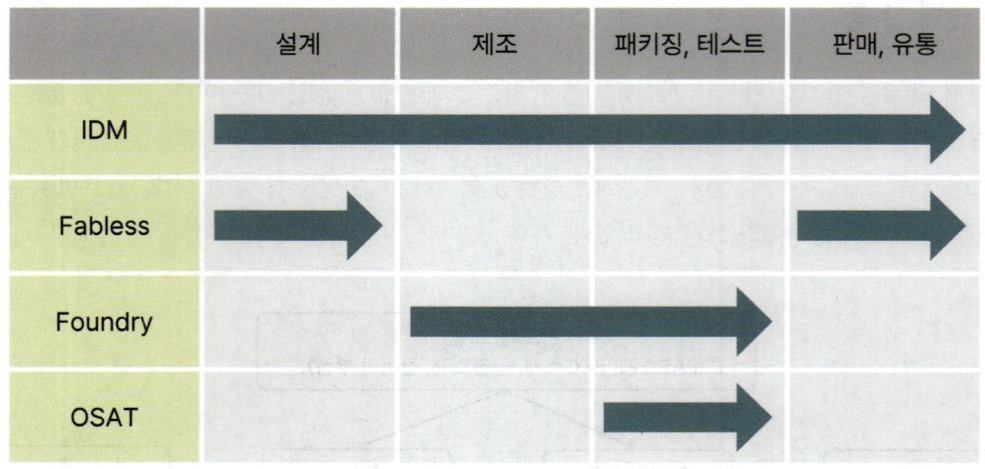

| | 설계 | 제조 | 패키징, 테스트 | 판매, 유통 |
|---|---|---|---|---|
| IDM | | | | |
| Fabless | | | | |
| Foundry | | | | |
| OSAT | | | | |

[그림 1-11] 밸류체인 단계별 기업 유형

| 유형 | 후공정(패키징) 해당 기업 | 특징 | 주요 업체 |
|---|---|---|---|
| IDM (종합 반도체 기업) | ○ | • 설계/제조/패키지/테스트 등 모든 연구개발과 생산을 직접 수행<br>• 메모리 반도체 중심으로 대규모 R&D 및 설비 투자 필요 | • 삼성전자(한국)<br>• SK하이닉스(한국)<br>• Intel(미국) |
| 팹리스 (설계 전문 기업) | | • 반도체 제조시설 없이 설계만을 수행<br>• 파운드리 기업을 통해 위탁생산 후 제품을 판매<br>• 우수한 설계 기술 인력 확보 필요 | • Qualcomm(미국)<br>• NVIDIA(미국)<br>• Broadcom(미국)<br>• AMD(미국)<br>• MediaTek(대만) |
| 디자인하우스 (설계-제조의 가교) | | • 팹리스 기업에서 설계 부문만을 업그레이드 한 형태<br>• 파운드리에 따라 파트너사 형성 | |
| 파운드리 (위탁 생산 기업) | ○ | • 팹리스 기업이 설계한 반도체를 위탁 생산<br>• 전문생산업체로 초기에 대량 설비 투자 비용 필요 | • TSMC(대만)<br>• 삼성전자(한국)<br>• UMC(미국) |
| OSAT (조립 및 검사 전문 기업) | ○ | • 가공된 웨이퍼 조립/패키징 전문<br>• 축적된 경험 및 거래선 확보 필요 | • ASE(대만)<br>• Amkor(미국)<br>• StatsChipPAC(중국)<br>• 하나마이크론(한국) |

[표 1-1] 반도체 산업 주요 기업 유형

여러 기업 유형 중 후공정과 관련된 것은 3가지이다. 우선 반도체에서 전공정 제조만 끝나고 제품을 판매하는 비즈니스는 없다. 왜냐하면 반도체는 전자 제품의 일부 부품으로 활용되기 때문에 이를 외부 제품과 연결할 수 있는 구조가 있어야 한다. 따라서, 반도체를 설계하는 팹리스와 디자인하우스 기업을 제외하고는 모두 후공정에 해당하는 기업 유형이라고 이해하면 된다. 이러한 특징을 고려하여 IDM, 팹리스, 디자인하우스 기업들에 대해 먼저 알아본 후, 파운드리와 OSAT 기업에 대해 알아보자.

## ② IDM, 팹리스, 디자인하우스 기업의 역할

### 1. IDM 기업

IDM 기업은 설계, 생산, 판매 등 반도체의 연구개발과 제조의 모든 과정을 자체적으로 수행하는 기업으로서, 대규모 생산 시설에 막대한 투자가 필요하여 자본력과 기술력을 모두 갖춘 소수의 대기업만 운영하는 형태로 구분된다. Intel, SK하이닉스, 삼성전자, Micron, Texas Instruments과 같은 기업들이 IDM에 해당한다. 규모도 큰 만큼 전 세계 반도체 시장에서 매출액 기준으로 상당한 부분을 차지하며, 2024년 매출액 기준으로 위의 5개의 기업이 전체 반도체 매출의 70% 정도를 차지한다.

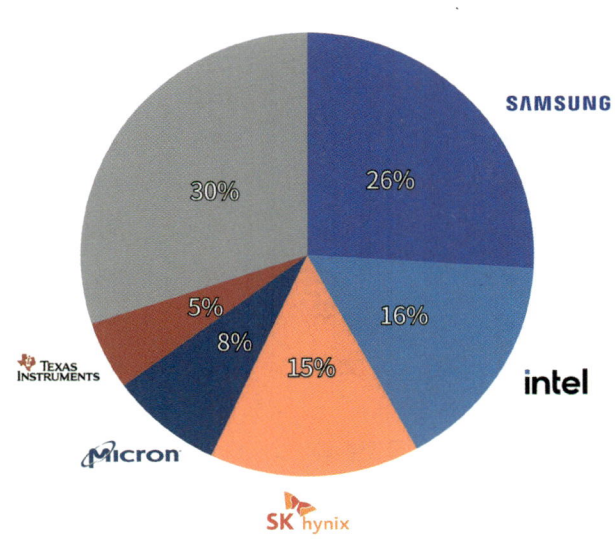

[그림 1-12] 글로벌 IDM 기업 2024년 매출액 비중

## 2. 팹리스 기업

팹리스 기업은 반도체 제조시설 없이 설계만을 수행하는 기업으로, 파운드리 기업(위탁생산)과 긴밀한 협력이 필요하다. 이러한 설계 역량을 바탕으로 최종 고객에게 판매/유통까지 관여하고 있다. 팹리스 기업은 미국 시장을 중심으로 많은 기업들이 있으며, 일부 기업들은 자체 제품을 생산하여 판매도 동시에 하는 것이 특징이다. 팹리스 업체는 넓게는 디자인하우스 기업의 영역까지 역할 수행이 가능하지만, 특정 영역에 사용되는 고성능 반도체의 경우 설계 난이도가 매우 높기 때문에 특정 기술력을 가진 기업만이 설계가 가능하다.

아래 [표 1-2]는 팹리스 기업들의 2023년과 2024년 영업이익을 비교한 자료이다. 비록 팹리스 부문만의 영업이익은 아니지만, 글로벌 반도체 시장에서 상당한 비중을 차지하고 있음을 보여준다. 즉, 반도체 제조 인프라나 생산 역량이 없어도 시장에서 성장 가능성을 입증할 수 있는 유일한 부문이라 할 수 있다. 초기 자본 투자가 크지 않아도 진입이 가능하기 때문에, 여러 국가에서 다양한 설계 역량을 바탕으로 반도체 개발에 참여하고 있다.

(Unit: Million USD)

| 2024 Ranking | 2023 Ranking | Company | Revenue Performance | | | Top 10 Revenue Share | |
|---|---|---|---|---|---|---|---|
| | | | 2024 | 2023 | YoY | 2024 | 2023 |
| 1 | 1 | NVIDIA | 124,377 | 55,268 | 125% | 50% | 33% |
| 2 | 2 | Qualcomm | 34,857 | 30,913 | 13% | 14% | 18% |
| 3 | 3 | Broadcom | 30,644 | 28,445 | 8% | 12% | 17% |
| 4 | 4 | AMD | 25,785 | 22,680 | 14% | 10% | 14% |
| 5 | 5 | Mediatek | 16,519 | 13,888 | 19% | 7% | 8% |
| 6 | 6 | Marvell | 5,637 | 5,505 | 2% | 2% | 3% |
| 7 | 8 | Realtek | 3,530 | 3,053 | 16% | 1% | 2% |
| 8 | 7 | Novatek | 3,200 | 3,544 | −10% | 1% | 2% |
| 9 | 9 | Will Semiconductor | 3,048 | 2,525 | 21% | 1% | 2% |
| 10 | 10 | MPS | 2,207 | 1,821 | 21% | 1% | 1% |
| Total Revenue of the Top 10 Companies | | | 249,804 | 167,642 | 49% | | |

[표 1-2] 2024년 글로벌 팹리스 TOP 10 기업 영업이익

## 3. 디자인하우스 기업

디자인하우스는 반도체 설계를 파운드리 기업의 공정 특성과 제조 제약을 고려하여 최적화하는 설계 역량을 의미한다. 이러한 설계 역량을 갖춘 팹리스 기업은 파운드리 기업과의 긴밀한 협업을 통해 설계 검증, 공정 최적화, 수율 개선 등을 추진하게 되며, 결과적으로 특정 파운드리 기업과의 협력 관계가 자연스럽게 형성된다. 예를 들어, NVIDIA는 TSMC와의 장기적 협력 관계를 바탕으로 TSMC 공정에 최적화된 GPU 설계를 진행해왔다. 최근 반도체 산업의 트렌드는 팹리스 기업들이 단순한 회로 설계를 넘어 디자인하우스 수준의 고급 설계 역량을 갖추려는 방향으로 진화하고 있다는 점이다. 한국에서도 신생 팹리스 스타트업과 팹업 기업들이 점차 글로벌 시장에서 입지를 다지고 있다.

## ③ 파운드리 기업의 역할

파운드리 기업은 팹리스 또는 IDM 기업에서 설계한 반도체를 위탁받아 생산하는 전문 기업으로, 팹리스 기업과 긴밀한 협력 관계가 매우 중요하다. 파운드리 기업은 다양한 고객사의 주문을 받아 생산하기 때문에, 반도체 제조 기술력을 인정받을 시에는 안정적으로 회사 운영과 수익 창출이 가능하다.

## 1. 파운드리 시장 현황

전 세계 파운드리 기업의 영업이익 기준 시장 점유율을 보면, 한 기업이 압도적으로 높은 비중을 차지하고 있음을 알 수 있다. 그 기업은 바로 대만의 TSMC이다. 이어 한국의 삼성전자가 2위, 미국의 UMC가 3위, 중국의 SMIC가 4위를 기록하고 있다. 삼성전자는 파운드리 사업 확장을 위해 많은 노력을 해 왔으나, 메모리 반도체 제조에 대규모 투자가 이루어진 이후 TSMC와의 파운드리 기술 격차가 벌어지면서 글로벌 시장에서의 입지가 점점 좁아지고 있다.

2025년 초부터 미국의 빅테크 기업인 NVIDIA, Tesla, Apple 등이 삼성전자의 HBM과 파운드리 제조 역량을 기반으로 신규 제품 생산 계약을 수주했다는 소식이 계속해서 전해지고 있다. 실제 양산에 성공하여 TSMC와 경쟁할 수 있는 수준의 패키지 칩이 제작된다면, 메모리 반도체와 시스템 반도체를 모두 독자 개발을 통해 시장 경쟁력을 확보할 수 있게 될 것이다. 이를 통해 삼성전자가 파운드리 사업 점유율을 회복할 수 있을지가 앞으로 파운드리 시장의 관심사이다.

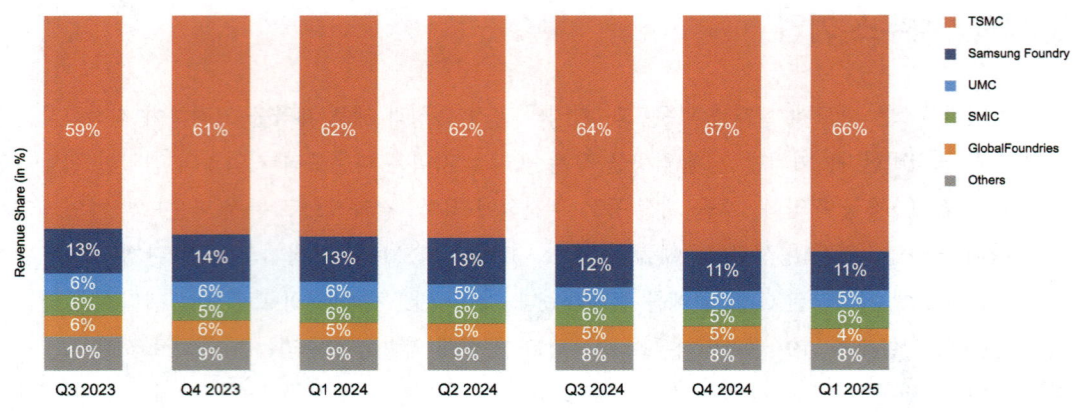

[그림 1-13] 글로벌 파운드리 기업의 영업이익 점유율

## 2. TSMC의 시장 경쟁력

### (1) 확고한 기업 경영 전략

TSMC는 1987년 설립 당시부터 파운드리 전략을 수립하였고, 지금까지 다른 형태의 반도체 사업을 하지 않고 오로지 파운드리 사업만 담당하고 있다. 팹리스 설계 기업에서 자사 제품으로 판매하고 있는 간단한 CPU나 모바일 칩과 같은 패키지 칩도 일절 생산하지 않고 있다. 이렇게 자사 제품을 제조하지 않는 이유는 초대 설립자의 명확한 사업 방향성 때문이다. TSMC의 고객사와 경쟁하지 않는다는 전략으로 인해 APPLE, NVIDIA, Qualcomm과 같은 글로벌 대형 기업들이 믿고 위탁생산을 의뢰하게 된 것이다. 반도체 산업은 중국 시장을 기준으로 핵심 기술력 유출 사고가 빈번하게 발생하면서, 자사의 기술력이 외부에 공개되거나 경쟁력을 잃을 것을 우려하는 경우가 많다. 그렇기 때문에 TSMC의 이러한 확고한 전략이 전 세계 많은 기업들의 선택을 받게 되었고, 현재는 어떤 기업도 파운드리 시장에서 따라잡을 수 없는 경쟁력을 확보하게 되었다. 반면 삼성전자는 엑시노스와 같은 자체 브랜드 제품을 생산하기에 위탁생산을 의뢰를 하는 기업의 입장에서는 기술 유출 등 위험 요소를 고려하지 않을 수 없다.

### (2) 고객 맞춤형 제품 제공

반도체 산업의 밸류체인은 종합 반도체 기업을 제외하고는 각각의 전문 영역이 존재한다. 하지만 TSMC는 각 기업들이 가지고 있는 시뮬레이션 기술인 EDA Tool, IP Library, Design, Packaging, Test Solution까지 통합된 TSMC OIP[7]라는 플랫폼 서비스를 제공하고 있다. 이는 고객사 관점으로 최초 설

---

**7** Open Innovation Platform의 약자로 TSMC가 자체적으로 만든 브랜드 명칭이다.

계부터 양산까지 모든 과정에 대해 기술지원을 받을 수 있다는 매우 큰 장점이 있다. 기존의 분할된 밸류체인에서는 품질 이슈 발생 시, 책임소재를 논하고 이를 결정하는 비효율적인 프로세스가 반드시 필요했다. 하지만 TSMC는 통합 플랫폼 서비스를 통해 고객사에게 모든 영역의 서비스를 지원하기 때문에 CS 서비스 만족도 또한 높을 수밖에 없는 것이다.

## (3) 기술개발 로드맵의 적은 변동성과 생산 안정성

다른 파운드리 기업들은 경쟁사 대비 높은 점유율을 확보하고자 낮은 수율이 나오는 신규 개발 기술을 무리하게 양산에 적용하는 등 품질 확보 측면에서 불안한 요소들이 많았다. 하지만 TSMC는 경영 철학에 따라 기술 개발을 한 단계씩 차근차근 진행하며, 고객사 입장에서 신규 기술에 대한 예측이 수월한 위탁생산 기업으로 자리잡았다.

최근 삼성전자가 TSMC와 경쟁하기 위해 낮은 수율에도 불구하고 NVIDIA와의 제품 공급 계약을 무리하게 추진했다가 실패한 사례가 있다. 이로 인해 삼성전자는 글로벌 파운드리 시장에서 신뢰를 크게 잃게 되었고, 지금은 이를 만회하기 위해 기술 개발에 다시 집중하고 있다. 이와 다르게 TSMC는 각 생산 라인에서 최초로 공개된 기술 개발 시점에 맞춰 안정적인 품질을 확보하며 제품을 양산해 왔다. 이러한 방식이 다른 기업들이 쉽게 따라올 수 없는 신뢰도 확보의 핵심 전략이라고 볼 수 있다.

# 3. 삼성전자의 시장 경쟁력

## (1) 다층적 사업 포트폴리오 기반의 경쟁력

삼성전자는 IDM 구조로 메모리 반도체, 로직 칩, 파운드리 서비스를 모두 영위하는 종합 반도체 기업이다. 이러한 다층적 사업 구조는 일견 경쟁사들 대비 경제적 규모의 이점을 제공하며, 수직 통합을 통해 비용 절감과 기술 시너지를 창출할 수 있다. 메모리 반도체에서 확보한 미세 공정 기술과 칩 설계 노하우를 파운드리 사업에 활용할 수 있으며, 동시에 로직 칩 설계팀이 파운드리 공정 개선에 피드백을 제공할 수 있다. 그러나 이 구조는 동시에 파운드리 고객들의 신뢰 확보 측면에서 근본적인 약점이 된다. 삼성은 자사 AP(엑시노스), 이미지 센서, 통신 칩 등을 직접 제조하기 때문에, 고객사는 기술 유출, 차별화된 서비스 부족, 경쟁 상황에서의 우선순위 문제 등을 항상 우려할 수밖에 없다.

## (2) 공격적 기술 개발

삼성전자는 TSMC와의 경쟁에서 한 발 앞서가기 위해 공격적이고 야심찬 기술 개발 로드맵을 추진해 왔다. Micron 대비 우월한 재정 규모를 바탕으로 고위험−고수익 전략을 취하며, 신공정 도입 시점을 앞당기려 노력해 왔다. 하지만 이러한 공격적 전략이 항상 성공한 것만은 아니다. 2023년과

2024년에 걸친 메모리 가격 폭락으로 초대형 손실을 기록했으며, 파운드리 부문에서도 NVIDIA와의 HBM 제조 계약에서 낮은 수율과 품질 문제로 인해 공급 차질을 겪었다. 또한 주주 가치 극대화라는 단기 실적 압박 속에서, 기술 완성도가 충분하지 않은 상태에서도 신공정을 양산에 투입하려했고 이러한 과정에서 고객사와의 신뢰 관계가 손상되는 악순환이 반복되었다.

## (3) 고객 맞춤형 솔루션 및 기술 지원의 개선

삼성전자는 최근 파운드리 경쟁력 강화를 위해 고객 맞춤형 솔루션 개발에 집중하고 있다. TSMC의 OIP 플랫폼에 대응하기 위해 삼성도 통합 설계 환경(EDA Tool, IP Library, Design Support)을 강화하고 있으며, 고객사의 전 주기 기술 지원 시스템을 구축하려 노력하고 있다. 또한 초고성능 로직 공정(2nm, 1.4nm)과 고급 패키징 기술(칩렛, 3D 적층)을 결합한 차별화된 솔루션을 마케팅하며, 고객사의 성능 요구를 충족시키려 노력하고 있다.

## (4) 규모의 경제와 장기 투자 전략

삼성전자는 수조 원대의 지속적인 R&D 투자와 제조 설비 확충을 통해 기술 개발의 선두성을 유지하려 하고 있다. 메모리 반도체의 높은 이익률로부터 창출된 현금흐름을 파운드리 부문의 손실을 보전하는 재원으로 활용하고 있으며, 이는 경쟁사들이 쉽게 모방할 수 없는 장점이다

삼성전자는 TSMC와의 경쟁에서 IDM 구조로 인한 고객 신뢰도 저하라는 약점을 극복해야 한다. 파운드리 고객사 입장에서는 TSMC의 '오직 파운드리만' 하는 명확한 전략이 주는 신뢰감이 여전히 강하며, 삼성이 이를 뛰어넘기 위해서는 기술 신뢰도 재구축과 고객 맞춤형 솔루션의 지속적 강화가 필수적이다. 향후 고성능 컴퓨팅, AI 칩셋, 차세대 모바일 프로세서 수요 증가 속에서, 삼성이 신뢰할 수 있는 파운드리 파트너로 인정받으려면 품질과 안정성에 대한 집중력을 한층 높여야 할 것이다.

## 4. Intel의 현황과 파운드리 전략

## (1) 경영 리더십과 정치적 불확실성

Intel의 파운드리 전략은 최근 정치적·경영적 불확실성에 직면하고 있다. 2024년 미국의 정치 변화 과정에서 트럼프 대통령이 Intel CEO에게 공식적으로 사임을 요구하는 이례적인 상황이 발생했으며, 이는 Intel과 중국 기업의 연루 의혹과 관련된 것으로 알려졌다. CEO 교체 시 경영진의 사업 철학과 전략이 급격히 변할 수 있으며, 파운드리 사업에 대한 향후 투자 규모와 방향성도 크게 변동할 가능성이 높다. 현재 Intel의 파운드리 전략이 얼마나 지속적으로 추진될 것인지는 경영 리더십의 향방에 따라 결정될 상황이며, 이로 인해 글로벌 반도체 산업의 파운드리 경쟁 구도 역시 유동성을 띠고 있다.

## (2) 기술력 회복 모멘텀과 미래 전략

Intel은 최신 공정 기술(Intel 18A, 14A, 20A 등)의 개발에 집중하고 있으며, TSMC와의 기술 격차를 좁히기 위한 노력을 계속하고 있다. 또한 미국 정부의 CHIPS Act 지원금과 추가 공공 투자 유치를 통해 파운드리 사업의 손실을 보전하고, 경제성을 높이려 하고 있다. 하지만 경영 불확실성 속에서 파운드리 사업에 공격적 투자를 지속할 수 있을지는 여전히 불투명한 상태다. 만약 신임 경영진이 파운드리 중심의 공격적 전략을 유지한다면, Intel은 미국 내 제조 기지 강화를 통해 중국 리스크를 회피하려는 글로벌 기업들의 수요를 끌어낼 수 있을 것이다.

## ④ OSAT 기업의 역할

반도체 기업들의 사업 구조가 분리되기 시작한 것은, 1987년 TSMC가 설립되어 IDM 기업만이 반도체 사업을 할 수 있다는 기존의 인식이 재정립된 시점부터였다. 그러면서 1990년대에 파운드리 전문 기업이 등장하기 시작했고, IDM, 팹리스, 파운드리, OSAT로 이어지는 분업 구조가 처음으로 형성되었다. 그 이유는 기술이 발전하면서 제조 공정이 복잡해지고, 비용과 리스크가 증가함에 따라 해당 영역을 전문적으로 수행하는 업체에 외주를 맡기는 형태로 변화했기 때문이다. 이러한 변화로 인해 일부 IDM 기업은 반도체 설계와 전공정 제조에 집중할 수 있었고, 그 결과 지금까지 비약적인 기술 발전을 이뤄낼 수 있었다.

OSAT 기업은 반도체의 설계와 웨이퍼 제조가 완료된 이후에 외부 제품과 연결할 수 있도록 웨이퍼를 자르고, 쌓고, 보호하여 패키징을 만들고, 패키지화된 제품을 테스트하여 고객에게 품질을 보증한 상태로 납품하기 위한 출하 단계까지 담당한다. 따라서 OSAT 기업은 설계와 웨이퍼 제조를 담당할 수 있는 IDM 기업이나 파운드리 기업과의 협업 구도가 형성되지 않을 시에는 사업 영위가 불가능하다.

OSAT 기업이 더욱 성장하기 위해서는 파운드리 기업과 협업을 통해 웨이퍼 제조와 패키징 및 테스트 영역을 나누어 담당할 수 있도록 Alliance를 구축하는 것이 가장 이상적이다. 최근 중요해지는 Advanced Package 제품을 생산하기 위해서는 OSAT 기업 자체적으로 고도화된 패키징 기술을 개발할 필요가 있다. 전공정의 한계가 점차 뚜렷해지고 있는 만큼, 패키지 제품의 크기를 축소하는 것과 동시에 제품의 성능을 향상할 수 있는 기술을 반드시 찾아야 한다.

파운드리와 OSAT 기업의 연계성을 확인하기 위해서는 TSMC와 삼성전자 두 기업의 사례를 확인하면 된다. 파운드리 기업이 OSAT 기업과의 연계를 통해 어떻게 발전하고 있는지 알아보자.

## 1. TSMC와 OSAT 기업의 연계성

TSMC 기업은 반도체 밸류체인의 구분을 기준으로 파운드리 기업에 속하지만, 최근 Advanced Package 기술이 발전함에 따라 OSAT 기업 등 각 반도체 전문 분야의 기업과 협업하는 전략을 선택하고 있다. 이는 반도체 공정 미세화가 점점 가속화되고, AI · HPC 등 고성능 반도체의 확대와 고객별 요구조건이 다른 커스터마이징 확대로 설비 투자가 점점 중요해지고 있는데 반해, TSMC 혼자서는 이러한 기술 개발과 설비 확장을 감당하기 어렵기 때문이다.

TSMC는 차세대 고성능 반도체와 Application Level의 제품 혁신을 이루기 위하여 2023년 10월 3DFabric이라는 브랜딩 전략을 통해 Advanced Package의 핵심 기술인 이종 집적 기술(2.5D Package, 3D Package)을 기반으로 7개의 분야 21개 기업과 Alliance를 구성했다. 이 Alliance는 팹리스 설계인 EDA 및 IP Core부터 최종 출하 단계 전인 Testing까지 각 핵심 영역에 대한 협력 개발 네트워크를 강화하여, 고객사 맞춤형 제품을 설계 단계에서부터 최종 테스트 과정까지 기술지원을 하겠다는 강력한 의지로 볼 수 있다.

TSMC는 다양한 Advanced Package 기술을 개발하고 있으며, 3DFabric 출범 이후에는 CoWoS[8], InFO[9], TSMC-SoIC[10] 등 고급 패키징 기술을 기반으로 시장에서 많은 주목을 받고 있다. 또한 ASE 등의 글로벌 OSAT 기업과의 협업을 통해 대만의 반도체 네트워크가 더욱 강화될 수 있어, Amkor나 JCET 같은 다른 OSAT 기업에게도 큰 위협이 되고 있다. 이러한 상황에서 2025년 2분기 기준, 약 70%의 파운드리 점유율을 차지하고 있는 TSMC의 독주를 막을 수 있는 기업은 현재로써 삼성전자가 유력하다.

---

8 Chip on Wafer on Substrate의 약자이다. PCB 기판 위에 WLP가 놓이고, 그 위에 칩이 실장되는 구조로, 고집적 · 고성능 반도체 제품에 적용되는 대표적인 적층 패키징 기술이다.

9 Integrated Fan-Out의 약자로 반도체 칩 외부에 Fan-Out 기술을 활용하여 데이터 전송 속도와 경로를 확대시키는 Advanced Package 핵심 기술이다.

10 TSMC-System on Integrated Chips의 약자로 PCB 기판 위에 마이크로 범프 없이 TSV 기술로 반도체 칩을 쌓거나 다른 칩들을 연결한 Advanced Package 핵심 기술이다.

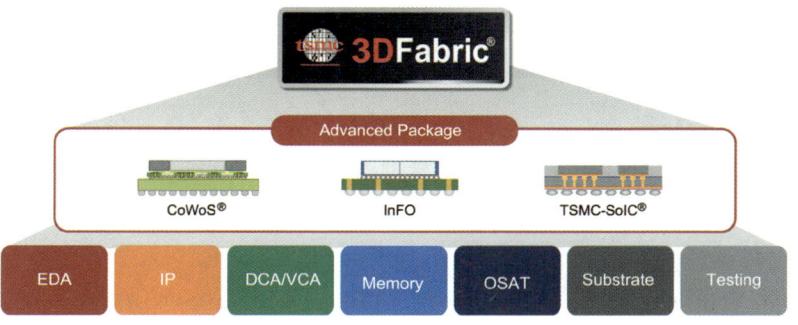

[그림 1-14] TSMC 3DFabric Alliance 구조

## 2. 삼성전자와 OSAT 기업의 연계성

삼성전자는 파운드리 분야에서 TSMC에 이어 2위에 해당하는 기업이다. 이러한 높은 위상은 DRAM, NAND Flash와 같은 메모리 반도체 매출과 영업이익 덕분이다.

그러나 최근 파운드리 사업의 지속적인 부진으로 TSMC와의 격차가 계속 벌어지고 있으며, 2025년 1분기에는 NVIDIA Qual Fail과 같은 제품 품질 미달 이슈로 인해 글로벌 반도체 시장에서 신뢰를 잃게 되었다. 사실 이러한 상황이 발생한 원인은 2022년으로 거슬러 올라가보면 확인할 수 있다. 메모리 반도체에서는 두각을 나타냈던 기업이 이렇게 된 이유는 무엇일까?

2022년 삼성전자는 TSMC와의 격차를 벌리기 위해 GAA 기술을 3나노 웨이퍼에 적용하겠다고 했으나, 이는 양산기술에서 수율이 확보되지 않아 다소 위태로운 기술이었다. 이 상황에서 TSMC는 고객과의 신뢰를 지키기 위해 다음 단계인 2나노 웨이퍼부터 GAA 기술을 적용하겠다고 결정했다. 삼성전자의 3나노 공정 수율은 50% 미만으로 TSMC의 70%대 수율과 비교해 현저히 낮았고, 이로 인해 기존에 계약했던 여러 고객사가 이탈하였다.

TSMC는 EDA, IP, OSAT 등 다양한 기업과의 협력 체계를 이미 구축하고 있지만, 삼성전자는 이러한 체계를 마련하기 위해 처음부터 협력할 기업을 발굴해야 하는 상황이다. 그러나 삼성전자는 자사의 메모리 반도체와 파운드리 기술력을 기반으로 설계부터 생산까지 책임지는 IDM 기업의 전략을 유지하고 있다. 따라서 현재까지는 OSAT 기업과의 연계 전략이 공식화된 바 없으며, 자사 기술력을 바탕으로 시장 점유율을 높이려는 전략을 고수하고 있다.

# ⑥ 후공정 소부장 기업의 발전

소부장은 소재, 부품, 장비의 약자로, 반도체 제조 과정에 필수적인 핵심 기업들을 지칭한다. 구체적으로 반도체 제조에 필요한 원재료인 소재, 생산 공정에 필요한 부품, 그리고 제조 장비를 공급하는 모든 기업을 포함한다.

소부장이라는 단어 자체는 1980년대에 등장하였지만, 본격적으로 주목받게된 계기는 2019년 일본의 반도체 소재 수출 규제 시행 이후이다. 당시 일본은 에칭 가스, 포토레지스트(PR) 등 세계 반도체 소재 시장의 90% 이상을 점유하던 핵심 소재의 수출을 제한했다. 이는 일본이 자국의 반도체 기술력을 강화하고 글로벌 기술 경쟁력을 확보하기 위한 전략의 일환으로 해석되었다. 2019년 8월 한국 정부는 이에 대응하여 '소재부품장비 경쟁력 강화 대책(소부장 1.0)을 수립하고, 이후 2020년 코로나19로 인한 글로벌 공급망 위기에 대응하기 위해 소부장 2.0 전략을 추진했다.

하지만 이후에도 전공정 국산화에 투자가 집중되며, 후공정 분야에 대한 기술 지원은 여전히 미비한 상황이다. 아래는 반도체 주요국의 후공정 산업 지원 정책을 정리한 것이다. 한국의 지원 규모는 타 국가의 비해 매우 턱없이 부족한 상황인 것을 확인할 수 있다.

| 국가 | 지원 정책 |
|---|---|
| 미국 | • 반도체 및 과학법(CHIPS and Science Act) 신설, 반도체 시설투자에 25% 세액공제<br>• 상무부 산하에 '국립 첨단 패키징 제조 연구소' 설립 및 50억 달러 규모의 인력 양성지원<br>• 반도체 제조 및 후공정에 200억 달러 지원을 통한 기술개발<br>• 미국 법안 A부 미국 반도체 기금(CHIPS for America Fund)에서 첨단 패키징 시설과 장비에 대한 예산 및 첨단 패키징 프로그램 개발 지원 |
| 대만 | • 국책 연구기관(ITRI) 주도로 패키지 산업 생태계 지원<br>• 반도체 시설투자에 25% 세액공제 및 반도체장비 구입에 5% 추가 세액공제<br>• 5G, AI 반도체용 3D 적층과 이종접합 기술을 발전시키기 위해 팹리스 기업에게 제품 초기 검증과 양산을 지원 |
| 일본 | • 후공정 3D화 프로세스 기술개발 프로젝트<br>• TSMC와 협력으로 3D IC 연구센터 연구소 개소 및 투자비 50% 지원<br>• 소부장 공급을 위해 글로벌 기업과 협업체계 구축 및 일본 소부장 업체 대만과 협력 강화<br>• 일본 반도체 연합 라피더스에 77억 엔 지원 |
| 중국 | • 첨단 패키지 기업에 세제 혜택 등으로 연구 개발 지원<br>• '중국제조 2025'계획을 발표하여 패키지 분야 3D SiP, 반도체복합구조칩, 패키징 설비 등을 중점 개발 지원으로 200억 달러 및 세계 점유율 45% 달성을 목표 |
| 싱가포르 | • 국가 연구기관(IME) 중심으로 패키지 산업 경쟁력 확보 |
| 한국 | • 반도체 설비투자에 대한 대기업 세액공제를 15%, 중소기업의 경우 25% 적용 |

[표 1-3] 국가별 반도체 후공정 산업 지원 정책

한국 정부는 첨단 패키징 기술개발 지원금을 2025년부터 2031년까지 7년간 2,744억 원 지원할 예정이다. 이 중 2025년 R&D 지원금은 178억 원으로 타 국가에 비해 매우 낮다. 반도체 기술 발전을 위해서는 소부장 기업, OSAT, IDM 등 모든 반도체 기업이 협력해야만 한다. 이를 통해서만 반도체 기술 개발에서 시너지 효과를 일으킬 수 있다.

## ⑦ OSAT 기업의 미래 전망

OSAT 기업의 미래 전망은 밝다. 전공정 기술 개발이 점차 한계에 다다르면서 전 세계가 후공정 기술 개발에 큰 관심을 보이고 있으며, 파운드리 기업과의 협력을 통해 후공정 분야의 매출 구조와 영업이익 개선이 빠르게 진행되고 있다. 전문가들은 앞으로 반도체 기술 발전이 단순히 전공정에 국한되지 않고, 후공정 기술과 기업 간 협력 구도가 점차 중요해질 것이라고 분석한다.

OSAT 기업은 각 기업이 선택하는 후공정 장비와 소재 기술에 따라 수율, 생산성, 반도체 성능에 큰 차이가 발생하기 때문에, Advanced Packaging 기술 개발과 수율 향상 등 핵심 기술 확보에 집중해야 한다.

한국 OSAT 기업은 글로벌 시장에서 위상과 입지를 빠르게 높여야 하며, 매출과 성장 가능성이 높은 글로벌 고객사 확보를 위해 지속적으로 노력해야 한다. 그러나 현재 한국 OSAT 기업의 글로벌 점유율은 낮은 편이다. 한국 역시 글로벌 경쟁력을 확보하기 위해 정부의 지원과 기업 간 협력을 바탕으로 글로벌 시장 점유율을 확대해야 한다.

# Chapter 03

# 후공정 산업 이해하기

## 핵심요약

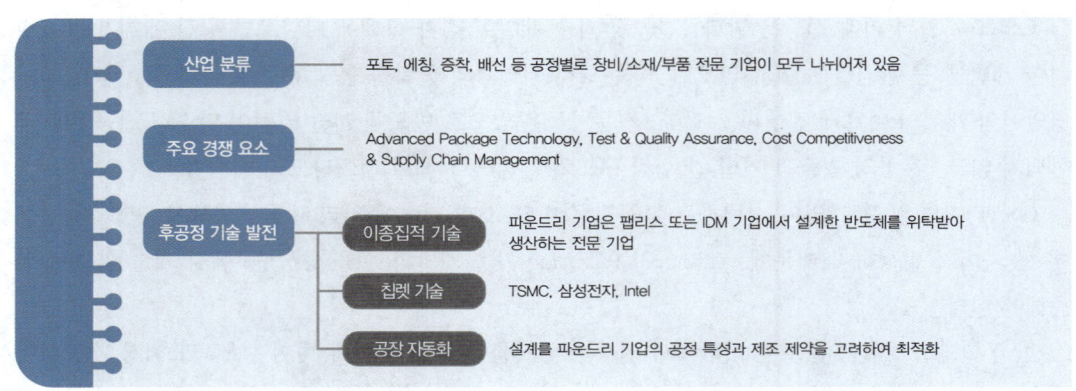

| | |
|---|---|
| 산업 분류 | 포토, 에칭, 증착, 배선 등 공정별로 장비/소재/부품 전문 기업이 모두 나뉘어져 있음 |
| 주요 경쟁 요소 | Advanced Package Technology, Test & Quality Assurance, Cost Competitiveness & Supply Chain Management |
| 후공정 기술 발전 | 이종집적 기술 — 파운드리 기업은 팹리스 또는 IDM 기업에서 설계한 반도체를 위탁받아 생산하는 전문 기업 |
| | 칩렛 기술 — TSMC, 삼성전자, Intel |
| | 공장 자동화 — 설계를 파운드리 기업의 공정 특성과 제조 제약을 고려하여 최적화 |

**학습 포인트**

반도체 후공정 산업은 Wafer Test, Package, Package Test, Module Test 공정으로 나눌 수 있다. 해당 공정에 적용되는 기술과 장비 그리고 소재는 모두 연관되어 있다. 후공정은 전공정과 다르게 고객별로 요구사항이 달라 다양한 조합의 패키지가 나오는 것이 가장 큰 특징이다. 따라서 각 고객사에 맞춘 별도의 패키지 제품과 테스트 프로그램을 개발 및 관리해야 하는 복잡성을 가진 공정이다.

후공정 산업은 원래 반도체 시장에서 크게 주목받지 못하고 있었다. 하지만 2020년 코로나19 사태 이후 원격 근무의 확산으로 인해 클라우드 시장이 활성화되고 대용량 데이터를 관리할 수 있는 데이터센터가 급격히 증가했다. 또한 ChatGPT와 같은 생성형 AI가 등장하여 고성능 반도체가 더욱 필요해졌다. 코로나19가 종식된 지금도 생성형 AI, On-Device AI 등의 AI 열풍은 계속 이어지고 있다. 다시 말해, 예상보다 훨씬 빠른 속도로 고성능 반도체 수요가 늘어나고 있는 것이다.

그러나 이미 전공정의 미세화 기술 개발이 한계에 다다르면서 신기술을 매년 적용하기 어려운 상황에서 반도체 업계는 후공정 기술 발전에 주목하기 시작했다. 이번 챕터에서는 후공정 산업의 현재 위치와 미래 기술 발전 방향은 어떻게 될 것인지 하나씩 자세하게 알아보도록 하자.

## 1 후공정 산업의 분류와 특징

후공정 산업을 알아보기 전에 앞서 현재 반도체 산업의 공정 단계별 밸류체인을 먼저 이해해야 한다. 과거에는 전공정 위주의 개발이 진행되었기 때문에, 소부장 산업 기준으로도 전공정 위주의 기술 개발이 진행되었다. 하지만 최근 후공정 기술 개발에 따라, 기존 후공정에 해당하는 기술인 Conventional Package 제조 기술보다 Advanced Package 제조 기술이 중요해져, IDM 기업뿐만 아니라 파운드리, OSAT 기업까지 모두 후공정 기술 개발에 많은 투자를 진행하고 있다.

[표 1-4]는 현재 반도체 산업의 밸류체인과 소부장 산업 기준으로 구분된 반도체 전공정과 후공정 관련 업체의 분포도를 나타낸 것이다. 전체 밸류체인 중 Advanced Package와 Assembly & Test를 수행하는 기업이 반도체 제조의 후공정을 담당한다. 그뿐만 아니라, 전공정 FAB에 적용되는 Deposition, Etch, Clean 등의 단위 공정과 계측 및 검사 기술 역시 후공정에서 함께 활용되고 있다. 이는 후공정 기술이 발전함에 따라 전공정에서 사용되던 미세화 기술이 후공정 장비에도 점차 적용되고 있음을 보여준다.

| 공정 | 장비 | | 소재 | | 부품 | |
|---|---|---|---|---|---|---|
| 포토 | SEMES | PSK | nepes | PHOTRONICS | S&S TECH | FST |
| | DONGJIN | | ENF | SK 실트론 | | |
| 에칭 | SEMES | GigaLane | soulbrain | FOOSUNG 후성 | MiCo | MKP |
| | Global ZEUS | Adaptive Plasma | ENF | WONIK MATERIALS | lot vacuum | SK 머티리얼즈 |
| 증착 | WONIK IPS | TES | SK 머티리얼즈 | WONIK MATERIALS | MECARO | MiCo |
| | EUGENETEC | AP 시스템(주) | soulbrain | FOOSUNG 후성 | WONIK QnC | NEW POWER PLASMA |
| 배선 | TOP ENGINEERING | JUSUNG ENGINEERING | soulbrain | GO Element | MiCo | MKP |
| | AP 시스템(주) | | | | | |
| CMP | Global ZEUS | KCTECH | SK 머티리얼즈 | mujin | SYNOPEX | MKP |
| | PSK | TES | OCI | soulbrain | S&T | |
| | | | ENF | | | |
| 계측 | AUROS Technology | SFA | Park SYSTEMS | | XAVIS | |
| | NEXTIN Solutions | ESOL | | | | |
| 패키지 & 테스트 | UniTest | HANMI 한미반도체 | SEMES | EO TECHNICS | MiCo | LEENO |
| | nepes | EXICON | NEON TECH | DONGJIN | ISC | |

[표 1-4] 반도체 공정별 소부장 글로벌 기업 현황

그러나 [그림 1-15]와 같이 아직은 전공정에 관련된 기업이 훨씬 더 많은 것을 볼 수 있다. 후공정에도 전공정의 일부에 해당하는 기술이 사용되지만, 그 목적과 활용 방식이 달라 현재는 후공정에 특화된 단위 공정 기술을 별도로 개발하고 있다. 최근에는 패키지 제조 기술이 고도화되면서 이종 집적, Chiplet, TSV[11], Bumpless Bonding, Hybrid Bonding 등 다양한 신규 공정이 추가되고 있어, 앞으로 후공정 관련 단위 공정의 개수는 점점 늘어날 것이다. 여기서 언급한 패키지 신규 공정은 PART 5의 반도체 패키징 공정에서 자세하게 학습할 수 있다.

---

11 Through Silicon Via의 약자로 웨이퍼 칩 중간에 관통형 홀을 뚫어서 다른 칩과 최단경로로 연결하는 기술이다.

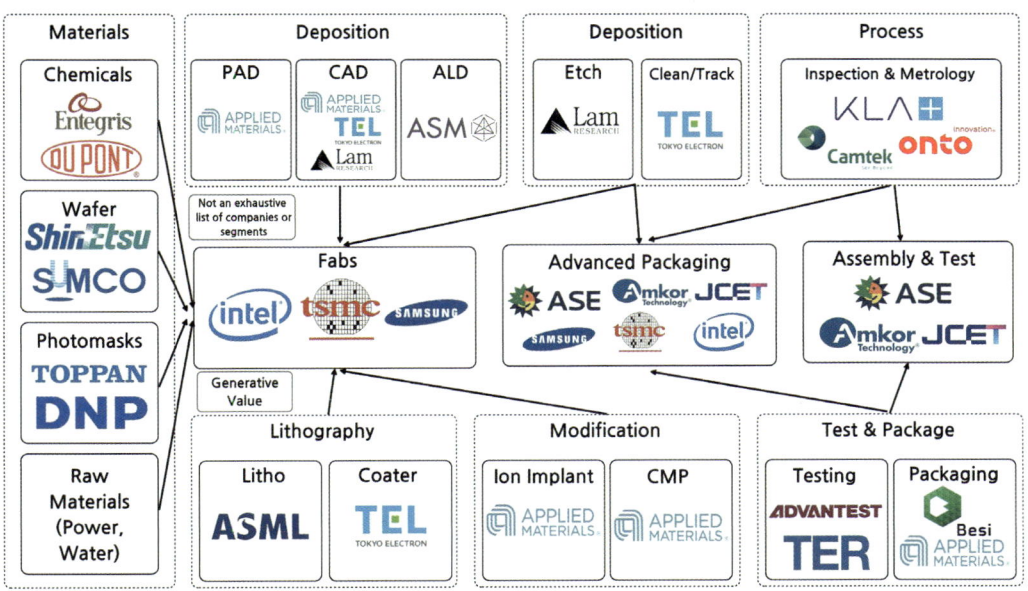

[그림 1-15] 반도체 산업의 전체 밸류체인 구조

    후공정 산업은 전공정에서 제작한 웨이퍼가 성능의 목표를 만족하는지 검사하는 Wafer Test 공정에서부터 시작한다. 이후 웨이퍼가 외부 전자 제품과 연결될 수 있도록 Package 제조 공정이 진행되며, 제조된 패키지가 요구 성능을 충족하는지 확인하는 Package Test 공정이 뒤따른다. 기존의 후공정 산업은 이 단계에서 테스트가 완료되면 주문한 고객에게 바로 출하되었다. 그러나 고성능/고신뢰성이 요구되고 다양한 사용 환경에서 안정적으로 작동하는지 확인이 필수 요소가 되면서, 패키지된 반도체 칩이 실제 부품과 결합된 상태에서 성능과 신뢰성을 검증하는 Module Test 공정이 추가로 도입되었다. 따라서 앞으로 후공정 기술은 더욱 정교하고 복잡해질 것이다.

    후공정 산업의 핵심 기술을 가지고 있는 기업은 OSAT 기업만이 아니다. OSAT 기업은 패키징 제조 기술을 직접 개발하고, 테스트를 수행하는 제조공장을 운영하는 역할을 한다. 이를 달성하기 위해 각 단위 공정을 수행하도록 제작하는 장비 업체, 신규 소재를 연구하고 공급하는 소재 업체, PCB와 같이 외부 제품에 연결할 수 있도록 실장 연구를 하는 기타 부품 업체 등 다양한 부문이 협력하여 후공정 기술을 완성하는 것이다.

## ② 후공정 산업의 주요 경쟁 요소

반도체 산업은 미세화 공정의 한계와 고성능 반도체 수요 증가에 따라 Advanced Package 제조 기술을 중심으로 빠르게 경쟁력을 확보해 나가고 있다. 그러나 수율이 안정적으로 보장되지 않거나 Quality Test Fail이 빈번하게 발생하면 기존 고객뿐만 아니라 신규 고객 유치에도 부정적인 영향을 미치게 된다. 또한 원가 경쟁력을 확보하기 위해서는 공급망을 효율적으로 관리하여 적정한 판매 가격을 유지하는 것이 중요하다.

## 1. Advanced Package Technology

제조업에서 중요한 것은 당연히 기술력이다. 특히, 최근에는 AI 수요가 급증함에 따라 HBM과 같은 고성능 메모리 반도체와 CPU/GPU와 같은 연산 기능을 가지고 있는 시스템 반도체의 연결이 매우 중요하다. 이를 달성하기 위해서는 하나의 기업이 아니라 다양한 기업이 협력해야 하기 때문에 기업 간 협력 구조가 중요한 경쟁력이 된다. 또한 패키지 기술에서 가장 핵심적인 기술은 소형화로, 성능을 향상시키면서도 패키지 제품의 크기를 축소해야 하는 매우 어려운 과제를 동시에 해결해야 한다.

## 2. Test & Quality Assurance

패키지 제조 기술 못지않게 중요한 것은 고객에게 패키지 제품을 출하하기 위해 성능 목표 달성 여부를 검증하는 테스트 방법과 품질 보증이다. 아무리 좋은 기술이 개발되었다고 해도, 결과값이 일정하지 않거나 불량이 다수 발생한다면 동일한 성능을 보장할 수 없다. 따라서 작동성을 점검하는 테스트 기법과 비파괴검사 기반의 품질 검사가 출하 직전 과정에서 매우 중요한 역할을 한다. 또한 기업의 손실을 최소화하기 위해 어느 수준까지 품질을 보증할지 기준을 명확히 정하는 것도 필요하다.

## 3. Cost Competitiveness & Supply Chain Management

마지막으로 중요한 요소는, 기업이 지속적으로 존속하기 위해 투자 대비 수익을 확보하는 것이다. 따라서 기술을 개발했더라도 원가 경쟁력 확보 방안을 지속적으로 고민하고, 원가 절감을 고려한 후공정 양산 기술을 개발하는 것이 필수적이다. 이를 위해 단위 공정의 Cycle Time을 최대한 단축하고, 신규 소재 개발을 통한 재료비 절감을 추진하며, 각 기업이 가지고 있는 생산 기술력과 구매 및 영업 전략을 활용해 전체 비용을 최소화하는 것이 중요하다.

# ③ 한국 반도체 후공정 산업의 경쟁력

## 1. 강점

### (1) K-반도체 벨트 구축과 산업 클러스터의 형성

한국은 반도체 산업 전반의 기업들이 경기도를 중심으로 한 K-반도체 벨트를 구성하며 기술 개발을 추진하고 있다. 현재 한국의 반도체 클러스터는 경기도 판교, 수원의 기흥, 화성을 잇는 축으로 형성되어 있으며, 전체 배치가 영문자 'K'와 유사한 형태를 이루고 있어 K-반도체 벨트라 불리고 있다. 이러한 지리적 인접성은 단순한 물리적 이점을 넘어, 기업 간 기술 협력, 인재 교류, 공급망 효율화 등 산업 생태계의 긍정적 시너지를 창출하는 기반이 된다. 삼성전자의 수원 캠퍼스, SK하이닉스의 이천 및 화성 캠퍼스를 중심으로 메모리 반도체 생태계가 형성되어 있으며, 이들을 주축으로 협력업체, 장비사, 소재사 등이 밀집해 있다. 또한 신생 팹리스 스타트업들이 점차 증가하면서, K-벨트 내 기술 혁신과 제품 개발이 가속화되고 있다.

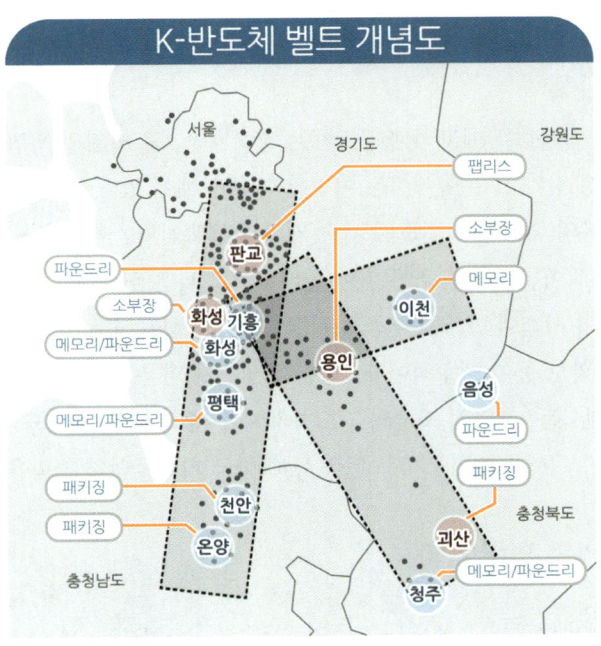

[그림 1-16] K-반도체 벨트 개념도

## (2) 메모리 반도체 후공정 기술의 글로벌 선도

한국 반도체 기업들의 HBM 시장 점유율이 80% 이상에 달하는 것에서 알 수 있듯이, 한국의 메모리 반도체 후공정 기술력은 이미 전 세계적으로 인정받고 있다. SK하이닉스와 삼성전자는 HBM3, HBM4 등 차세대 메모리의 3D 적층, 하이브리드 본딩, 고밀도 배선 등 첨단 후공정 기술을 보유하고 있으며, 이는 수십 년간의 메모리 반도체 제조 경험과 지속적 R&D 투자의 결과다. 또한 한국의 OSAT 기업들도 메모리 칩 후공정에서 높은 수율과 신뢰성을 달성하고 있으며, 이는 국내 메모리 반도체 산업의 경쟁력 강화에 큰 기여를 하고 있다. 미국의 Micron도 HBM 생산을 위해 한국 기업들과의 협력을 강화하고 있으며, 이는 한국 후공정 기술의 우수성을 반증하는 사례다.

## 2. 약점 및 보완점

## (1) 로직 및 시스템 반도체 후공정 기술 확보

현재 한국 반도체 산업의 주요 약점은 로직 칩, 아날로그 칩, 파워 반도체 등 시스템 반도체 분야의 후공정 기술력이 상대적으로 낮다는 점이다. TSMC, 삼성전자 파운드리, Intel 등이 주도하는 로직 칩 시장에서는 2nm, 3nm 등 최첨단 공정이 적용되고 있으며, 이에 맞춘 차세대 후공정 기술이 요구되고 있다.

현재 한국의 OSAT 업체들은 메모리 후공정에는 강하지만, 로직 칩의 복잡한 다층 구조, 이종 소재 통합, 극저온 신뢰성 평가 등 분야에서는 여전히 학습 단계에 있다. 또한 아날로그 칩, RF 칩, 파워 반도체 등 특화 분야의 후공정도 별도의 기술 개발이 필요하다. 이러한 차이는 메모리 중심의 역사적 경험 축적과, 로직/아날로그 제조에 대한 상대적으로 낮은 국내 투자 수준 때문이다.

국내 OSAT 기업들이 시스템 반도체 후공정 기술력을 확보하려면 선제적 R&D 투자, 글로벌 기업과의 기술 제휴, 인재 확보 등이 필수적이다. 또한 삼성전자 파운드리가 비메모리 로직 칩 생산에서 TSMC와 경쟁하기 위해서는, 후공정 기술의 고도화가 매우 중요하다. 파운드리와 OSAT 간의 긴밀한 협력, 공정 데이터 공유, 통합 솔루션 제공 등을 통해 한국 기업들의 경쟁력을 높일 수 있을 것이다.

## (2) 글로벌 고객사와의 협력 강화

한국의 후공정 산업이 글로벌 경쟁력을 갖추기 위해서는 NVIDIA, AMD, Intel, Qualcomm 등 글로벌 기업들과의 협력 관계를 더욱 강화해야 한다. 특히 AI 가속기, HPC 칩, 자동차용 반도체 등 고성능 칩의 후공정 요구사항은 점점 복잡해지고 있으며 한국 기업들은 이를 충족해야 글로벌 시장에서 살아남을 수 있다.

현재 삼성전자와 SK하이닉스가 NVIDIA의 HBM 공급처로 지정되면서 후공정 분야에서도 협력이 증가하고 있으며, 이는 한국 후공정 산업의 글로벌 신뢰도 상승을 의미한다. 향후 한국 OSAT 및 파운드리 기업들도 이러한 선례를 따라 글로벌 고객사와의 장기 협력 관계를 구축하고, 기술 신뢰도를 증명해야 한다.

## (3) 소부장 생태계와의 연계 강화

한국의 후공정 산업 경쟁력을 지속적으로 높이기 위해서는 반도체 소부장 산업과의 유기적 협력도 매우 중요하다. 패키징에 필요한 고급 소재, 정밀 장비, 검사 장비를 국내에서 개발하고 생산해야 산업 전체의 경쟁력을 높일 수 있다. 현재 한국의 소부장 기업들은 메모리 후공정용 장비와 소재에는 강하지만, 로직/아날로그 칩용 고급 소재와 검사 장비 개발에는 투자가 부족한 상태다. K-반도체 벨트 내에서 OSAT, 파운드리, 소부장 기업 간의 기술 협력과 공동 R&D를 활성화한다면, 한국 반도체 후공정 산업의 종합 경쟁력을 한층 높일 수 있을 것이다.

## ④ 후공정 산업의 기술 진화 방향

어떤 산업이든 마찬가지겠지만 후공정 산업 역시 성능 향상만을 목표로 기술을 개발하는 것이 아니라, 고객이 신뢰할 수 있는 품질 확보와 기업의 지속 가능성을 위한 제조 원가 경쟁력을 고려해야 한다. 실제 반도체 제조 현장에서는 다양한 요소가 복합적으로 작용하여 최적의 기술이 결정되며, 모든 기술은 Trade-off 관계를 갖고 있기 때문에 최적의 솔루션을 찾는 과정이 필요하다.

이번 파트에서는 여러 영역 중에서 Advanced Package 제조 등 기술의 진화 방향만 고려하고자 한다. 해당 기술은 PART 5에서 더 자세하게 소개할 예정이므로 지금은 기술 발전의 트렌드 관점으로 대표적인 예시만 보고자 한다.

## 1. 이종집적 기술(Heterogeneous Integration)

이종집적 기술은 Advanced Package의 핵심 기술로 정의되고 있으며, 반도체 성능을 더 작은 공간에서 향상하기 위해서는 반드시 필요한 기술이다. 이종집적 기술의 사전적 정의는 서로 다른 기능, 재료, 제조 공정을 가진 반도체 칩(또는 소자)을 하나의 패키지 내에 통합해 고성능, 저전력, 소형화, 다기능화를 달성하는 기술이다. 전통적인 단일 칩 집적 방식의 한계를 극복하기 위한 핵심 기술로, 반도체 패키징의 혁신을 이끄는 중요한 분야이다. [그림 1-17]처럼 HBM, Logic Die, CPU/GPU 등 서로 다른 칩이 하나의 패키지 위에 집적된 것을 볼 수 있다.

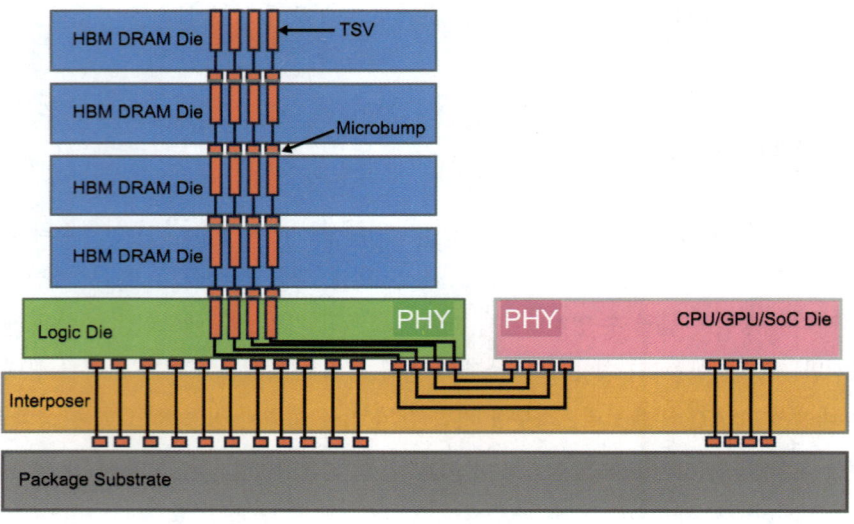

[그림 1-17] 이종집적 기술이 적용된 패키지 제품 단면

이종집적 기술이 적용되는 칩의 예시는 아래와 같다. 총 3가지로 구분되며, 각각이 어떤 특징을 가지고 있는지 보도록 한다.

## (1) 다른 기능을 가진 칩

반도체는 Logic Chip, Memory Chip, RF, Photonics 등 다양한 칩과 부속 부품으로 구성되며, 각각 IDM 또는 파운드리 기업에서 생산한다. 그렇기 때문에 칩을 제조하는 기업은 서로 다르더라도, 이를 하나의 패키지로 조합하는 과정이 필요하다.

## (2) 다른 재료로 만들어진 칩

Si(실리콘), SiC(탄화규소), SiGe(실리콘-게르마늄), GaN(질화갈륨), GaAs(비소화갈륨) 등 각 재료가 가진 특성이 다르기 때문에, 목적에 맞는 소재로 제작된 칩을 조합해 성능을 향상시키는 기술이 이종집적 기술에 해당한다.

## (3) 다른 제조공정

동일한 성능의 웨이퍼라도 서로 다른 제조라인에서 생산되면 미세한 특성 차이가 발생할 수 있다. 예를 들어 1라인에서 생산된 DRAM 1c nm웨이퍼와 2라인에서 생산된 동일한 스펙의 웨이퍼는 특성은 다를 수 있지만, 이를 하나의 패키지로 조합하면 유사한 품질을 확보할 수 있다. 다만 실제 공정에서는 이러한 미세한 차이가 품질 저하를 유발할 수 있어, 가능한 동일한 라인, Recipe, 장비에서 생산된 웨이퍼를 병합(Merge)하여 패키지를 구성하는 것이 일반적이다.

위와 같은 다른 칩들을 유기적으로 연결하기 위해 Interposer와 같은 신규 물질을 개발하여 수평으로 연결된 칩을 연결하는 2.5D 패키지 기술이 있으며, 칩을 수직으로 적층하여 TSV 기술을 통해 다른 칩과 연결하는 3D 패키지 기술도 이에 해당한다. 이러한 이종집적 기술은 고성능화, 초소형화, 저전력화 및 스마트화를 요구하는 시스템 반도체 분야에서 큰 주목을 받고 있다.

## 2. 칩렛(Chiplet) 기술

칩렛 기술은 단일 대형 칩(Monolithic Chip)을 여러 개의 작은 칩으로 분할하고, 이를 하나의 패키지 안에 다시 연결하는 기술을 말한다. 이는 마치 레고 블록을 조립하는 방식과 유사하여 'Lego-like PKG'라고도 불린다.

칩렛 기술은 SoC[12]의 단점을 보완하기 위한 목적으로 개발되었으며, 단일 칩의 크기를 무한정으로 키울 수 없는 물리적 제약을 해결하는 데 중요한 역할을 한다. 특히 Photolithography 공정에서는 한 번에 노광할 수 있는 Reticle Size에 제한이 있기 때문에 칩의 크기를 계속 확장하는 데에는 한계가 있다.

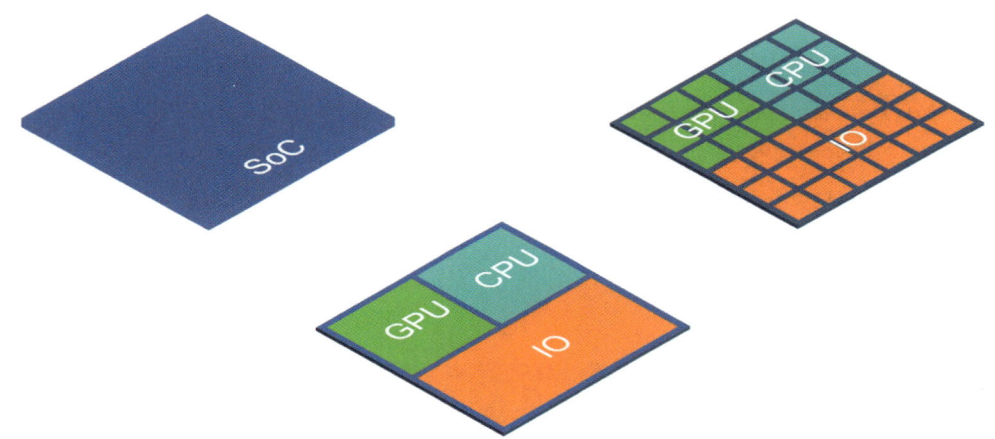

[그림 1-18] 칩렛 기술의 적용 과정

---

12 System on Chip의 약자로 패키지 단일 칩 위에 여러 가지 시스템을 연결하는 방식의 패키지 기술이다.

## 3. 공장 자동화

반도체 생산 라인은 OHT[13]를 활용해 모든 공정에서 자동화가 이루어진다고 알려져 있지만, 이는 전공정에 해당하며 후공정 라인의 자동화는 아직 진행 단계에 있다. 삼성전자는 2023년 8월, 세계 최초로 반도체 패키징 무인화 라인을 가동한다고 공식 발표했다. 다만 전체 라인이 아닌 일부 라인에만 적용된 단계이며, 업계에서는 후공정 전체의 완전 무인화는 최소 2030년 이후에야 가능할 것으로 전망하고 있다.

후공정 라인은 전공정만큼 기술 발전이 진행되지 않았기 때문에, 테스트 공정이 끝나고 다음 공정으로 이동 시에는 오퍼레이터가 패키지 트레이를 직접 옮기면서 테스트를 수행하고 있다. 그 이유는 OHT가 웨이퍼 이송용 FOUP 단위로 설계되어 있어, 크기와 형태가 다양한 패키지 칩을 운반하는 데 한계가 있기 때문이다. 또한 패키지 칩은 고객사별 요구에 따라 크기와 테스트 조건이 모두 달라, 전공정 라인에 비해 자동화 생산 라인을 구축하기가 훨씬 어렵다.

후공정 라인의 자동화가 진전되기 위해서는 몇 가지 기술적 과제 해결이 필수적이다. 첫째, 다양한 크기와 형태의 패키지 칩을 유연하게 처리할 수 있는 AI 기반 자동화 로봇과 비전 시스템의 개발이 필요하다. 둘째, 고객사별 맞춤형 테스트 조건을 자동으로 인식하고 적용할 수 있는 스마트 테스트 플랫폼 구축이 요구된다. 셋째, 후공정 라인 전체의 데이터를 실시간 수집하고 AI로 분석하여 최적의 생산 흐름을 제시하는 스마트팩토리 기술의 고도화가 필수적이다. 특히 패키지 이송 · 정렬 · 테스트 · 검사 단계에서 각각의 장비들이 유기적으로 연동되는 통합 자동화 시스템이 구축된다면, 후공정의 완전 무인화도 2030년대 중반 이전에 실현될 수 있을 것으로 예상된다.

## ⑤ 후공정 산업의 가치 사슬 내 위상 변화

후공정 산업은 과거의 Conventional Package 기술로 제조하던 시기와 비교하면, 지금은 완전히 다른 수준으로 혁신적으로 발전했다. 이는 단순한 공정 개선이 아니라, 반도체의 최종 성능과 신뢰성을 좌우하는 핵심 기술로 자리 잡았기 때문이다. 과거 패키지의 목적이 칩을 외부 충격과 화학적 요인으로부터 보호하고, 외부 회로와 연결하며, 기본적인 품질을 확보하는 데 있었다면, 현재 후공정 기술은 전공정 한계를 보완하며 고부가가치를 창출하는 전략적 솔루션으로 부상했다.

예전에는 전공정 대비 기술 장벽이 낮고 부가가치가 낮게 평가되었기 때문에, 패키징은 주로 OSAT 기업이 담당했고 IDM이나 파운드리 기업의 관심도는 상대적으로 낮았다. 그러나 최근에는

---

13 Overhead Hoist Transport의 약자이다. 천장대차장치로 반도체 생산라인에서 웨이퍼가 담긴 FOUP을 천장 레일을 따라 자동으로 운반하는 무인 이송 시스템이다.

패키지의 역할과 목적이 크게 변화했다. 후공정 기술은 더 이상 단순히 칩을 연결하는 단계를 의미하지 않으며, 칩렛 기반의 이종집적 기술을 통해 CPU, GPU, 메모리 등 다양한 기능을 하나의 패키지에 고밀도로 통합하는 것이 핵심이 되었다. 이에 IDM과 파운드리 기업들은 과거 OSAT 기업에 의존하던 후공정 기술을 자사 솔루션으로 내재화하며 경쟁력을 강화하고 있다. 이는 후공정이 더 이상 부가가치가 낮은 공정이 아니라는 것을 명확히 보여주는 변화다.

또한 WLP(웨이퍼 레벨 패키지) 등 Advanced Package 기술에서는 전공정에서 활용되는 공정 원리와 TSV, RDL 기술 등이 적용되면서 전공정과 후공정 간 기술 융합이 빠르게 가속되고 있다. 이로 인해 후공정의 생산 공정 역시 전공정만큼 복잡해졌고, 전체 제조 비용에서 후공정이 차지하는 비중도 크게 증가하고 있다.

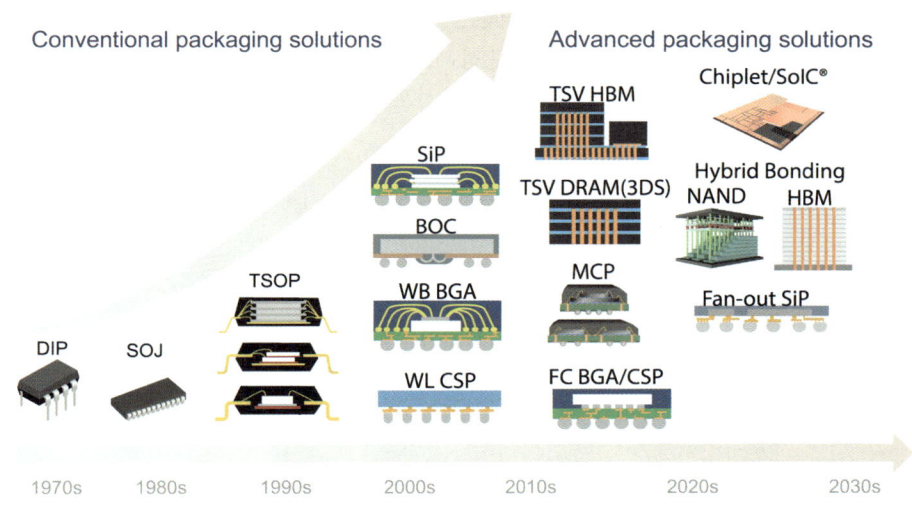

[그림 1-19] 패키지 제품의 개발 로드맵

따라서 후공정은 더 이상 선택적 영역이 아니라 반도체 성능을 결정하는 필수 공정으로 자리 잡았다. 현재 많은 반도체 제조 기업들은 후공정 기술을 통해 성능을 향상시키고 전공정 미세화의 한계를 보완하기 위한 연구를 지속하고 있다. 앞으로는 고부가가치 제품을 기반으로 기술 개발과 원가 경쟁력 확보의 균형을 어떻게 맞출 것인지가 핵심 과제가 될 것이다.

TSMC, 삼성전자, Intel 등 주요 파운드리 및 IDM 기업 중 누가 이 경쟁에서 우위를 차지할지는 아직 예측 예측하기 어렵다. 그만큼 반도체 경쟁은 언제든 1위의 주인공이 바뀔 수 있기 때문이다. 앞으로 반도체 기업 간 기술 개발 주기를 단축하고 협력적 Alliance를 강화하는 방향이 산업 전반의 성장에 중요한 역할을 하게 될 것이다.

## PART 01 반도체 입문

### Chapter 01 반도체 입문

Chapter 01에서는 반도체의 정의와 함께 능동소자와 수동소자를 구분하고, 이러한 소자가 어떻게 만들어졌는지 반도체 제조 공정을 학습했다. 특히 최근 후공정이 왜 중요해지고 있는지를 다양한 사례를 통해 살펴보았다.

### Chapter 02 반도체 산업의 밸류체인

Chapter 02에서는 반도체 기업의 종류를 살펴보고, 그 중 후공정과 가장 밀접하게 연관된 파운드리와 OSAT 기업에 대해 자세히 알아보았다. 또한 후공정 제조에 필수적인 소부장 기업의 역할도 함께 학습했으며, 이러한 내용을 종합해 향후 후공정 산업의 미래 전망을 정리했다.

### Chapter 03 후공정 산업 이해하기

Chapter 03에서는 전체 반도체 밸류체인 중 후공정 산업에 대해서 구체적으로 분석하고, 그 중 가장 중요한 경쟁 요소가 무엇인지 살펴보았다. 이어서 후공정 산업이 앞으로 어떤 방향으로 진화할지 미래 트랜드 기반으로 검토하고, 향후 후공정 산업의 위상이 어떻게 변화할지를 정리했다.

# Memo

# Part 02
# 후공정 산업 동향

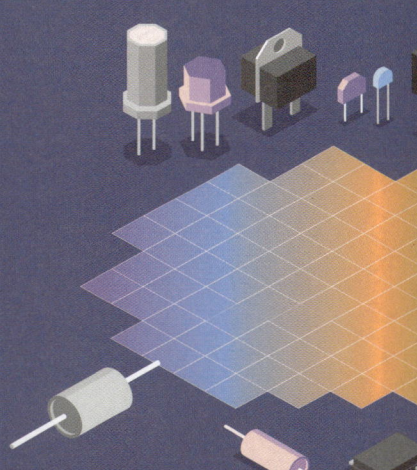

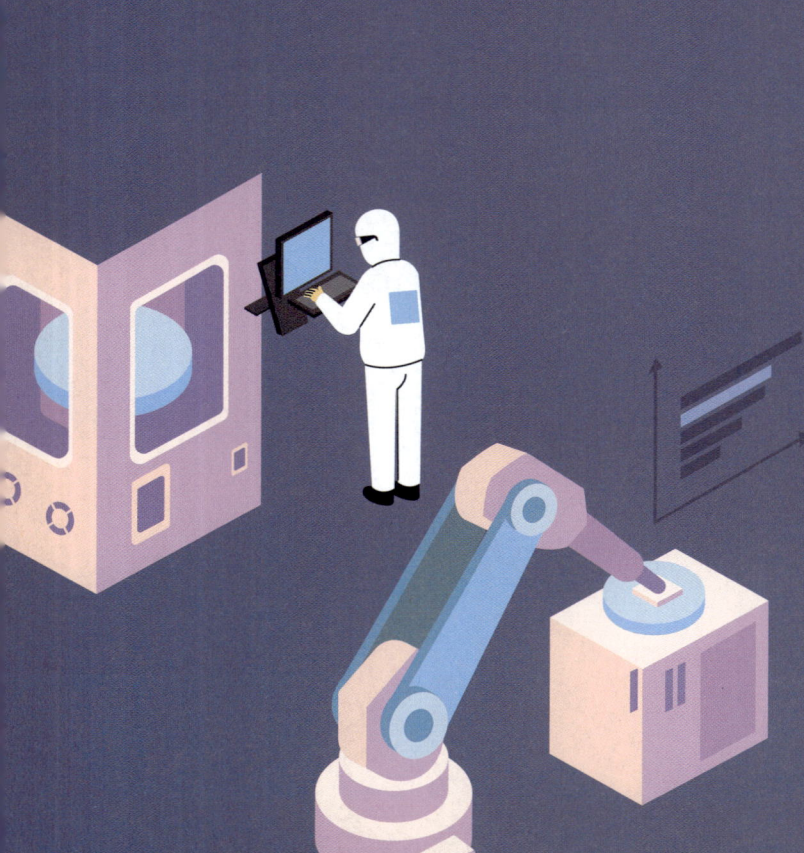

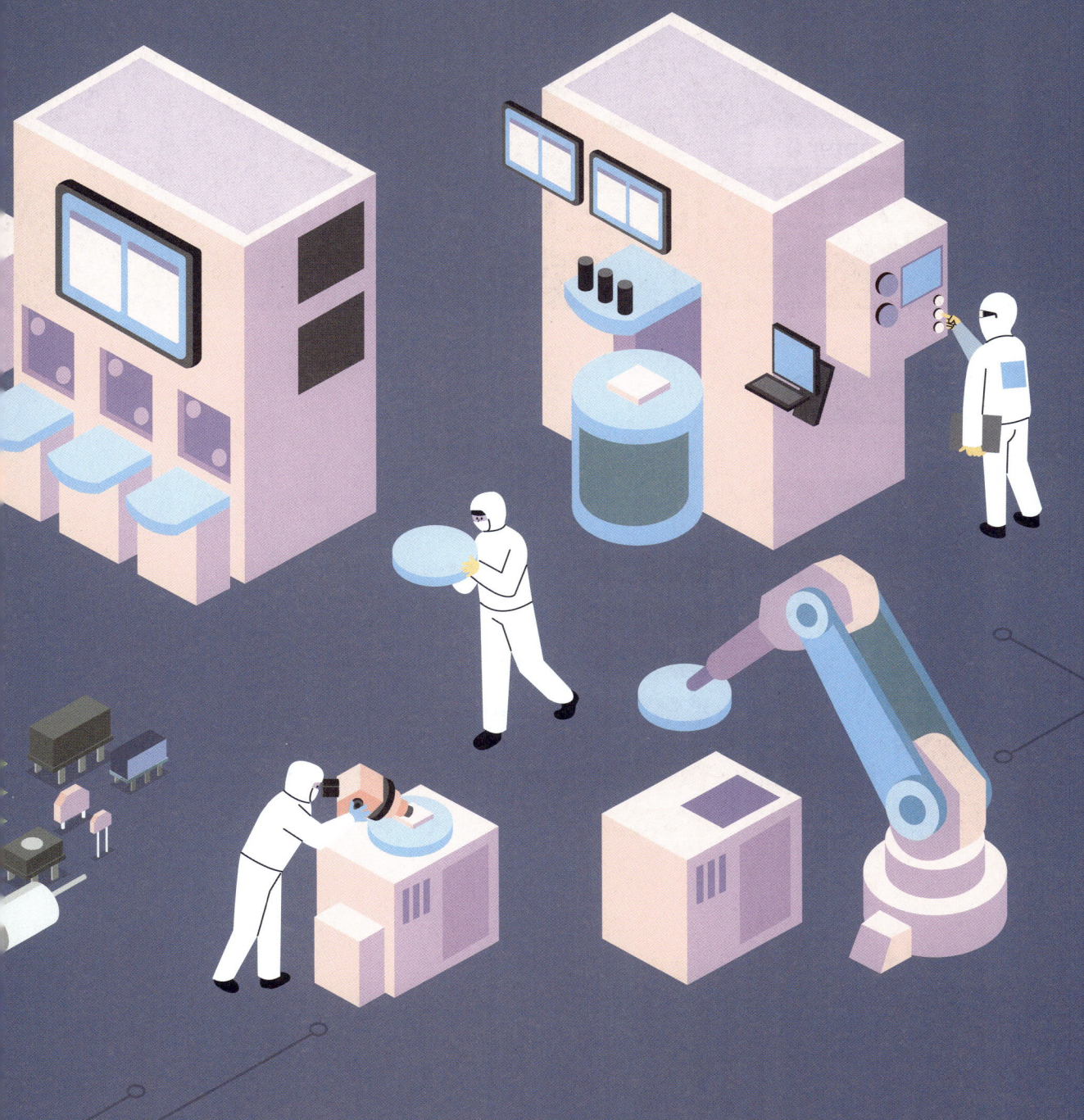

Chapter 01   후공정 시장 현황 및 전망

# Chapter 01
# 후공정 시장 현황 및 전망

## 핵심요약

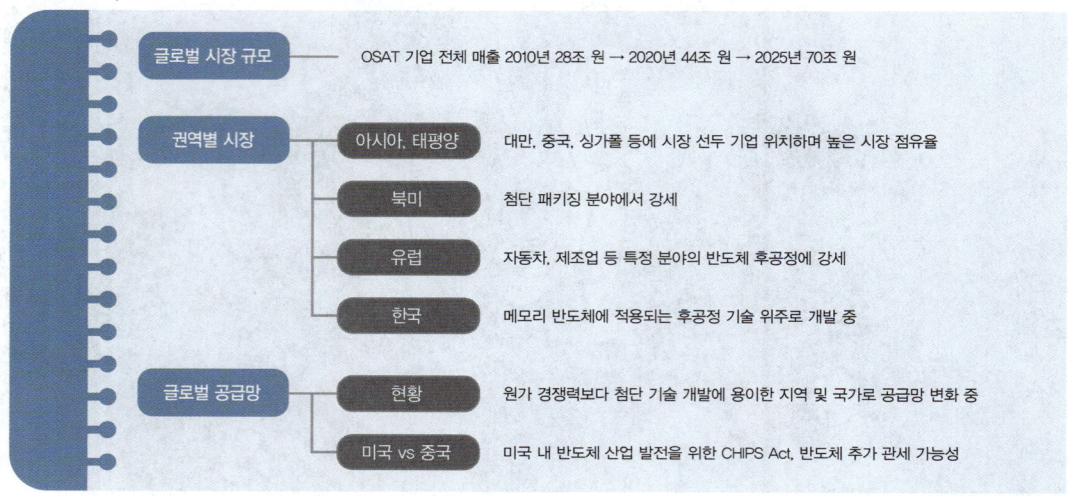

- **글로벌 시장 규모** —— OSAT 기업 전체 매출 2010년 28조 원 → 2020년 44조 원 → 2025년 70조 원

- **권역별 시장**
  - **아시아, 태평양** — 대만, 중국, 싱가폴 등에 시장 선두 기업 위치하며 높은 시장 점유율
  - **북미** — 첨단 패키징 분야에서 강세
  - **유럽** — 자동차, 제조업 등 특정 분야의 반도체 후공정에 강세
  - **한국** — 메모리 반도체에 적용되는 후공정 기술 위주로 개발 중

- **글로벌 공급망**
  - **현황** — 원가 경쟁력보다 첨단 기술 개발에 용이한 지역 및 국가로 공급망 변화 중
  - **미국 vs 중국** — 미국 내 반도체 산업 발전을 위한 CHIPS Act, 반도체 추가 관세 가능성

반도체 후공정 시장은 정확하게 규모를 파악하는 것이 쉽지 않다. 왜냐하면 OSAT 기업뿐만 아니라 IDM 또는 파운드리 기업에서 운영하는 후공정 영역과 소부장[14] 기업에서 담당하는 매출까지 고려해야 하기 때문이다. 하지만, 최근 후공정 시장의 급성장으로 인하여 전공정과 후공정을 명확하게 나누는 데이터는 존재하지 않는다. 따라서 이번 챕터에서는 OSAT 기업의 매출 또는 영업이익 기준으로 반도체 후공정 시장 현황을 분석하고자 한다.

이 외에 후공정 전망에 대해서는 후공정 기술과 시장의 규모가 어떻게 변할 것인지를 통해 알아보고자 한다. 현재는 복잡하고 어려운 난도의 패키징 기술 문제를 해결하고, 이를 생산할 수 있는 위탁 생산 체계를 만드는 것이 후공정 담당 기업 성장에 많은 영향을 미치고 있다. 앞으로는 단순히 문제를 해결하는 것을 넘어 어떤 기술을 개발해야 기업이 성장할 수 있을지 알아보자.

# ① 글로벌 시장 규모 및 성장률

후공정 시장 중에서 OSAT 기업 전체 매출은 2010년 28조 원에서 2020년 44조 원, 그리고 2025년에는 70조 원으로 지속 성장하는 추세이다. 이는 2010년 4,180조 원에서 2025년 9,760조 원까지 성장한 반도체 전체 시장 중 1% 규모도 되지 않는다. 따라서 OSAT 기업의 매출 규모로 후공정 시장 현황을 분석하는 것은 정확하지 않지만, 명확한 데이터와 성장률을 비교하기 위해 OSAT 기업 기준으로 시장 규모와 성장률을 분석하고자 한다.

2024년 글로벌 OSAT 기업의 매출은 484.7억 달러(약 65조 원)였으며, 2029년에는 약 645.4억 달러(약 87조 원)까지 성장할 예정이다. 이는 연평균 9%의 성장률로 고성장이 가능한 시장으로 분류된다.

---

14 소재, 부품, 장비의 줄임말로 반도체 산업에서 제품을 만들기 위해 필요한 모든 재료·부품·기계를 통칭하는 용어이다.

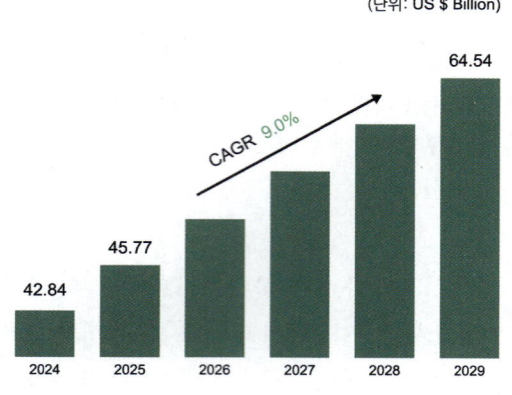

(단위: US $ Billion)

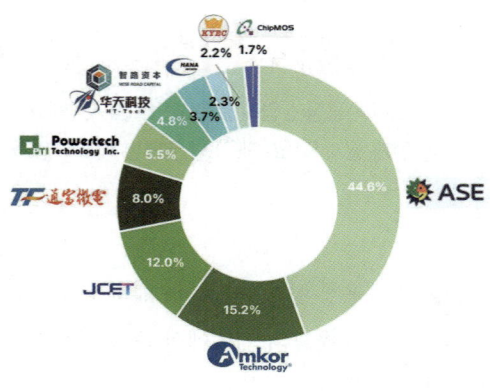

[그림 2-1] 글로벌 OSAT 시장 규모 추정       [그림 2-2] 2024년 OSAT 기업 점유율

이렇게 OSAT 기업의 매출이 급성장하는 배경에는, 통신·가전·PC처럼 시장 규모가 큰 분야는 물론, 자동차·IoT·웨어러블 등 기술 성장이 빠른 영역에서 패키징과 테스트 솔루션 수요가 확대될 것으로 전망되기 때문이다.

그렇다면, 각 OSAT 기업의 매출 실적을 기반으로 어떤 기업이 점유율이 높은지 알아보자. [그림 2-2]와 같이 대만의 ASE가 전체 OSAT 시장의 절반 가까이인 약 45%를 차지하고 있고, 그 뒤를 이어 Amkor가 약 15%의 점유율을 보인다. 3위인 JCET을 포함하면 상위 3개의 기업이 약 72%를 차지하고 있을 정도로 특정 기업에 편중되어 있는 경향을 볼 수 있다. 다른 반도체 분야와 마찬가지로, OSAT 시장 역시 소수의 상위 기업들이 대부분의 점유율을 차지하고 있다는 점이 특징이다.

현재 반도체 시장에서 가장 빠르게 성장하는 분야는 AI와 고성능 반도체이다. 이 영역은 연평균 25%에 가까운 높은 성장률이 예상되지만, 현재 OSAT 기업은 HBM과 고성능 시스템 반도체를 패키징·테스트할 만큼의 기술력을 충분히 갖추지 못한 상황이다.

따라서 이 분야는 일부 IDM과 파운드리 기업이 주도할 것으로 보이며, 이런 이유로 OSAT 기업이 당장 크게 성장하기는 어렵다는 전망이 우세하다.

결론적으로, 후공정 시장을 정확히 산정하거나 분석하기는 어렵다. 각 기업이 후공정 중 일부를 수행하는 경우가 많기 때문에 전체 시장 규모를 명확히 구분하기도 쉽지 않다. 다만 단기적으로는 수요가 급증하는 분야를 중심으로 후공정 매출과 소부장 기업의 실적이 빠르게 증가할 것이라는 점은 예측할 수 있다.

반도체 기술이 발전할수록 제품 하나를 완성하기 위한 밸류체인은 더욱 복잡해지고 있으며, 이는 곧 후공정 기술의 중요성이 꾸준히 커지고 있음을 보여준다. 앞으로는 이러한 변화에 맞춰 반도체 산업을 분류하는 새로운 기준이나 정의가 등장할 가능성도 충분히 있다.

# ② 권역별 시장 분석

## 1. 권역별 OSAT 기업의 시장 점유율 및 특징

세계적인 OSAT 기업은 아시아 · 태평양(이하 아태) 지역에 많이 분포되어 있다. 팹리스와 시스템 반도체는 미국, 메모리 반도체는 한국에 주요 기업이 있지만, OSAT 기업은 파운드리와 마찬가지로 아태 지역의 강세가 두드러지며 그 외에 북미, 유럽 순으로 이어진다.

아태지역은 대만, 중국, 한국 기업들이 시장을 주도하고 있다. 대만에는 시장 선두 기업인 ASE가 위치하고 있으며, 중국은 성장하는 내수 시장과 정부 지원을 바탕으로 점유율을 늘리는 추세이다.

북미 지역은 미국의 Amkor Technology와 같은 기업을 중심으로 기술 혁신 및 첨단 패키징 분야에서 두각을 보이고 있다.

유럽은 반도체 장비 산업 내 특정 분야에서는 강세를 보이지만, 전체적으로는 시장 점유율이 낮다. 또한 자동차 · 제조업 등 유럽이 전통적으로 강한 산업에 특화된 수요 중심으로 시장이 형성되어 있다.

| 권역 | 시장 점유율 | 주요 기업 |
|---|---|---|
| 아시아 · 태평양 | 74% | ASE(대만), JCET(중국), TONGFU MicroElectronics(중국), Powertech Technology(대만), UTAC(싱가폴) 등 |
| 북미 | 15% | Amkor(미국) 등 |
| 유럽 | 8% | X-FAB(벨기에, 독일), Teledyne e2v(영국) 등 |
| 기타 | 3% | iNPACK(이스라엘), CG Semi(인도) |

[표 2-1] 권역별 OSAT 시장 점유율 현황

이러한 글로벌 시장이 형성된 배경에는 OSAT 사업이 상대적으로 부가가치가 낮고, 값싼 인건비와 대규모 제조 시설이 필요했기 때문으로 추정된다. 특히 아태 지역은 세밀하고 빠른 업무 처리 문화 덕분에 반도체와 같은 대규모 생산 시설을 필요로 하는 제조업에서 필수적인 시장으로 자리 잡았다.

코로나19 이후 글로벌 OSAT 시장 규모는 빠르게 회복되었고, 최근에는 Advanced Packaging의 필수화와 AI · 고성능 반도체 수요 급증으로 인해 성장세가 더욱 가속화될 것으로 전망된다.

## 2. OSAT TOP 20개 기업의 시장 점유율 분석

위에서 OSAT 기업을 권역별로 나누어 특징을 파악했다면, 이번에는 OSAT 기업을 국적으로 구분하여 분석하고자 한다. 각 국가별 매출 순위와 매출 규모를 알아보자.

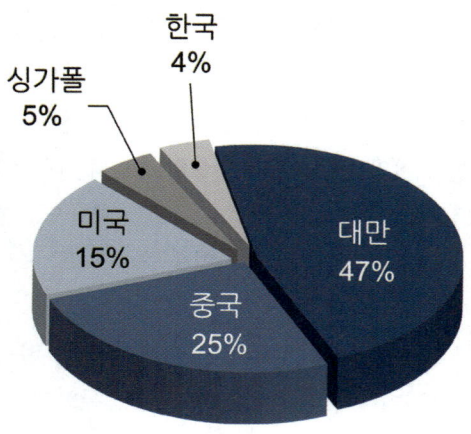

[그림 2-3] 2023년 OSAT 국가별 매출 비중

(매출 단위: 백만달러)

| 순위 | 기업명 | 국적 | 매출 |
|---|---|---|---|
| 1 | ASE | 대만 | 9,840 |
| 2 | Amkor Technology | 미국 | 6,503 |
| 3 | JCET | 중국 | 4,176 |
| 4 | TONGFU MicroElectronics | 중국 | 3,139 |
| 5 | Powertech Technology | 대만 | 2,259 |
| 6 | UTAC | 싱가폴 | 1,639 |
| 7 | 화천과기 | 중국 | 1,592 |
| 8 | KYEC | 대만 | 1,059 |
| 9 | ChipMOS | 대만 | 685 |
| 10 | Chipbond | 대만 | 644 |
| 11 | 하나마이크론 | 한국 | 561 |
| 12 | Sigurd | 대만 | 496 |
| 13 | Ardentec | 대만 | 451 |
| 14 | Carsem | 말레이시아 | 436 |
| 15 | LB세미콘 | 한국 | 418 |
| 16 | OSE | 대만 | 352 |
| 17 | SFA반도체 | 한국 | 335 |
| 18 | 네패스 | 한국 | 322 |
| 19 | Tong Hsing | 대만 | 309 |
| 20 | FATC | 대만 | 246 |

[표 2-2] 2023년 OSAT 기업별 매출 실적

[그림 2-3]을 보면 대만이 전 세계 OSAT 매출의 47%를 차지하고 있다. 앞서 분석한 파운드리 기업별 점유율에서 TSMC가 70%를 차지하면서 전 세계에서 압도적으로 기술 격차를 벌리고 있던 사실을 기억할 것이다. OSAT 기업도 마찬가지로 대만 기업이 기술 격차를 벌리고 있다.

다음으로 2위는 중국이다. 중국에서 시장 대부분을 차지하는 기업은 JCET와 TONGFU다. 여기서 JCET는 한국의 스태츠칩팩이 중국 JCET를 인수·합병해 설립한 합작법인이라는 배경이 있다. 흥미로운 점은 2023년부터 2024년까지 2년간 매출 규모 기준으로 보면 스태츠칩팩이 기존 JCET보다 약 2.5배 높지만, 주식 지분 보유 비중에 따라 중국 기업으로 분류되었다는 것이다.

즉 중국 단일 국가가 차지하는 비중은 실제 매출 기준과는 다르지만, 재무제표 기준으로 책정된 사례라는 점이 특이 사항이다. 실질적으로 매출이 발생하는 국가의 소속을 본다면 순위가 뒤바뀔 수 있지만, 모든 공식적인 매출과 비중은 공식적인 결과를 활용하기 때문에 위에서 언급한 국가별 실질 매출 비중은 참고만 하기 바란다.

3위는 미국이다. 미국의 Amkor는 매출 규모로 글로벌 Top 2에 해당하는 기업이며, 미국뿐만 아니라 아시아 지역에 많은 투자를 통해 아태 지역의 고객사를 다수 확보하고 있다. Amkor는 글로벌 반도체 대기업과의 협력 구도와 OSAT 전문 기업으로 성장하면서, 그 입지를 견고하게 다져가고 있다. 최근에는 Advanced Packaging 기술 또한 개발 실적이 좋아 글로벌 고객사들의 선택을 꾸준히 받고 있다. 2030년 이후에 아태 지역 중에서 한국이 아닌, 베트남에 집중적으로 OSAT 제조 시설을 확장할 계획을 세우고 있다. 이는 발 빠르게 변화하는 글로벌 시장에 유연하게 대응하기 위한 전략으로 해석되고 있다.

4위는 싱가포르로 아태지역을 대표하는 OSAT 기업 중 하나인 UTAC[15]가 위치하고 있다. 하지만 이 기업 역시 JCET와 동일하게 중국 사모펀드에 2023년에 인수되어 중국 자본으로 편입된 것이 특징이다. 최근에는 중국 옌타이에 자회사를 설립하여 Advanced Packaging 기술을 강화하고 있다.

5위는 한국이지만, 글로벌 점유율이 메모리 반도체와 비교했을 때 매우 낮은 편에 속한다. 하나 마이크론이 글로벌 매출을 견인하고 있지만 국가적으로 메모리 반도체에 집중 투자하였기 때문에 시스템 반도체나 OSAT의 점유율은 낮다. 하지만 앞으로의 반도체 산업에서는 후공정 기술의 발전이 필수적이기 때문에, 한국 OSAT 및 소부장 기업들의 경쟁력 강화가 시급한 상황이다.

위와 같이 국가별로 점유율을 보았을 때, 특정 국가에 편중되는 현상이 지속되는 것을 볼 수 있다. 반도체 제조 라인의 특징인 대량 생산 체계가 갖춰질수록 수많은 고객에게 선택받는 것이 후공정에서도 그대로 적용된다. 결론적으로 한번 굳어진 체제는 단기간에 변화하기가 어렵다는 것이다. 앞으로 더욱 중요해지는 후공정 산업에서 시장 점유율을 확보하기 위해서는 다른 경쟁사가 쉽게 달성할 수 없는 Advanced Packaging 기술로 글로벌 게임 체인저가 되어야 한다.

---

**15** United Test and Assembly Center

## 3. 한국의 OSAT 기업 현황 분석

한국은 전체 반도체 시장에서 메모리 반도체 비중이 상당히 높았으며, 이로 인해 대부분의 후공정 기술이 HBM과 같은 메모리 반도체에 적용되는 Advanced Packaging 기술 위주로 개발되고 있다. 특히 2.5D와 3D Package 장비 수요가 급증하고 있어 소부장 기업의 핵심 기술 국산화도 이루어지고 있다.

한미반도체는 2024년 창사 이래 최고 매출을 달성하였으며, 테크윙, 제우스, 오로스테크놀로지 등의 후공정 장비 및 소재 기업도 매출이 크게 상승하고 영업이익이 개선되었다.

(단위: 억 원)

| 기업명 | 2024년 매출 | 2024년 영업이익률 | 2023년 매출 | 2023년 영업이익률 |
|---|---|---|---|---|
| 한미반도체 | 5,589 | 45.7% | 1,590 | 21.8% |
| 테크윙 | 1,855 | 12.6% | 1,336 | 2.4% |
| 제우스 | 4,908 | 10.0% | 4,029 | 1.8% |
| 오로스테크놀로지 | 614 | 9.9% | 455 | 5.3% |
| 티에스이 | 3,481 | 11.5% | 2,491 | −1.0% |
| 덕산하이메탈 | 2,359 | 7.9% | 1,445 | −7.6% |
| 파크시스템스 | 1,751 | 22.0% | 1,448 | 19.0% |

[표 2-3] 한국의 주요 OSAT 기업의 매출과 영업이익률 현황

한국의 OSAT 기업들은 국내외 고객사와의 협력을 통해 기술력을 빠르게 고도화하고 있다. HBM, TSV, 팬아웃 웨이퍼레벨패키지(FoWLP) 등 고급 패키징 수요가 늘어나면서, 후공정 장비와 소재를 공급하는 기업들의 역할이 더욱 중요해지고 있다. 특히 테크윙과 제우스는 2.5D · 3D 패키지용 핵심 장비 기술 개발에 집중하며 글로벌 시장 진출을 모색하고 있고, 오로스테크놀로지는 고부가 소재와 패키징 공정 재료 분야에서 경쟁력을 확보하며 후공정 생태계 강화에 기여하고 있다.

향후 AI · 고성능 반도체, 전장용 반도체 등 비메모리 분야가 성장함에 따라, 한국 OSAT 기업과 소부장 기업의 기술력 확대 및 국산화 속도가 반도체 경쟁력 유지의 핵심 요인이 될 것으로 전망된다.

# ③ 글로벌 공급망 재편

반도체 후공정의 공급망은 결론적으로 어떤 기업이 Advanced Packaging 기술을 혁신적으로 개발할지, 혹은 기술 개발의 한계를 어떤 Alliance를 구성하여 해결할 것인지에 따라 결정될 가능성이 높다. 또한 미국과 중국의 반도체 전쟁으로 글로벌 공급망이 어떻게 재편될지도 주목해야 한다.

## 1. 후공정 글로벌 공급망의 방향성 변화

글로벌 반도체 후공정 산업의 공급망은 지정학적 경쟁과 기술 패러다임의 전환으로 '원가 경쟁력을 확보하는 패키징 기술'에서 '성능 향상을 목적으로 하는 첨단 기술의 개발과 품질 신뢰성 확보'로 급격히 변화되고 있다. 현재 인건비가 상대적으로 저렴한 아태 지역에 제조 시설과 공급망이 집중된 패러다임을 변화시키기 위해 미국은 패키징 기술을 통해 후공정 산업을 고부가가치 산업으로 전환하고자 노력하고 있다. 또한 미국 내 후공정 시설을 확충하기 위해 CHIPS Act와 같은 지원 정책을 발표하기도 했다. 이는 Amkor와 같은 미국계 기업이 아태 지역에 투자하는 대신 미국 내 투자를 유도하기 위한 것이다.

또한 미국은 중국의 첨단 기술 개발 전략에 대해 큰 우려를 하고 있어서 전공정 기술뿐만 아니라, 첨단 후공정 기술도 중국에 빼앗기지 않기 위해 노력하고 있다. 이에 대항하여 중국에서는 기존 Conventional Packaging 기술을 활용하여 상대적으로 부가가치가 낮은 Low-tech 제품 시장 점유율을 높이고 있다. 미국과 중국의 첨예한 대립 속에서, 아태 시장 위주로 집중되어 있는 후공정 글로벌 공급망이 어떻게 재편될지 그 관심이 주목된다.

향후 반도체 시장의 가장 큰 쟁점은 미국이 반도체에 현재보다 더 높은 100% 수준의 관세를 부과하느냐는 것이다. TSMC와 같은 글로벌 기업은 미국의 높은 인건비로 인해 대규모 반도체 제조 시설을 미국에 건설하는 것에 대해 회의적인 입장이다. 다른 제조업에 비해 CAPEX[16]가 매우 높은 반도체 산업이기 때문에, 글로벌 반도체 기업들이 높은 관세에도 불구하고 미국 내 반도체 공장을 건설하는 것을 신중하게 검토하고 있다.

---

16 Capital Expenditure의 약자로 기업이 미래 이윤 창출을 위해 고정 자산을 획득할 때 발생하는 비용이다.

## 2. 미래 반도체 후공정 산업 예측

2026년 반도체 시장 전체 매출은 전년 대비 8.5% 성장할 것으로 전망되며, 후공정 시장은 이보다는 다소 낮은 성장률을 기록할 것으로 보인다. 하지만 Advanced Packaging 시장 만큼은 급성장할 것으로 예상된다. 이미 Advanced Packaging 시장은 Conventional Packaging 규모를 추월했으며, 이후에도 빠른 성장세를 이어가면서 격차를 더욱 벌릴 것으로 전망된다. 특히 Flip-Chip, 2.5D/3D 패키지 제조 기술 등 핵심 Advanced Packaging 기술에서 매출이 집중적으로 발생할 것으로 추정된다.

최근 한국 OSAT 기업들은 국내뿐만 아니라 해외 시장 진출을 본격화하고 있다. 국내 최대 OSAT 기업인 하나마이크론은 2026년까지 베트남에 1.3조 원 규모의 패키징 공장을 완공할 계획이다. 이는 중국 의존도를 축소하고, 글로벌 후공정 시장에서 경쟁력을 확보하겠다는 의미다. 특히 베트남은 정부 주도형 투자를 통해 반도체 후공정 분야를 전략적으로 육성하고 있으며, 이에 따라 2032년 베트남 후공정 산업 규모는 전 세계 기준 9%에 달할 것으로 예상된다.

여기에 더해, 첨단 패키징 기술의 발전이 후공정 산업의 판도를 결정짓고 있다. AI · 고성능 컴퓨팅(HPC) · 5G · 모바일 기기 등에서 높아진 집적도와 전력효율에 대한 요구가 커지면서, 2.5D/3D, Fan-Out, 웨이퍼레벨 패키징(WLP)과 같은 차세대 패키징 기술의 상용화가 빠르게 이루어지고 있다. 이 과정에서 패키지 설계, 소재, 테스트, 자동화 등 밸류체인 전반에 걸쳐 통합적 혁신이 요구되고 있으며, 기존 공정 기반의 중소형 OSAT 기업들도 첨단 패키지 역량 확보와 글로벌 인증 대응을 위해 적극적으로 투자에 나서고 있다.

또한 앞으로는 환경규제와 ESG 경영 요구가 제조 현장 전반에 적용되면서, 친환경 소재, 저전력 공정, 재생에너지 사용이 후공정 산업의 중요한 경쟁력 지표로 자리 잡을 전망이다. 글로벌 팹리스와 IDM 고객들이 공급망 투명성 및 친환경 인증을 기준으로 벤더를 선정하는 사례가 증가하고 있으며, OSAT 기업들 또한 생산 공정의 Green화, 환경 · 사회 책임경영을 새로운 성장 조건으로 받아들이고 있다.

이처럼 반도체 후공정 산업은 고성능 · 고집적 패키징, 친환경 · ESG 경영, 글로벌 공급망 다변화라는 세 가지 축을 중심으로 빠르게 진화하고 있으며, 선도기업과 신규 진출 국가 간의 치열한 경쟁과 새로운 시장 기회가 병존하는 미래가 펼쳐질 것으로 전망된다.

# 3. 후공정 주요 기술 발전 방향 분석

위의 내용을 종합해 보면 아래와 같이 후공정의 기술 발전이 예상된다.

## (1) 소프트웨어 역량 강화

AI, HPC, 자율주행, 차량용 소프트웨어 등 첨단 분야의 수요가 빠르게 확대되면서, 이를 뒷받침할 수 있는 소프트웨어 기술의 중요성이 크게 높아지고 있다. 단순 하드웨어 성능 경쟁이 아니라, 시스템 전체를 효율적으로 제어하고 최적화할 수 있는 소프트웨어 역량이 산업 경쟁력의 핵심 요소로 부상하고 있다.

## (2) 패키징 자동화 및 스마트 팩토리 기술 개발

반도체 패키징 과정에서 자동화를 도입하고 공장을 스마트 팩토리 형태로 고도화하는 필요성이 커지고 있다. 이는 제품 품질을 안정적으로 보증할 수 있도록 하고, 동시에 생산 효율성과 속도를 높여 기업 전체의 제조 경쟁력을 강화하기 위함이다.

## (3) Hybrid Bonding 기술 확대 적용

메모리 칩과 로직 칩 간의 연결 속도를 더욱 높이기 위해, 기존 와이어 본딩이나 Flip-Chip 방식을 넘어 Hybrid Bonding 기술이 본격적으로 확대 적용되고 있다. 이를 통해 칩 간 신호 전달 거리를 줄이고 전력 효율을 높여, 고성능 연산 요구에 대응하는 것이 가능해진다.

## (4) 열관리 등 소재 및 이종 집적 패키지 개발 고도화

고성능 연산과 대규모 데이터 처리가 보편화되면서 칩 내부 발열이 크게 증가하고 있다. 이에 따라 고성능 패키지를 구현할 수 있는 신소재 개발과 이종 칩을 하나의 패키지로 집적하는 기술이 더욱 정교해지고 있으며, 특히 발열을 효과적으로 제어할 수 있는 열관리 기술은 앞으로의 성능 향상을 위해 반드시 필요한 요소로 자리 잡고 있다.

## (5) OSAT 기업의 핵심 시설 이주

최근 OSAT 기업들이 주요 생산 및 공정 시설을 대만과 중국에서 베트남이나 미국 등 새로운 지역으로 이전하는 움직임을 보이고 있다. 이는 AI 시장 확대에 대응하여 글로벌 공급망을 다변화하고, 지역별 정책·인력·비용 환경에 최적화된 생산 능력을 확보하기 위한 전략적 조치로 이해된다.

## (6) 결론

반도체 후공정 산업은 단순한 기술 개발 차원을 넘어, 글로벌 반도체 생태계에서 주도권을 확보하기 위한 각국 간의 치열한 경쟁 무대가 될 것이다. 메모리 반도체용 웨이퍼 생산에서 한국이 세계 시장을 선도하는 위치를 확보한 것과 마찬가지로, 후공정 분야 역시 반도체 산업의 미래 먹거리를 책임질 고부가가치 시장으로 성장할 가능성이 크다. 이에 따라, 미국, 중국, 대만, 베트남 등 주요 국가들은 후공정 산업을 전략산업으로 적극 지원하며 시장 주도권 확보에 나서고 있다.

하지만 한국은 후공정 시장 발전을 위한 정부의 정책적 지원이 상대적으로 부족하여 글로벌 경쟁에서 우위를 점하기 어렵다. 이를 극복하고 후공정 산업에서 선도적 위치를 유지하기 위해서는 민간 주도의 혁신과 협력이 필수적이다. 특히 삼성전자, SK하이닉스, DB하이텍과 같은 IDM 기업과 소부장 기업 간의 긴밀한 협력체계를 구축하는 것이 중요하다. 각 기업이 보유한 기술력과 생산 노하우를 공유하고 공동개발을 통해 시너지를 창출하는 전략이 후공정 경쟁력 강화의 핵심 열쇠가 될 것이다. 구체적으로, IDM 기업은 생산 규모와 품질 관리 능력을 기반으로 새로운 패키징 기술과 공정 혁신에 집중하고, 소부장 기업은 첨단 소재 및 장비 개발에 집중함으로써 산업 전반의 기술 생태계를 강화할 필요가 있다. 또한, 정부 차원에서는 R&D 지원 확대, 규제 완화, 전문 인력 양성, 해외 진출 지원 등 다방면에서 협력 활성화 정책을 마련하는 것이 바람직하다.

결론적으로, 한국이 후공정 산업에서 글로벌 주도권을 확보하기 위해서는 정부와 민간, 대기업과 중소기업이 상호 보완적인 역할을 수행하며 협력의 폭을 넓혀가는 전략적 파트너십이 필수적이다. 이러한 협력 체계가 강화될 때, 첨단 패키징 기술 개발과 생산 경쟁력은 물론, 글로벌 공급망 내 한국 반도체 후공정 산업의 입지도 한층 견고해질 것이다.

# Memo

Part 03

# 후공정
# 대표 기업 소개

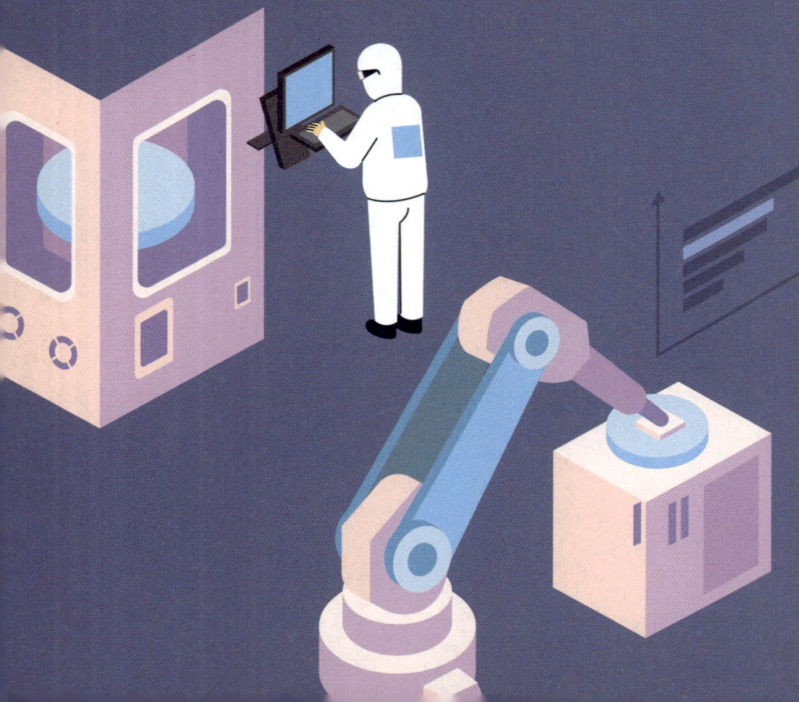

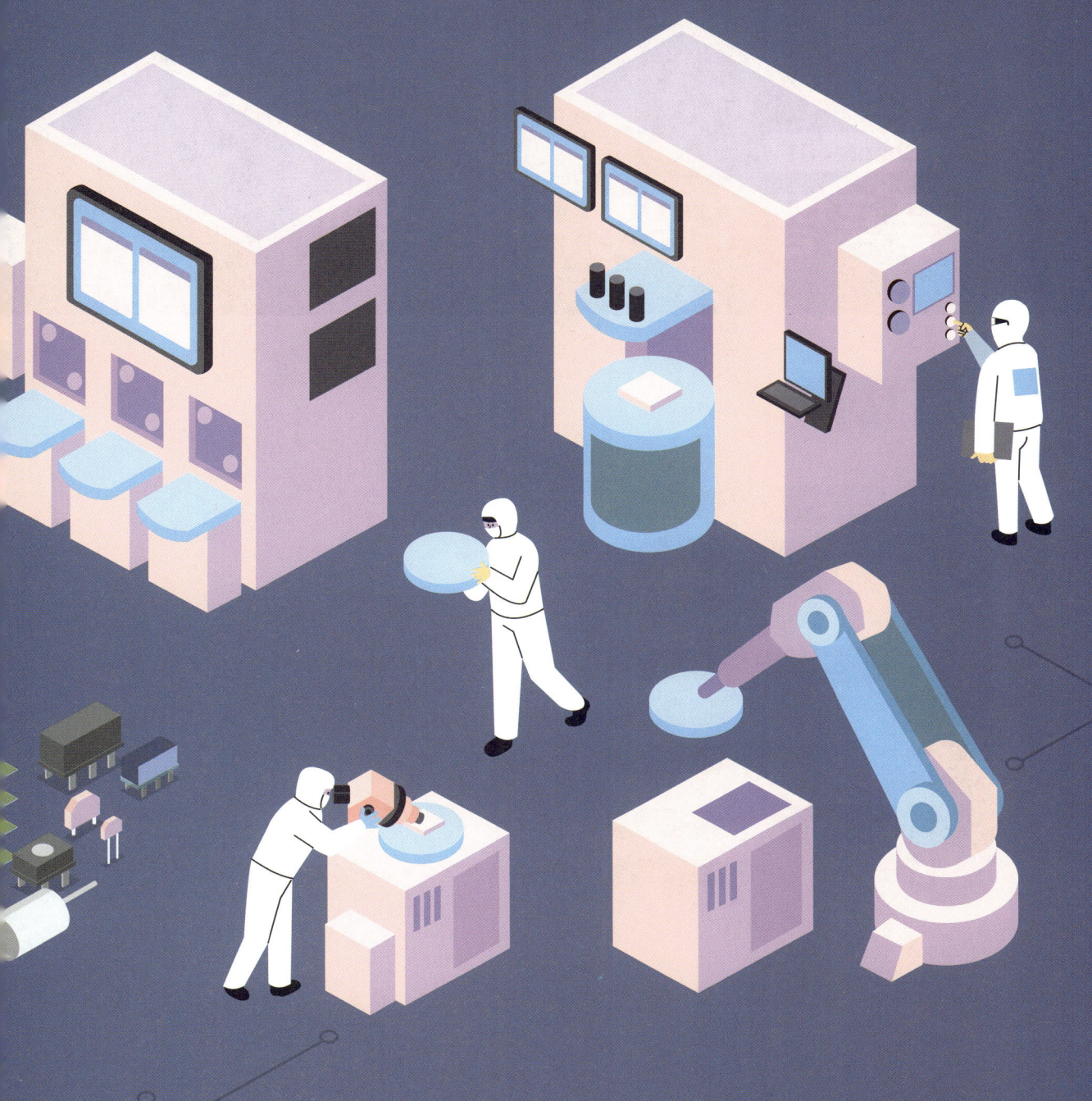

# 글로벌 후공정 기업 소개

## 핵심요약

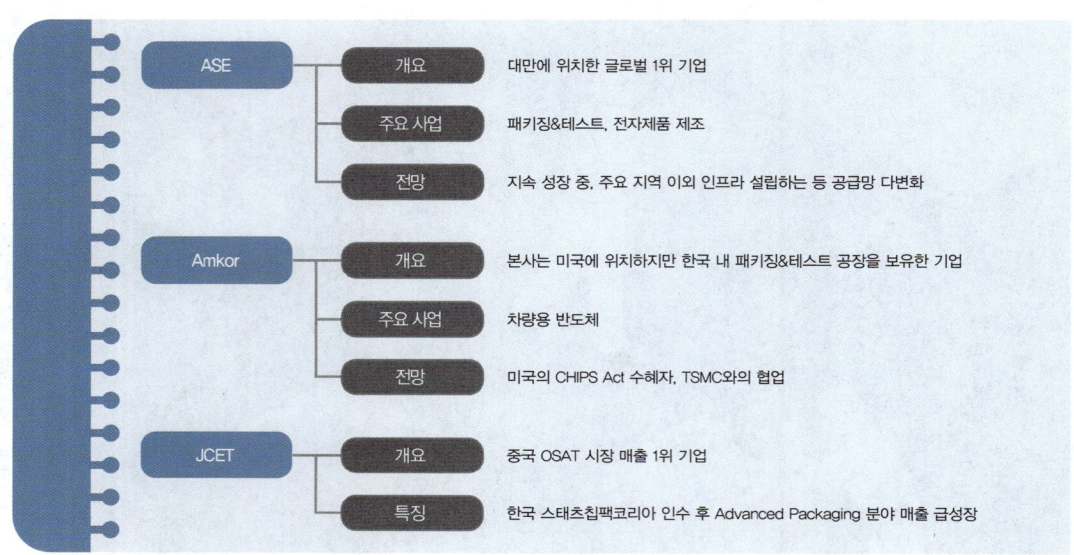

**ASE**

| 개요 | 대만에 위치한 글로벌 1위 기업 |
| 주요 사업 | 패키징&테스트, 전자제품 제조 |
| 전망 | 지속 성장 중, 주요 지역 이외 인프라 설립하는 등 공급망 다변화 |

**Amkor**

| 개요 | 본사는 미국에 위치하지만 한국 내 패키징&테스트 공장을 보유한 기업 |
| 주요 사업 | 차량용 반도체 |
| 전망 | 미국의 CHIPS Act 수혜자, TSMC와의 협업 |

**JCET**

| 개요 | 중국 OSAT 시장 매출 1위 기업 |
| 특징 | 한국 스태츠칩팩코리아 인수 후 Advanced Packaging 분야 매출 급성장 |

후공정 기업은 어떻게 분류해야 하는지, 또 어떤 후공정 기업을 주목해야 하는지 알아본다. 글로벌 OSAT 기업의 경우 한국에서 채용하는 직무에 대해 알아보고, 한국 OSAT 기업과의 차이점이 무엇인지도 학습한다.

## 1 후공정 기업 분류

이번 파트에서는 글로벌 대표 OSAT 기업과 한국을 대표하는 OSAT 기업에 대해 알아보고자 한다. 본 도서의 주된 독자인 반도체 후공정 산업에 취업하고 싶은 취준생들과 후공정 산업으로 이직을 준비하는 직장인을 위해 해당 산업에 어떤 기업들이 있는지, 어떤 직무에 지원할 수 있는지 정보를 제공하고자 한다.

아래 표는 한국에서 거주하고 한국에서 반도체 후공정 산업 취업을 준비하는 독자에게 입사를 추천하는 기업이다. 물론 삼성전자와 SK하이닉스 같이 대기업에서 후공정 관련 직무로 입사하는 것이 최상위 연봉을 받을 기회가 맞지만, 한정된 채용 인원으로 많은 인원들이 근무하기에는 어렵다. 따라서, 현실적으로 기회가 많은 OSAT 기업과 소부장 기업에서도 충분히 역량을 발휘하면서 커리어 성장이 가능하므로, 이러한 정보를 활용한다면 취업하는 데 많은 도움이 될 것이다.

| 글로벌 OSAT 기업 | 한국 OSAT 기업 | 한국 후공정 소부장 기업 | |
|---|---|---|---|
| • ASE | • 하나마이크론 | • 한미반도체 | • 엠케이전자 |
| • Amkor Technology | • 네패스 | • 테크윙 | • 원익IPS |
| • JCET | • LB세미콘 | • 덕산하이메탈 | • 이오테크닉스 |
| | • SFA반도체 | • 디아이티 | • 제너셈 |
| | • 두산테스나 | • 테스 | • 고영 |
| | • 시그네틱스 | • 오로스테크놀로지 | • 와이씨 |
| | • 에이팩트 | • 네오셈 | • 아이에스티이 |
| | • 윈팩 | • 제우스 | |

[표 3-1] 후공정 주요 기업 리스트

[표 3-1]에 있는 기업들은 다음과 같은 기준으로 선별하였다. 먼저 글로벌 OSAT 기업들은 한국 지사가 있어서 한국에서 근무 가능한 기업 위주로 선별하였다. 한국 OSAT 기업과 소부장 기업은 매출 규모와 향후 성장 가능성이 높은 기업들 위주로 선별하였다. OSAT과 소부장이라는 하나의 틀로 묶여있지만 각 기업들은 전문 영역이 다른 경우가 많다. 장비 기업의 경우 패키징 공정과 테스트 공정에 따라 전문 분야가 나누어지기 때문에 주력 생산 장비가 상이한 것이 특징이다. 이 외에도 후공정은 IDM 기업의 후공정, 파운드리 기업의 후공정, 패키징 공정만 설계하는 팹리스 기업 등 수많은 기업에도 취업이 가능하다. 그만큼 후공정의 영역은 전공정의 밸류체인에 비해 매우 복잡하기 때문에 기업 간 유기적인 연결 관계를 파악하는 것이 핵심이다.

다음으로는 이처럼 복잡한 밸류체인 중에서 가장 분석하기 어려운 소부장 기업에 대해 단위공정별로 어떤 기업들이 있는지 분석하고자 한다. 후공정은 크게 패키지 영역과 테스트 영역으로 나뉜다. [표 3-2]는 패키지 영역의 단위 공정별 점유율이 높은 소재·장비 기업이고 [표 3-3]은 테스트 영역의 점유율이 높은 장비 기업이다. 패키징 공정은 웨이퍼를 직접 자르고, 쌓고, 보호하는 제조 공정이기 때문에, 장비 업체와 소재 업체를 모두 확인해야 한다. 테스트 공정은 패키지를 단순히 테스트하는 것이기 때문에 장비 업체만 분석하면 된다.

아래 기업들을 살펴보면 일본 기업들이 다수 포함된 것을 확인할 수 있다. 그만큼 일본 기업들은 소부장 분야에서 예전부터 두각을 나타내고 있으며, Advanced Packaging 기술의 대부분은 아직 한국보다는 일본, 미국, 네덜란드 등 글로벌 기업들의 매출이나 규모가 훨씬 더 크다. 하지만 한국은 메모리 반도체를 전 세계에서 압도적으로 가장 잘 만들기 때문에, 그에 따른 반사 이익을 보는 소부장 기업들이 증가하고 있다. 앞선 PART 2에서 주요 소부장 기업의 매출과 영업이익 개선 현황과 같이 비교해 보면 각 기업이 어떤 단위 공정 장비와 소재에서 실적이 개선되었는지를 확인해 볼 수 있을 것이다.

| 장비 | | | | 소재 | | |
|---|---|---|---|---|---|---|
| Back Grinding | Dicing | Die Attach | Bonder | Solder Ball | Back Grinding Tape | Lead Frame |
| 에이엠테크놀로지<br>한미반도체<br>아크레텍(일)<br>Disco(일)<br>닛토 덴코(일) | 이오테크닉스<br>한미반도체<br>네온테크<br>Disco(일)<br>아크레텍(일) | ASMPT<br>한미반도체<br>BESI(네덜란드) | 한미반도체<br>네페스<br>엘비세미콘<br>신카와(일)<br>K&S(싱가폴) | 덕산하이메탈<br>엠케이전자 | AMC<br>린텍(일)<br>닛토 덴코(일)<br>미쓰이화학(일) | SFA반도체<br>시그네틱스<br>AMK |
| Marking | Molding | Sorter | Singulation | Bonding Wire | PCB | |
| 이오테크닉스<br>제너셈 | 한미반도체<br>BESI(네덜란드)<br>Towa(일) | 한미반도체<br>세메스<br>네온테크 | 한미반도체<br>이오테크닉스<br>BESI(네덜란드)<br>Towa(일) | 엠케이전자 | 대덕전자<br>이수페타시스<br>심텍<br>코리아써키트 | |
| Reflow | | | | Sawing Blade | Die Bonding Tape | |
| PSK<br>STI<br>레이저벨<br>프로텍 | | | | Disco(일)<br>Towa(일)<br>한미반도체 | 이녹스첨단소재<br>엠케이전자<br>미쓰이화학(일) | |

[표 3-2] 공정 패키지 단위 공정별 장비/소재 주요 기업 리스트

| | 테스트 장비 | Prober | Probe Card | | Probe Card-PCB |
|---|---|---|---|---|---|
| Wafer Test | 어드반테스트<br>테라다인<br>YC<br>디아이 | 세메스<br>쎄믹스<br>TEL(일)<br>Accretech(일) | MEK<br>코리아인스트루먼트<br>마이크로투나노<br>티에스에이<br>마이크로프랜드<br>피엠티<br>에이엠에스티 | 솔브레인에스엘디<br>윌테크놀로지<br>FormFactor(미)<br>Technoprobe(유럽)<br>MJC(일) | 타이거일렉<br>Fujitsu(일)<br>Gorilla Circuits(미)<br>CHPT(대만) |
| | 테스트 장비 | Handler | Socket | I/F Board | 기타 |
| PKG Test | 디아이<br>엑시콘<br>유니테스트 | Cohu(미)<br>테크윙<br>어드반테스트<br>세메스<br>제너셈<br>제이티 | 리노공업<br>ISC<br>티에스이<br>티에프이<br>오킨스전자<br>마이크로컨텍솔 | 티에스이<br>테크윙 | 타이거일렉<br>티에스이 |
| | 테스트 장비 | | | | |
| MOD Test | 엑시콘<br>유니테스트<br>네오셈 | | | | |

[표 3-3] 후공정 테스트 단위 공정별 장비 주요 기업 리스트

이번 챕터에서는 글로벌 OSAT 기업 매출액의 약 70%를 차지하는 TOP 3 기업을 분석하고자 한다. TOP 3 기업들은 모두 아태 지역에서 후공정 제조 및 테스트 시설을 보유하고 있다. 특히 한국 지사에 패키지 제품 연구소와 생산 공장을 모두 보유한 외국계 기업은 흔하지 않은데, 이번 챕터에서 소개하고자 하는 기업들은 모두 이러한 연구개발 시설과 생산 공장을 보유하고 있다. 이는 메모리 반도체의 핵심 제조 시설이 모두 한국에 위치하고 있기 때문에, 전공정 생산이 완료된 웨이퍼를 OSAT 기업으로 연계하여 패키지 제품을 생산하고자 하기 때문이다. 이러한 반도체 시장의 밸류체인을 이해하고, 글로벌 OSAT 기업과 주요 사업 분야에 대해 알아보자.

## 1. ASE

| 항목 | 내용 | 항목 | 내용 |
|---|---|---|---|
| 주요 채용직무 (2024~2025년) | • PE (Process Engineer)<br>• Test Engineer<br>• Operator<br>• 구매<br>• QA Engineer<br>• CS Engineer<br>• 정비실/전기실 정비사<br>• IT 자동화개발<br>• 그 외 다수 경력직 채용(PM, 모듈 엔지니어, PKG/TEST 엔지니어 등) | 주요 사업분야 | • RF 파워모듈<br>• MEMS 기반 센서<br>• 전자컨트롤 IC<br>• 테스트 장비<br>• 리드프레임<br>• 세라믹 패키지<br>• 3D PKG, WLP, TSV, SiP<br>• Flip-Chip PKG |
| 글로벌 시장 점유율 (2024년 기준) | 44.6% | 신기술 개발 현황 | • TSV<br>• AI<br>• HPC<br>• SiP<br>• FO-WLP 등 |
| 한국지사 매출액 (2024년 기준) | 6,771억 원 | 주요 위탁 기업 | • TSMC(매출의 30%)<br>• Apple<br>• AMD<br>• 삼성<br>• SK하이닉스<br>• 글로벌 팹리스(NVIDIA, Qualcomm, Broadcom 등) |
| 공장 위치 | 경기 파주, 충남 천안 | 신입사원 계약 연봉 (2025년 추정) | • 고졸: 3,600만 원<br>• 초대졸: 3,800만 원<br>• 학사/석사: 4,300~4,400만 원<br>• 야간수당/성과금 별도 |

[표 3-4] ASE 기업 분석 및 주요 사업 분야

1984년 대만에서 설립된 ASE는 글로벌 OSAT 기업들 중 매출액 기준 1위를 차지하는 기업이다. 2024년 기준 전체 OSAT 시장의 약 45%를 차지하며, 파운드리 기업의 강자인 TSMC와 나란히 대만을 대표하는 기업이다. 2018년에는 당시 글로벌 OSAT 매출 4위 기업이었던 SPIL을 인수하면서 규모와 기술력 면에서 압도적인 선두 지위를 확립했다. ASE 그룹의 사업은 크게 두 축으로 나뉜다.

## (1) 주요 사업 분야

### ① 반도체 패키징 및 테스트(Assembly, Test, Material)

핵심 사업 부문으로, 그룹 전체 매출의 약 50~60%를 차지한다. 반도체 칩을 외부 환경으로부터 보호하고 기판과 전기적으로 연결하는 패키징 공정, 그리고 웨이퍼 프로브 테스트와 패키지 테스트 등을 통해 칩의 기능과 품질을 검증하는 OSAT 기업의 대표적인 전문 영역을 포함한다. 주요 기술로 Flip-Chip 패키징, WLP, SiP 등 거의 모든 종류의 첨단 및 범용 패키징 기술을 제공한다.

### ② 전자제품 제조

그룹 매출의 약 40~50%를 차지하는 또 다른 주요 사업이다. OSAT 기업이라고 해서 조립과 테스트만 한다고 생각할 수 있지만, 실제로는 그렇지 않다. 전자 부품 제조 및 통신 장비 마더보드 설계, 제조, 판매를 통해 반도체 외의 영역에서 안정적인 매출을 창출하는 역할을 한다.

## (2) 기업 전망

ASE는 OSAT 기업의 목적에 맞게 매출을 발생시키는 패키징 및 테스트 사업부문과, 자사 제품을 제조하고 이를 판매하는 서비스 영역의 매출 구조가 안정적으로 분배되어 있어 글로벌 최상위 기업의 위상에 맞게 지속 성장하고 있다. 최근에는 AI 반도체의 급격한 수요 증대로 인하여 미국 캘리포니아, 멕시코 등 아태 지역 이외에도 후공정 제조 인프라를 증설하며 글로벌 공급망 다변화에 노력을 기울이고 있다.

또한 ASE의 자회사인 SPIL은 NVIDIA와 협력하여 Silicon Photonics 통합 패키징 기술을 개발하고 협력을 통한 양 사의 미래를 도모하고 있다. 여기서 Silicon Photonics 기술은 광학 소자와 전자 소자를 하나의 칩에 집적하여, 데이터를 전기 대신 빛의 신호로 처리하는 기술이다. 기존 패키징 기술 대비 전력 소모가 낮고, 데이터 처리 속도가 빠르기 때문에 AI 패키지 제조 기술에서 곧 상용화가 가능한 기술로 꼽히고 있다. 이에 따라 ASE는 다른 공장에도 해당 기술 기반의 제조 시설을 확충할 계획이며, TSMC의 CoWoS-L 기술 적용을 확대하고자 한다.

# 2. Amkor Technology

| 항목 | 내용 | 항목 | 내용 |
|------|------|------|------|
| 주요 채용직무<br>(2024~2025년) | • R&D(특성분석, 공정개발, 제품개발, 재료)<br>• PE(Process Engineer)<br>• 장비기술(HW, SW)<br>• Test Engineer<br>• Operator<br>• 구매<br>• QA Engineer<br>• CS Engineer<br>• 생산기획, 자재 관리<br>• IT 자동화개발, Test IT, IT App 개발 등<br>• 그 외 다수 경력직 채용 | 주요 사업분야 | • 열압축 몰딩<br>• 와이어본딩<br>• WLP, Flip-chip, PoP, CoC<br>• 적층 다이<br>• TSV<br>• MEMS & 센서<br>• 광학 센서<br>• Edge Protection<br>• 반도체 칩 테스트 |
| 글로벌 시장 점유율<br>(2024년 기준) | 15.2% | 신기술<br>개발 현황 | • Edge Protection (모서리 균열방지)<br>• TSV<br>• Copper pillar Flip-chip<br>• WLP<br>• SiP 등 |
| 한국지사 매출액<br>(2024년 기준) | 5조 2,700억 원 | 주요<br>위탁 기업 | • TSMC<br>• Qualcomm<br>• 파운드리 기업<br>• SK하이닉스 |
| 공장 위치 | 인천 송도/부평, 광주 | 신입사원<br>계약 연봉<br>(2025년 추정) | • 고졸: 3,500만 원<br>• 초대졸: 3,700만 원<br>• 학사/석사: 4,200~4,300만 원<br>• 야간수당/성과금 별도 |

[표 3-5] Amkor Technology 기업 분석 및 주요 사업 분야

Amkor는 미국(America)와 한국(Korea)의 앞글자를 조합한 사명에서 알 수 있듯이 설립 당시부터 한국과 밀접한 관련이 있는 기업이다. 한국 아남산업의 반도체 제품을 미국 기업들에게 판매하기 위해 1968년 미국 애리조나주에서 설립되었다. 이후 2000년 아남산업의 한국 내 패키징 및 테스트 공장을 인수하여 현재의 글로벌 OSAT 기업으로 성장하였다.

## (1) 주요 사업 분야

### ① 차량용 반도체

차량용 반도체는 Amkor의 핵심 사업 부문으로 기업 매출의 약 15~20%를 차지한다. 자율주행, 전기차, 차량용 인포테인먼트 등 자동차 산업의 SW 기술이 발전하면서 높은 품질의 반도체가 필요하고 되었고 Amkor는 이러한 수요에 맞춰 제품을 공급하며 다른 OSAT 기업과 차별점을 가지게 되었다. 자동차 분야는 최근 SW 기술을 통합하는 플랫폼도 필요하므로 차량용 반도체의 수요는 기하급수적으로 증가하게 될 것이다. 자세한 산업 분석은 PART 6 내용을 참고하면 된다.

## (2) 기업 전망

Amkor는 전 세계 11개국에 20개의 제조 거점을 보유하고 있어, 특정 지역에 편중되는 매출 구조나 리스크 대응 능력이 뛰어난 특징이 있다. 특히, 미국 CHIPS Act 지원 정책의 수혜자로 Advanced Packaging 제조 시설을 확충하는 OSAT 기업 중에 많은 혜택을 받을 것으로 예상된다. 2025년 10월 Amkor는 미국 애리조나주에 약 8조 원 규모의 반도체 후공정 제조 시설 건설 계획을 발표하며, 미국의 후공정 산업 생태계 구축에 핵심 역할을 맡게 되었다. 또한 TSMC 제품의 패키징 및 테스트를 담당하는 MOU 체결을 통해 북미 시장에서 급성장하는 기업으로 주목받고 있다.

하지만 미국 공장 완공까지는 많은 시간이 소요될 것이며, 그전까지 AI, 차량용 반도체, 통신, 가전 등 다양한 분야의 신규 제품 수요를 어떻게 충족할 것인지에 대한 과제가 남아있다.

# 3. JCET (한국 법인: 스태츠칩팩코리아)

| 항목 | 내용 | 항목 | 내용 |
|---|---|---|---|
| 주요 채용직무 (2024~2025년) | • R&D(Test개발, SiP/SoC PKG, WLP, 2.5/3D, Bump, RDL)<br>• PKG공정(Bump) 엔지니어<br>• 장비 유지보수<br>• Operator<br>• CS Engineer, 품질 분석/관리<br>• 생산기획, 자재 관리<br>• IT 임베디드 SW 개발 등<br>• 그 외 다수 경력직 채용 | 주요 사업분야 | • 와이어본딩<br>• FI/FOWLP, Flip-chip<br>• 2.5D/3D 패키징<br>• MEMS & 센서<br>• Wafer Bump<br>• RDL<br>• SiP<br>• 반도체 칩 테스트 |
| 글로벌 시장 점유율 (2024년 기준) | 12% | 신기술 개발 현황 | • XDFOI(이기종 FOWLP)<br>• HFBP 양면 방열 패키징<br>• 자동차용 전력 모듈용 캡슐 |
| 한국지사 매출액 (2024년 기준) | 스태츠칩팩 3조 원, JCET 1.2조 원 | 주요 위탁 기업 | • 삼성전자<br>• Texas Instrument<br>• Qualcomm<br>• WDC<br>• Montage Tech |
| 공장 위치 | 인천 영종도 | 신입사원 계약 연봉 (2025년 추정) | • 고졸: 3,850만 원<br>• 초대졸: 4,050만 원<br>• 학사/석사: 4,450~4,700만 원<br>• 야간수당/성과금 별도 |

[표 3-6] JCET 기업 분석 및 주요 사업 분야

1991년 한국에서 설립된 이 OSAT 기업은 뿌리를 거슬러 올라가면 1984년 현대전자의 반도체 조립 부문에서부터 시작된다. 이후 독자적인 법인으로 분리되며 외국인 투자기업 형태로 재출범했고, 글로벌 인수·합병 과정을 거치며 미국·싱가포르·중국 기업들과 긴밀히 연결되었다. 현재는 중국의 대표적인 OSAT 기업인 JCET 그룹에 편입되어 있으며, 한국에서는 스태츠칩팩코리아(STATS ChipPAC Korea)라는 이름으로 운영되고 있다. JCET는 중국 OSAT 시장에서 매출 1위를 차지하고 있으며, 중국 정부가 추진하는 '반도체 굴기' 정책의 핵심 수혜기업으로도 꼽힌다. 또한 중국 내수 시장에서의 폭발적 성장과 한국, 싱가포르 등 주요 생산 시설을 활용하여 패키지 제품의 포트폴리오를 다각화하고자 한다. JCET의 특징은 아래와 같다.

## (1) Advanced Package 분야 매출의 폭발적 성장

2025년 상반기에는 AI/HPC 반도체 매출이 작년 동기 대비 72% 성장, 제조 산업의 자동화와 의료기기 분야 반도체 매출은 작년 동기 대비 39% 성장, 그 외에 차량용 반도체도 중국 내수 시장의 스마트카/전기차 판매 확대로 작년 동기 대비 34% 성장을 기록하고 있다. 또한 전체 매출 중 해외 고객사 비중이 약 70% 정도로 알려져서 중국 내수 시장뿐만 아니라, 글로벌 고객의 매출 구조 또한 안정적이라고 평가받고 있다.

## (2) 스태츠칩팩코리아 인수

기존 중국 법인은 매출이 주로 Conventional Package에 편중되어 있다는 평가를 받아왔다. 그러나 스태츠칩팩코리아를 인수한 이후에는 Advanced Package 분야까지 포트폴리오를 확장하며, 향후 더욱 경쟁력 있는 OSAT 기업으로 성장할 가능성이 높아지고 있다.

## (3) 기업 전망

2024년 매출 기준으로 중국 본사에서 발생하는 매출보다 한국 법인에서 발생하는 매출이 2.5배 정도 높다. ASE 그룹이 SPIL을 인수하면서 현재 글로벌 OSAT 1위 기업이 된 것처럼, JCET도 스태츠칩팩코리아를 인수 후 글로벌 OSAT 2위 탈환이 가능할지 주목할 필요가 있다.

# 한국 주요 OSAT 기업 소개

## 핵심요약

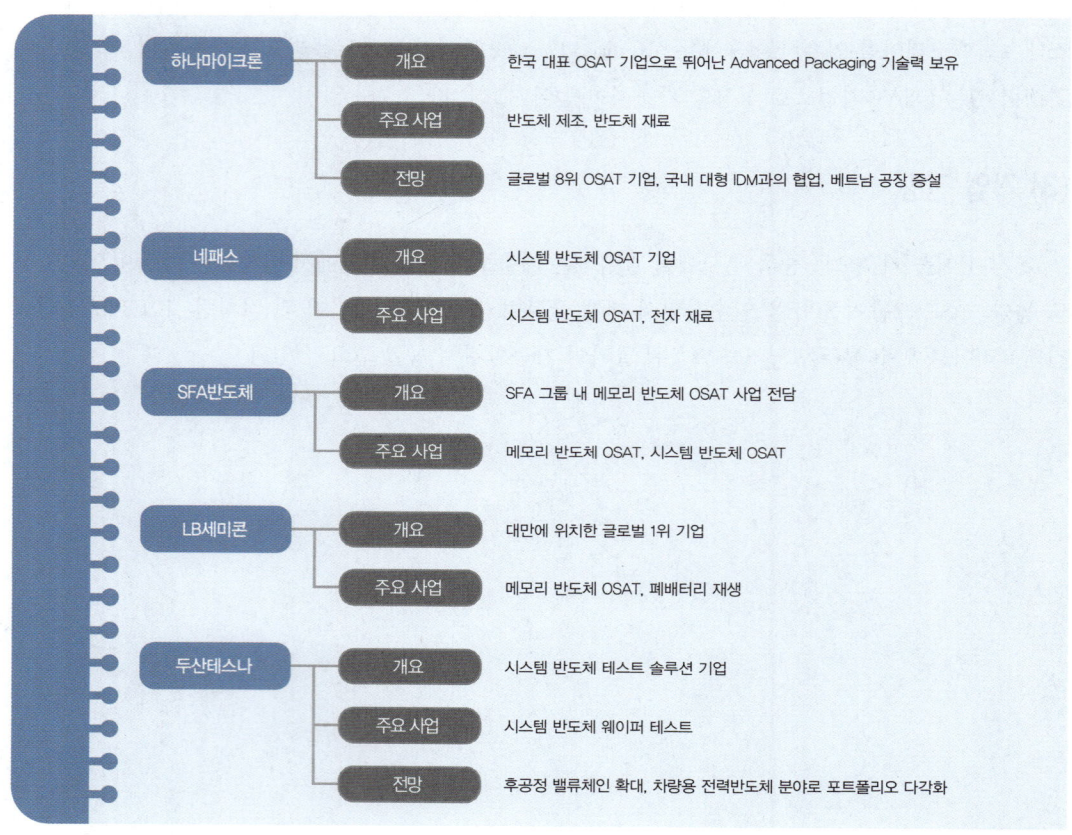

| 하나마이크론 | 개요 | 한국 대표 OSAT 기업으로 뛰어난 Advanced Packaging 기술력 보유 |
| --- | --- | --- |
| | 주요 사업 | 반도체 제조, 반도체 재료 |
| | 전망 | 글로벌 8위 OSAT 기업, 국내 대형 IDM과의 협업, 베트남 공장 증설 |
| 네패스 | 개요 | 시스템 반도체 OSAT 기업 |
| | 주요 사업 | 시스템 반도체 OSAT, 전자 재료 |
| SFA반도체 | 개요 | SFA 그룹 내 메모리 반도체 OSAT 사업 전담 |
| | 주요 사업 | 메모리 반도체 OSAT, 시스템 반도체 OSAT |
| LB세미콘 | 개요 | 대만에 위치한 글로벌 1위 기업 |
| | 주요 사업 | 메모리 반도체 OSAT, 폐배터리 재생 |
| 두산테스나 | 개요 | 시스템 반도체 테스트 솔루션 기업 |
| | 주요 사업 | 시스템 반도체 웨이퍼 테스트 |
| | 전망 | 후공정 밸류체인 확대, 차량용 전력반도체 분야로 포트폴리오 다각화 |

이번에는 한국의 주요 OSAT 기업을 살펴보고자 한다. 앞서 글로벌 OSAT 기업을 분석한 결과, Amkor와 JCET가 한국에서 상당한 매출을 기록하고 있다는 점을 확인할 수 있었다. 한국에 본사를 두고 OSAT 사업을 영위하는 기업은 많지 않지만, 글로벌 OSAT 산업이 성장하는 과정에서 한국은 중요한 역할을 담당해 왔다. 그만큼 한국 OSAT 기업들의 기술 경쟁력은 세계적으로도 인정받고 있다고 할 수 있다.

특히 인수합병이 활발하게 이루어지는 시장 환경 속에서도, 한국 기업은 글로벌 OSAT 상위 20위권 내에 4개사가 포함될 만큼 꾸준한 존재감을 유지하고 있다. 비록 TOP 10에는 하나마이크론만이 이름을 올리고 있지만, 한국 기업은 여전히 글로벌 톱티어 수준의 기술력을 확보하고 있다.

## ① 하나마이크론

| 항목 | 내용 | 항목 | 내용 |
|---|---|---|---|
| 주요 채용직무<br>(2024~2025년) | • 구매<br>• 설비 유지보수(PKG, TEST, Bump)<br>• PKG공정기술(Bump, DPS, PKG 등)<br>• Operator, CS Engineer<br>• 그 외 경력직 다수 채용(PM, PKG공정개발, PKG설계, 시뮬레이션) | 주요 사업분야 | • Flip−Chip PKG<br>• Laminate PKG<br>• LeadFrame PKG<br>• WLCSP, 2D FOWLP<br>• 스마트폰 지문센서<br>• 반도체 WT/PKT/MOD Test |
| 글로벌 시장 점유율<br>(2024년 기준) | 2.3% | 신기술<br>개발 현황 | • 2.5D PKG<br>• AI반도체<br>• HBM 패키징<br>• Chiplet |
| 매출액<br>(2024년 기준) | 1조 2,500억 원 | 주요<br>위탁 기업 | • 삼성전자<br>• SK하이닉스 |
| 공장 위치 | 충남 아산, 베트남 | 신입사원<br>계약 연봉<br>(2025년 추정) | • 고졸: 3,400만 원<br>• 학사: 4,100만 원<br>• 야간수당/성과금 별도 |

[표 3-7] 하나마이크론 기업 분석 및 주요 사업 분야

2001년에 설립된 하나마이크론은 한국의 대표적인 OSAT 기업으로, 국내 IDM 기업들의 외주 물량 증가로 인한 매출 상승과 Advanced Packaging 기술력으로 주목받고 있다. 주요 사업 분야는 반도체 후공정 제조 부문과 전공정 장비에 활용되는 소모품 재료이다. 반도체 업황 회복과 더불어 베트남 공장 생산 확대에 힘입어 2025년 상반기 기준 지난해 동기간 대비 매출이 17.5% 증가하였고, 영업이익도 42.5% 증가하였다. AI용 고성능 반도체 수요 급증으로 인해 2025년에는 매출액 기준 OSAT 기업 순위가 더욱 높아질 것으로 기대되고 있다.

(단위: 억 원)

| 회계연도 | 매출액 | 영업이익 | 당기순이익 |
|---|---|---|---|
| 2022년 | 8,944 | 1,035 | 28 |
| 2023년 | 9,680 | 579 | −135 |
| 2024년 | 12,507 | 1,068 | −238 |
| 2025년(예상) | 14,728 | 1,333 | 225 |

[표 3-8] 최근 4개년 하나마이크론의 매출과 영업이익 추세

[표 3-8]의 매출과 영업이익을 보면 4년 연속으로 흑자를 달성하고 있으나, 최근 베트남과 브라질 등지의 생산 시설에 대한 적극적 투자로 인하여 당기순이익이 적자를 달성한 것을 볼 수 있다. 하지만 2025년부터는 생산 시설 확장이 완료되어 영업이익과 당기순이익이 크게 개선될 것으로 전망한다.

# 1. 주요 사업 분야

## (1) 반도체 제조 부문

하나마이크론 매출의 약 76%를 담당하는 반도체 후공정 분야 제조 부문은 한국과 베트남 공장의 대량 생산체계를 기반으로 매출 성장을 견인하고 있다. 또한 브라질 법인에서도 생산 능력을 갖추고 있다. 이를 통해 서버용 데이터센터, 자율주행, 5G 통신용 고성능 메모리를 공급하면서 실적이 대폭 개선되었다. 특히 SK하이닉스와는 베트남 법인 생산 물량을 통해 2027년까지 턴키 계약을 맺는 등 안정적인 협력 관계를 유지하고 있다. 또한 브라질 법인에서는 웨이퍼를 직접 구매해 최종 완제품인 모듈과 SSD로 만들어 자체 브랜드로 판매하는 새로운 사업 모델을 추진하고 있다. 이는 단순한 B2B 매출 다각화를 넘어 브랜드 사업을 통해 제조부터 유통까지 담당하여 고부가가치를 창출하는 신규 매출을 발생시키겠다는 전략으로 볼 수 있다.

## (2) 반도체 재료 부문

하나머티리얼즈 등 자회사를 통해 반도체 전공정 장비의 주요 소모품인 실리콘 전극, 실리콘 링 등의 재료를 생산하여 판매하고 있으며 이는 하나마이크론 전체 매출의 약 17%에 해당한다.

## 2. 기업 전망

하나마이크론은 2024년 글로벌 OSAT 기업 9위에서 2025년 상반기 기준으로는 글로벌 OSAT 기업 8위로 성장했다. 이와 같은 성장세를 유지하여 2030년에는 글로벌 5위에 진입하는 것을 목표로 하고 있다.

또한 삼성전자와 SK하이닉스 등 국내 대형 IDM 기업과의 협업을 통해 메모리 반도체의 패키징&테스트 영역에 대한 안정적 매출원을 확보하였으나, 글로벌 시장에서 입지를 확대하는 것에는 어려움을 겪고 있다. 이를 베트남 2공장 운영을 통해 해소하고자 하며, 시스템 반도체 제품 생산 투자를 통해 포트폴리오를 다변화하여 극복하고자 한다.

## ② 네패스

| 항목 | 내용 | 항목 | 내용 |
|---|---|---|---|
| 주요 채용직무 | • PKG공정개발/PKG설계<br>• TEST공정개발<br>• 장비 유지보수/Operator<br>• 품질관리, 생산관리<br>• 장비 HW/SW개발<br>• EDA(Electronic Design, Automation) 패키지설계 – 칩렛 설계<br>• MES 개발<br>• 그 외 다수 경력직 채용 | 주요 사업분야 | • WLP, FO–WLP, FO–PLP<br>• (FO)SiP<br>• CLP(Chiplet in PKG)<br>• Flip–Chip Bump<br>• PMIC, RF, DDI, CIS, IoT & 센서<br>• Wafer 및 칩 테스트<br>• 전자재료(도금액, PSPI, EMC 등) |
| | | 신기술 개발 현황 | • FOPLP(600mm)<br>• HBM용 TSV 도금액<br>• PSPI(Photosensitive Polyimide – 절연체)<br>• 2.5D/3D IC 패키징<br>• AI 서버/자동차용 IC 패키징 |
| 매출액 (2024년 기준) | 4,643억 원 | 주요 위탁 기업 | • 삼성전자<br>• SK하이닉스<br>• HBM 고객사 |
| 공장 위치 | 충북 음성/오창/괴산 | 신입사원 계약 연봉 (2025년 추정) | • 고졸: 3,600만 원<br>• 초대졸: 3,800만 원<br>• 학사: 4,000만 원<br>• 성과금 별도 |

[표 3–9] 네패스 기업 분석 및 주요 사업 분야

1990년에 설립된 네패스는 시스템 반도체 OSAT 전문 기업으로, 시스템 반도체의 소형화와 고성능화 트렌드를 이끌어가고 있다. 주요 사업 분야는 시스템 반도체의 OSAT 턴키 서비스와 전자재료 사업, 그리고 2차전지 부품 사업이다. 2020년에는 세계 최초로 600mm FO-PLP[17] 양산 기술을 개발하였으나 2024년 상용화 실패 이후 최근에는 눈에 띌만한 매출 성장을 이루지 못하고 있다.

# 1. 주요 사업 분야

## (1) 시스템 반도체 OSAT 부문

네패스 전체 매출의 약 85%를 차지하는 사업이다. 주요 시스템 반도체 제품은 AP(Application Processor), PMIC(Power Management Integrated Circuit), RF 통신 모듈 등으로, 메모리 중심인 한국 반도체 산업 구조와는 다른 차별화된 포트폴리오를 구축하고 있다. 또한 계열사를 분할하여 테스트 전문 기업인 네패스아크, FO-PLP 전문 기업인 네패스라웨로 분리하며 각 분야의 전문성을 강화해 왔다.

하지만 FO-PLP 사업이 사실상 실패하며, 네패스는 2025년 네패스라웨를 회계상 영업중단으로 분류 후 매각 절차에 들어갔다. 이러한 조치는 모회사인 네패스의 실적과 신용도에도 상당한 영향을 미칠 것으로 전망된다.

## (2) 전자재료 부문

반도체 포토 공정에서 활용하는 현상액이나 디스플레이용 컬러 페이스트 등 전자 부품에 활용하는 소재를 제조하고 판매하는 사업을 하고 있다. 현재 네패스 전체 매출의 12% 만을 담당하고 있지만, 향후 Advanced Packaging 기술이 개발될수록 현상액이나 DDI 등 수요가 증가할 것이기 때문에 제품 포트폴리오 다각화를 위해 반드시 성장시켜야 하는 부문으로 자리잡고 있다.

# 2. 기업 전망

네패스는 RDL과 같은 2.5D PKG나 Fan-out 기반 기술을 활용하여 생산성과 원가 경쟁력을 확보하기 위해 노력하고 있다(RDL과 Fan-Out 기술은 PART 5에서 기술적 이해를 하는 것을 권장한다). 하지만 시스템 반도체 제품의 특성상 고객사가 지속적으로 사용하는 것만으로 매출 성장이 어려우며, 신규 고객사를 적극적으로 확보하여 제품 포트폴리오를 다각화하는 것이 필수적이다.

현재 한국의 반도체 산업은 메모리 반도체 제품 위주로 형성되어 있어 글로벌 시장에서 네패스 단독으로 시스템 반도체 고객사를 확보하는 것은 쉽지 않다. 네패스가 추가로 성장하기 위해서는 Advanced Package 기술 중에서 글로벌 시장에서 선택받을 수 있는 독자적인 기술 개발이 필요하다.

---

17 Fan-Out Panel Level Package의 약자로, 패키징 공정을 진행할 때 직사각형 형태의 패널 단위로 진행 시 수율과 생산성이 증대된다는 컨셉으로 선행 기술을 공개했다. 그러나, 아직 상용화가 되지 않아 주목을 받지 못한 기술로 전락했다.

# ③ SFA반도체

| 항목 | 내용 | 항목 | 내용 |
|---|---|---|---|
| 주요 채용직무 | • Operator<br>• Maintenance<br>• FA 검사원<br>• 품질검사원<br>• 구매(수출 및 출하관리)<br>• PKG 설계 엔지니어<br>• TEST 엔지니어<br>• 해외영업 및 CS<br>• IT Infra 및 정보보안<br>• 그 외 다수 경력직 채용 | 주요<br>사업분야 | • WLCSP<br>• Flip Chip PKG<br>• Lead Frame/Laminate PKG<br>• SD Card/SSD<br>• Bump/Cu pillar<br>• Wafer Test(EDS), PKG Test<br>• MVP(Marking/Visual Inspection/<br>　Packing) |
| | | 신기술<br>개발 현황 | • Hybrid FCCSP(Flip Chip-Chip<br>　Scale PKG)<br>• PKG Simulation(기계/열/전기)<br>• SiP<br>• QFN, FBGA |
| 매출액<br>(2024년 기준) | 4,005억 원 | 주요<br>위탁 기업 | • 삼성전자<br>• SK하이닉스<br>• Micron |
| 공장 위치 | 충남 천안 | 신입사원<br>계약 연봉<br>(2025년 추정) | • 고졸, 초대졸 : 4,300만원<br>　(교대수당 포함)<br>• 학사 : 4,000만원(야간수당 별도)<br>• 성과금 별도 |

[표 3-10] SFA반도체 기업 분석 및 주요 사업 분야

1998년에 설립된 SFA반도체는 삼성전자 온양공장에서 분사해 만들어진 기업으로, SFA는 Solutions For Advancement의 약자로 '더 나은 발전을 위한 솔루션'을 추구한다는 의미를 담고 있다. 모기업 SFA가 스마트팩토리 사업을 중심으로 다양한 산업 분야에 진출하고 있는 반면, SFA반도체는 그룹 내에서 메모리 반도체 OSAT 사업을 전담하고 있다.

생산 거점으로 국내에는 천안 1 · 2공장을 운영하고 있으며, 해외에는 중국과 필리핀 등지에 생산 네트워크를 구축해 글로벌 경쟁력을 확보하고 있다.

# 1. 주요 사업 분야

## (1) 메모리 반도체 OSAT 부문

SFA반도체의 핵심 매출원인 메모리 반도체 OSAT는 SFA반도체 전체 매출의 약 80% 담당하고 있다. 글로벌 메모리 반도체 3개 기업인 삼성전자, SK하이닉스, Micron과 모두 협업하고 있지만, 이 중 삼성전자의 서버용 메모리 반도체, PC 및 모바일 메모리 반도체 OSAT 매출 비중이 80%에 달하는 삼성전자에 편중된 매출 구조를 가지고 있다. 기업 자체가 삼성전자 패키지&테스트 라인에서 분사되었고 이후에도 협력관계를 유지하다보니 발생한 매출 구조라고 볼 수 있다.

해외 생산 거점으로는 필리핀 공장이 있으며 고객사 요구에 따라 대규모로 증설 가능한 입지도 보유하고 있다.

최근에는 메모리 반도체 후공정 핵심 기술인 Flip Chip PKG와 Bumping 사업에 집중 투자하고 있다.

## (2) 시스템 반도체 OSAT 부문

시스템 반도체 매출은 주로 삼성전자 LSI 사업부와 파운드리 사업부에서 생산되는 제품을 기반으로 발생하고 있다. CIS, PMIC, 오디오 코덱 등 주요 비메모리 제품을 외주로 받아 패키징과 테스트를 수행하며, WLP 기술을 활용해 시스템 반도체 성장에 기여하고 있다.

다만 전체 매출에서 메모리 반도체가 차지하는 비중이 여전히 높기 때문에, 시스템 반도체 기반의 OSAT 매출을 확대하기 위한 새로운 전략이 필요한 상황이다. 이를 위해 타 고객사 확보를 통한 포트폴리오 다변화, 삼성전자 파운드리 사업부의 신규 고객 유치를 통한 외주 물량 확대 등 다양한 방향을 검토할 필요가 있다.

# 2. 기업 전망

메모리 반도체 업계는 2024년 하반기부터 AI용 고성능 반도체 수요 급증에 힘입어 회복하고 있다. 이에 2024년 급감했던 매출과 영업이익은 2025년 하반기 이후 다시 회복세에 접어들었다. 특히 메모리 반도체를 생산하는 IDM 기업들이 비용 절감과 고부가가치 제품 기술 개발 집중을 위해 기존 제품 제조를 OSAT 기업에게 맡기는 물량 전환이 가속화될 전망이다. 이는 SFA반도체의 성장에 긍정적인 요인이며 다른 OSAT 기업들도 동일한 반사이익 효과를 얻게 될 것이다.

| 항목 | 내용 | 항목 | 내용 |
|---|---|---|---|
| 주요 채용직무 | • PKG공정기술, PKG개발, PKG소재개발<br>• TEST Board 개발<br>• Probe TEST 엔지니어<br>• 품질관리/품질보증<br>• 장비 유지보수<br>• 장비개발 (HW/SW)<br>• IT 시스템 자동화<br>• 그 외 다수 경력직 채용 | 주요 사업분야 | • Flip—chip Wafer Bumping<br>• DDI(Display Driver IC), CIS, PMIC, 센서류<br>• Au/Cu pillar Bump<br>• Solder Bump<br>• WLCSP<br>• Probe Test |
| | | 신기술 개발 현황 | • FO—WLP<br>• AI 반도체 테스트 자동화 시스템<br>• Direct RDL |
| 매출액 (2024년 기준) | 4,509억 원 | 주요 위탁 기업 | • 삼성전자<br>• SK하이닉스 등 |
| 공장 위치 | 경기 안성 | 신입사원 계약 연봉 (2025년 추정) | • 고졸, 초대졸: 4,000만 원<br>• 학사: 4,300만 원<br>• 특근수당/성과금 별도 |

[표 3–11] LB세미콘 기업 분석 및 주요 사업 분야

2000년에 설립된 LB세미콘은 반도체 후공정 OSAT 부문 중에서 극히 일부만을 담당하고 있으며, 2023년과 2024년에는 반도체 업황의 부진으로 영업 적자를 기록한 바 있다. 하지만 2025년에는 반도체 업황이 다시 회복되면서 매출이 늘어나고 영업이익이 개선되고 있다. 네패스와 마찬가지로 시스템 반도체의 후공정 사업을 주로 담당하고 있으며, 다양한 비메모리 제품을 생산하여 판매 물량을 확대하기 위한 투자를 지속하고 있다.

주된 매출은 DDI에서 발생하고 있으며, DDI 외의 제품 포트폴리오를 확대하기 위해 다양한 전략을 추진하고 있다. 그 외에도 AI/HPC 반도체 패키징 기술 개발에도 투자하며, 시스템 반도체의 Advanced Packing 기술력을 향상하기 위해 노력하고 있다.

# 1. 주요 사업 분야

## (1) 반도체 부문

LB세미콘 전체 매출의 97%를 차지하는 분야로, 후공정 패키지 분야 중에서 Bump/RDL과 같은 반도체 패키지 칩과 외부 메인보드를 연결하는 사업에 집중하고 있다. 이 외에도 Wafer Test 솔루션을 제공하고, Glass 패널 위에 Driver IC를 직접 본딩하는 등 신기술 개발에도 지속적으로 투자하고 있다.

## (2) 폐배터리 재생 부문

2023년 진성리텍을 인수 후 LB리텍으로 사명을 변경하며 폐배터리 재생 사업에 본격 진출했다. 폐배터리의 전처리 과정과 폐배터리에서 코발트, 니켈 등 필수 원재료를 추출하는 Black Powder 제품의 연구개발과 생산을 진행 중이다. 전기차 시장 성장이 가속화되면서 기업의 필수 사업으로 기대받았다. 하지만 최근 전 세계 전기차 시장 성장 둔화로 폐배터리 재생 부문 사업은 최소 2030년 이후에야 본격적으로 성장할 전망이다.

# 2. 기업 전망

LB세미콘은 국내 최초로 Gold Bumping 사업을 시작하며, Solder Bumping, Cu pillar Bumping, WLCSP 등 Bumping과 웨이퍼 상태로 패키징하는 Advanced Pacaking 사업에서 주된 매출 성장을 기대하고 있다. 앞으로는 Wafer Test뿐만 아니라 Back-Grind를 포함한 패키징 기술을 판매하는 턴키 서비스제공으로 사업 다각화를 추진하고 있다.

현재는 매출의 90% 이상이 국내 기업간 거래를 통해 발생하였지만, 향후 다양한 자회사 설립과 인수합병을 통해 해외 매출 비중 확대에 주력할 것으로 보인다.

## 5 두산테스나

| 항목 | 내용 | 항목 | 내용 |
|---|---|---|---|
| 주요 채용직무 | • Test장비기술<br>• Operator, Maintenance<br>• 품질관리(QA/QC)<br>• 구매<br>• 그 외 다수 경력직 채용 | 주요<br>사업분야 | • 시스템 반도체 전문 테스트 서비스<br>• Probe Test<br>• PKG 칩 테스트(CIS, DDI, SiC Wafer,<br>　SSD컨트롤러, RF, MCU, Power IC,<br>　PMIC) |
| | | 신기술<br>개발 현황 | • PKG제작(턴키 서비스 활성화)<br>• 차량용 SoC(ADAS, 전장) 칩 테스트 |
| 매출액<br>(2024년 기준) | 3,731억 원 | 주요<br>위탁 기업 | • 삼성전자<br>• WiPAM<br>• 지니틱스 |
| 공장 위치 | 경기 평택/안성, 충북 청주 | 신입사원<br>계약 연봉<br>(2025년 추정) | • 고졸: 4,800만 원<br>• 초대졸: 4,900만 원<br>　(3조 2교대로 연봉이 높은 편)<br>• 학사: 4,000만 원<br>• 야근수당/특근수당/성과금 별도 |

[표 3-12] 두산테스나 기업 분석 및 주요 사업 분야

2002년에 테스나로 설립되었으나 2022년 두산그룹에 인수된 후 두산테스나로 사명을 변경했다. 반도체 후공정 중 시스템 반도체 테스트 솔루션을 중심으로 사업을 전개하고 있으며, 전체 매출의 90% 이상은 Wafer Test 부문에서 발생하고 있다.

2024년에는 CIS 전문 기업인 엔지온을 인수해 패키징 기술을 확보하고, 후공정 밸류체인을 확대했다. 또한 차량용 전력반도체 분야로 사업 영역을 넓히는 등 다각화 전략을 추진하고 있다. 이를 바탕으로 패키징과 테스트를 아우르는 후공정 턴키 서비스 제공을 목표로 연구개발을 진행하고 있다.

두산테스나의 특징은 아래와 같다.

## 1. 주요 사업 분야

20년 이상 Wafer Test 위탁 사업을 진행한 경험을 바탕으로 국내 시스템 반도체 Wafer Test 시장에서 점유율 1위를 유지하고 있다. 이러한 신뢰성을 기반으로 삼성전자라는 대기업과 지속적인 거래를 이어가고 있는 것이 두산테스나의 최대 강점이다. 두산테스나의 최대 고객사는 삼성전자로 CIS 테스트를 위한 시스템LSI 사업부, 차량용 SoC, AP 테스트를 위한 파운드리 사업이 전체 매출의 90% 이상을 차지하고 있다.

다만 단일 고객사에 대한 의존도가 매우 높은 상황이라 대규모 설비 투자를 통해 고객 포트폴리오를 다각화해야 하는 문제에 직면해 있다. 특히 상대적으로 매출이 안정적인 삼성전자 메모리 사업부가 주 고객이 아니기 때문에 언제든지 매출이 급격하게 감소할 수 있는 리스크가 있다.

## 2. 기업 전망

모기업 두산그룹의 안정적인 자본과 지속적인 투자를 통해 사업 부문을 다각화하여 매출 포트폴리오를 확장하고자 한다. 향후 5년 내 다른 기업과의 인수합병을 통하여 기업의 규모를 더욱 더 성장시킬 가능성이 보이기 때문에 앞으로의 행보가 기대되는 기업이다.

# Memo

# Chapter 03
# 주요 후공정 소부장 기업 소개

## 핵심요약

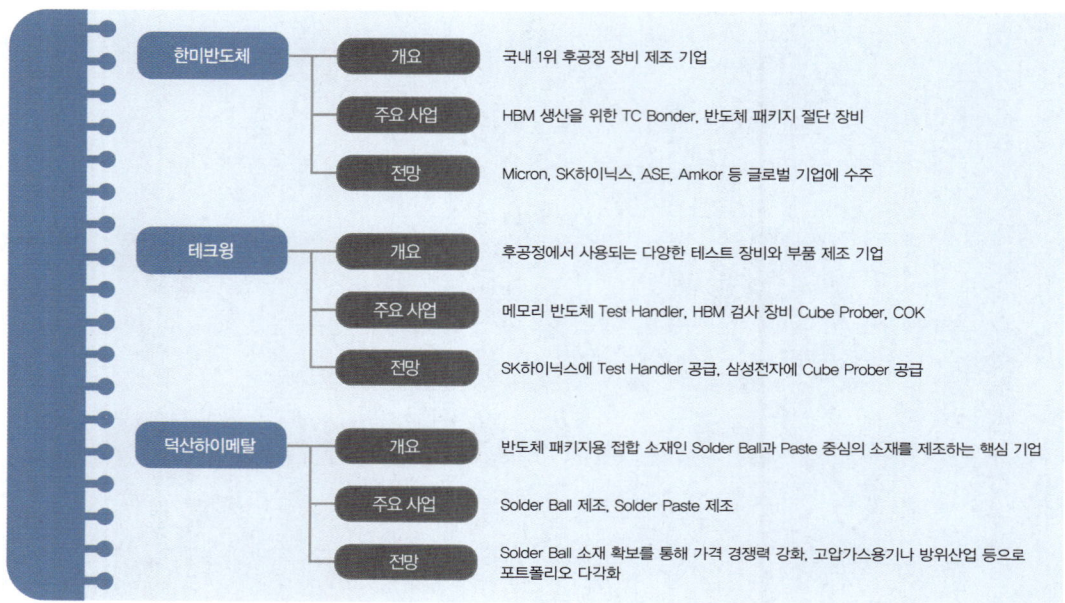

| 한미반도체 | 개요 | 국내 1위 후공정 장비 제조 기업 |
|---|---|---|
| | 주요 사업 | HBM 생산을 위한 TC Bonder, 반도체 패키지 절단 장비 |
| | 전망 | Micron, SK하이닉스, ASE, Amkor 등 글로벌 기업에 수주 |
| 테크윙 | 개요 | 후공정에서 사용되는 다양한 테스트 장비와 부품 제조 기업 |
| | 주요 사업 | 메모리 반도체 Test Handler, HBM 검사 장비 Cube Prober, COK |
| | 전망 | SK하이닉스에 Test Handler 공급, 삼성전자에 Cube Prober 공급 |
| 덕산하이메탈 | 개요 | 반도체 패키지용 접합 소재인 Solder Ball과 Paste 중심의 소재를 제조하는 핵심 기업 |
| | 주요 사업 | Solder Ball 제조, Solder Paste 제조 |
| | 전망 | Solder Ball 소재 확보를 통해 가격 경쟁력 강화, 고압가스용기나 방위산업 등으로 포트폴리오 다각화 |

국내 주요 후공정 소부장 기업의 특징과 사업 분야, 기업 전망에 대해 알아보자.

이번에는 한국의 주요 소부장 기업에 알아보자. 전공정 관련 소부장 기업은 외국계나 국내 기업 모두 잘 알려져 있지만, 후공정 관련 소부장 기업은 취업 준비생 입장에서는 잘 모르는 경우가 많다. 전공정과 마찬가지로 후공정에서도 소부장 기업의 역할은 매우 중요하다. 따라서 후공정 분야 취업을 준비하는 학생이라면, 글로벌 반도체 시장에서 인정받는 기업에 입사할 수 있도록 OSAT 기업과 소부장 기업을 동시에 준비하는 것이 바람직하다.

| 강점(S) | 약점(W) |
|---|---|
| • 반도체 산업 중심 국가의 이점: 글로벌 톱티어 반도체 기업이 국내에 위치하여 고객 접근성과 테스트 협력 용이<br>• 후공정에 특화된 기술력: 한미반도체 등 일부 업체는 본딩 및 비전 검사 장비 등에서 세계적인 기술 역량 보유<br>• 높은 유연성과 빠른 개발 사이클: 중소형 기업 중심으로 고객사의 요구를 빠르게 반영한 커스터마이징 능력 보유<br>• 다양한 제품군 기업 존재: 전공정 일부 장비와 융합된 장비, 테스트, 마킹, AOI 등 수직계열화된 업체 존재함 | • 글로벌 브랜드 인지도 및 네트워크 부족: ASML, TEL, KLA 등 글로벌 장비사에 비해 해외 인지도 낮음<br>• 타 국가 대비 정부 차원의 지원 부족 등 R&D 역량 한계: 대부분 중소·중견 기업으로 자본과 인력 부족하여 대형 프로젝트 대응 한계<br>• 제품 고도화 어려움: 선단공정 대응 장비 개발은 TCB, Hybrid Bonding 등 고난도 기술이 요구됨<br>• 매출의 고객사 집중도: 삼성전자, SK하이닉스 등 소수 고객사 매출 의존도 높아 리스크 존재(DRAM/NAND 위주) |
| 기회(O) | 위험(T) |
| • 패키징 고도화 트렌드: HBM, 팬아웃, HI(Chiplet 등) 확대 → 새로운 장비 수요 증가(전공정 장비 변형 등)<br>• 중국 수출 증가 가능성: 미국의 재재로 인한 중국 내 국산화 수요 증가는 한국 장비사에는 기회<br>• 첨단 후공정 전환: Hybrid Bonding, 고해상도 AOI 등 신기술 장비 시장 확대<br>• 전기차·AI용 반도체 수요 확대: 전력 반도체, CIS, AI, 5G/6G등 다양한 패키지 구조 등장으로 장비 수요 다변화 | • 중국 장비사의 추격: 국산화 추진 중인 중국의 빠른 기술 복제 및 가격 경쟁<br>• 글로벌 장비사의 한국 이외 해외 공장 투자 확대: AM-AT, KLA, ASE 등 글로벌 후공정 장비사의 한국 시장 비중 축소<br>• 제품군 확대로 인한 외국 기업의 진입 가능성 확대: 신규 기업의 장비 개발, 외산 의존 유지 시 한국 장비사 입지 축소<br>• 글로벌 수요 불확실성: 미국 반도체 수출 규제, 반도체 가격, AI 버블 등 경기 요인에 따라 수주 변동성 큼 |

[표 3-13] 후공정 소부장 기업의 SWOT 분석

한국의 후공정 소부장 기업도 OSAT 기업과 마찬가지로, 삼성전자나 SK하이닉스와 같은 메모리 반도체 IDM 기업에 매출이 집중되어 있다는 점이 가장 큰 약점이다. 하지만 AI용 반도체와 고성능 반도체 수요가 급증하는 이번 반도체 슈퍼사이클에서는 Advanced Packaging 기술이 매우 중요하며, 이 과정에서 글로벌 시장에서 인정받는 국산 기업이 늘어날 가능성이 높다. 다시 돌아오기 힘든 이번 기회를 잡는 기업이 반도체 후공정 소부장 산업에서 큰 성과를 거둘 것이다.

## 1 한미반도체

| 항목 | 내용 | 항목 | 내용 |
|---|---|---|---|
| 주요 채용직무 | • 기계/자동화 장비 설계(SW)<br>• 장비 기구설계<br>• 구매<br>• 장비 Maintenance<br>• 그 외 다수 경력직 채용(경력 채용 우대) | 주요 사업분야 | • HBM용 TC 본더(Fluxless, Hybrid 포함)<br>• PKG 싱귤레이션<br>• EMI Shield<br>• Laser Marking/Ablation(다이싱)<br>• Pick & Place<br>• MS&VP<br>  (Micro Saw & Vision Placement)<br>• CoWoS용 본더<br>• 유리기판 절단 |
| | | 신기술 개발 현황 | • HBM중심의 TC본더<br>• Fluxless TC본더<br>• 2.5D AI 칩용 big die/CoWoS용 본더 |
| 매출액 (2024년 기준) | 5,589억 원 | 주요 위탁 기업 | • Micron<br>• SK하이닉스<br>• 삼성전자<br>• NVIDIA 하위 고객사 등 |
| 공장 위치 | 인천 서구 | 신입사원 계약 연봉 (2025년 추정) | • 고졸, 초대졸: 3,500만 원<br>  (교대근무 아님)<br>• 학사: 3,900만 원<br>• 특근수당/성과금 별도 |

[표 3-14] 한미반도체 기업 분석 및 주요 사업 분야

1980년에 설립된 한미반도체는 OSAT 전문 장비 제조업체이며, 반도체 패키지 절단 장비인 MS&VP를 주력으로 제조하는 기업이다. 해외 매출 또한 매우 안정적인 기업으로 최근 10년간 약 76%의 매출이 해외에서 발생하였고, 전 세계 약 320개의 고객사를 보유하고 있다.

## 1. 주요 사업 분야

2024년 HBM 수요가 급증하면서 HBM 생산에 필수적인 본딩 장비가 주목받기 시작했다. 이에 따라 한미반도체의 TC Bonder 역시 높은 관심을 받게 되었다.

TC Bonder는 반도체 패키징 공정에서 칩과 기판을 고온·고압으로 접합하는 핵심 장비로, HBM 생산에서 필수적인 역할을 한다. 한미반도체는 이 장비를 SK하이닉스와 Micron에 주력으로 공급하며 글로벌 공급사로서의 입지를 확고히 다지고 있다. 특히 TC Bonder 분야에서 글로벌 시장 점유율 70% 이상을 차지하며 세계 1위를 굳건히 유지하고 있다. 이외에도 Micro Saw 장비는 국내 최초로 국산화에 성공했으며, 이 장비도 역시 글로벌 시장 점유율 1위를 차지하고 있다.

기타 장비로는 칩의 정밀 배치를 위한 Vision Placement 장비, 전자파 차폐 공정에 사용되는 EMI Shield 장비도 생산하는데 이 분야 역시 글로벌 시장 점유율 1위를 유지하고 있다.

## 2. 기업 전망

Micron은 HBM3E 12단 제품을 생산할 때 TC Bonder 전량을 한미반도체에 수주하였고, SK하이닉스도 HBM4 16단 제품을 생산할 때 TC Bonder의 상당 부분을 한미반도체에 수주할 계획이다. 또한 한미반도체는 최근 TC Bonder의 듀얼 생산 방식이 장비 면적 대비 생산성을 향상시킬 수 있다는 것도 입증했다. 이러한 높은 기술력으로 인해 ASE나 Amkor 같은 글로벌 OSAT 기업에서도 한미반도체 장비를 사용하고 있다. 2025년 상반기에는 SK하이닉스 관련 매출이 줄어들고 북미 매출이 증가하면서 90% 이상의 매출이 해외에서 발생하였다.

현재 TC Bonder 시장은 싱가포르의 ASMPT, 네덜란드의 BESI, 한국의 한화정밀기계 등 다양한 기업들이 뛰어들면서 경쟁이 심화되고 있다. 한미반도체는 본딩 장비의 기술력을 기반으로 HBM4 제품 이후에도 차세대 Hybrid Bonding 기술 개발에 공격적으로 투자하면서 중장기적인 경쟁력을 확보하고자 노력하고 있다.

| 항목 | 내용 | 항목 | 내용 |
|---|---|---|---|
| 주요 채용직무 | • 장비 기구설계<br>• 장비 제어 SW 개발/로봇 제어 알고리즘 개발<br>• 장비 Vision SW개발<br>• 원가관리<br>• 테스트 보드 및 키트 제작<br>• 장비 유지보수<br>• 품질관리(QA/QC)<br>• CS Engineer<br>• COK(Change over Kit) 설계<br>• 그 외 다수 경력직 채용 | 주요 사업분야 | • Probe Station<br>• Die-level Cube Prober(HBM)<br>• 메모리 및 SoC용 테스트 핸들러<br>• Burn-In Board 테스트 솔루션<br>• 테스터 비전 솔루션<br>• 칠러<br>• COK |
| | | 신기술 개발 현황 | • Cube Prober<br>• Vision SW/AI 기반 자동 검사 시스템<br>• 열 관리 시스템<br>• 테스팅 자동화 |
| 매출액<br>(2024년 기준) | 1,855억 원 | 주요 위탁 기업 | • Micron<br>• SK하이닉스<br>• 삼성전자<br>• NVIDIA 고객사 등 |
| 본사 및 연구소 위치 | 경기 화성, 충남 아산 | 신입사원 계약 연봉 (2025년 추정) | • 고졸, 초대졸: 3,500만 원 (교대근무 아님)<br>• 학사: 4,000만 원<br>• 특근수당/성과금 별도 |

[표 3-15] 테크윙 기업 분석 및 주요 사업 분야

2002년에 설립된 테크윙은 반도체 후공정에서 테스트 장비로 활용되는 Test Handler, Burn-In Chamber, Probe Station, HBM Cube Prober, 인터페이스 보드 등 다양한 검사 장비와 부품을 제조하는 기업이다. 그 외에도 Module 제품의 검사나 COK, 초저온 칠러 등 포트폴리오를 다각화하면서 장비를 개발 및 공급하고 있다.

# 1. 주요 사업 분야

테크윙의 핵심 사업은 메모리 반도체 Test Handler 분야로 글로벌 점유율 60~70%를 차지하는 1위 기업이다. Test Handler는 테스트 과정에서 DRAM, NAND와 같은 메모리 칩을 테스트 장비로 옮겨주고, 테스트 후 불량 여부 및 생산 등급에 따라 칩을 분류해주는 장비이다. 또한 필요한 온도 환경을 조성해 주는 역할도 수행한다.

또다른 주요 장비로는 HBM 검사 장비인 Cube Prober가 있다. Wafer Test 공정에 사용되는 장비로, 기존에 Handler의 기능과 Probe 검사 공정의 기능을 통합하고 복잡한 테스트 절차를 간소화하여 HBM 제품의 수율 향상에 크게 기여할 것으로 기대된다.

주요 부품 사업으로 COK가 있는데, 칩을 담아 운반하는 일종의 트레이로 제품당 이윤이 높은 주요 매출원 중 하나이다. 그 외 인터페이스 보드뿐만 아니라 시스템 반도체 제품이나 서버용 SSD Handler 등 제품군을 다각화하고 있으며, 디스플레이 검사 장비도 공급하고 있다.

# 2. 기업 전망

테크윙의 미래 경쟁력은 Handler 내부 챔버의 정밀한 온도 제어 기술과 고속 핸들링 기술에 기반한다. 최근에는 HBM 수요가 급증하면서 Cube Prober의 중요성도 크게 부각되고 있다. 그동안 테크윙은 주로 SK하이닉스와 Micron에 Test Handler를 공급해 왔으나, Cube Prober 제품을 통해 삼성전자와 SK하이닉스의 추가 수주를 확보하며 경쟁력을 더욱 강화했다. 이와 함께 Intel, SanDisk 등 글로벌 반도체 기업에 대한 Test Handler 공급도 확대하고 있으며, 글로벌 OSAT 기업으로의 납품 역시 꾸준히 증가하고 있다.

테크윙은 메모리 반도체뿐 아니라 시스템 반도체와 디스플레이 분야까지 제품 포트폴리오를 다각화하며 글로벌 시장에서 높은 성장 가능성을 보이고 있다. 특히 반도체의 고성능·고신뢰성이 중요해지면서 Test Handler 분야에서 글로벌 시장 점유율 과반 이상을 확보하고 있는 테크윙의 발전 가능성은 상당히 높다.

## ③ 덕산하이메탈

| 항목 | 내용 | 항목 | 내용 |
|---|---|---|---|
| 주요 채용직무 | • R&D(솔더볼/페이스트/Flux 소재 개발)<br>• R&D(무전해 도금개발)<br>• CS Engineer<br>• 생산관리<br>• 품질관리(QA/QC) | 주요<br>사업분야 | • 반도체 패키지 접합소재(솔더볼, 솔더파우더[18], 솔더페이스트[19], 플럭스) |
| | | 신기술<br>개발 현황 | • 마이크로 솔더볼<br>• 플립칩 범핑용 솔더볼 |
| 매출액<br>(2024년 기준) | 2,359억 원 | 주요<br>위탁 기업 | • NVIDIA<br>• 삼성전자<br>• SK하이닉스<br>• Apple 등 |
| 본사 및<br>연구소 위치 | 울산 북구 | 신입사원<br>계약 연봉<br>(2025년 추정) | • 고졸, 초대졸: 4,400~4,800만 원<br>(3조 2교대 또는 주간 12시간)<br>• 학사: 4,100만 원<br>• 특근수당/성과금 별도 |

[표 3-16] 덕산하이메탈 기업 분석 및 주요 사업 분야

1999년에 설립된 덕산하이메탈은 반도체 패키지용 접합 소재인 Solder Ball과 Paste 중심의 소재를 제조하는 핵심 기업이다. 2019년 일본의 소재 수출 규제로 인하여 전량 수입에 의존하던 Solder Ball을 자체 개발하여 최초로 국산화에 성공하였고, 이후 다양한 Solder Ball과 Solder Power, Flux를 포함한 Paste류의 제품군도 생산하고 있다.

## 1. 주요 사업 분야

덕산하이메탈은 BGA, CSP, WLP용 Solder Ball과 Flip-chip Bumping 용 Micro Solder Ball, CSB 등 소재 분야에서 글로벌 점유율 1~2위를 확보하고 있다. 덕산하이메탈의 핵심 사업은 패키지 제품에서 외부 기판과 연결하는 Solder Ball, 그리고 기판과 패키지의 접합 및 산화방지의 역할을 하는 Solder Paste이다. 특히 Advanced Packaging 기술에 활용되는 Micro Solder Ball 제조는 글로벌 시장 점유율 약 70%로 해당 분야에서 1위를 유지하고 있다.

---

18 솔더파우더는 페이스트 제작의 주재료이다(Sn-Ag-Cu를 주로 혼합).
19 솔더페이스트는 파우더&플럭스 혼합한 크림 형태 소재이다.

## 2. 기업 전망

덕산하이메탈은 Solder Ball의 주재료인 주석을 제련하고 합금 제품을 생산하는 등의 방식으로 소재를 확보하는 수직계열화를 통해 원재료의 가격 경쟁력을 강화하고 있다. 그 외에 방위산업에서 GPS 기술 기반의 항법 솔루션을 제공하는 사업과, 수소용기를 포함한 고압 가스용기와 수송용 튜브 트레일러 제조 사업을 통해 수소/우주항공 분야로 사업을 확장하는 다양한 포트폴리오를 보유하고 있다. 2025년 상반기 기준으로 반도체/전자 분야 매출 56%, 고압가스용기 24%, 방위산업 20% 등 특정 사업에 편중되지 않은 구조를 통해 글로벌 기업으로 도약하고자 한다.

이러한 끊임없는 연구개발과 사업 다각화를 통해 2024년에는 매출액이 큰 폭으로 상승하였고, 영업이익 또한 흑자로 전환하는 데 성공했다. 경상도 소재 기업으로는 유일하게 글로벌 시장에서 인정받는 기업이므로, 경상권 지역에서 취업을 준비한다면 주목할 필요가 있는 기업이다.

**PART 03 후공정 대표 기업 소개**

반도체 후공정 기업은 크게 OSAT 기업과 소부장 기업으로 구분된다. 이 중에서 OSAT 기업은 글로벌 TOP 3와 한국 기업으로 구분하여 분석했고, 이외에 후공정 산업의 근간이 되는 한국 소부장 기업도 분석했다. 이번 PART에서 분석한 11개의 기업은 모두 한국에서 지속적으로 채용을 진행하고 있으며, 특히 2026년에는 AI/HPC 반도체 수요 급증에 따라서 채용 규모가 더 증가할 것으로 예상된다.

### Chapter 01 글로벌 후공정 기업 소개

Chapter 01에서는 글로벌 OSAT 기업 중에서 매출 규모가 가장 큰 3개의 기업을 분석했다. ASE는 거의 모든 종류의 첨단 및 범용 패키징 기술을 제공하며 전자 부품 제조 등 반도체 외의 영역에서도 안정적으로 매출을 올리고 있다. Amkor는 차량용 반도체 분야에서 두각을 보이고 있으며 다양한 해외 공장을 보유하여 지정학적 리스크 대응 능력이 뛰어나다. JCET는 스태츠칩팩코리아 인수를 통해 Advanced Package 분야까지 포트폴리오를 확장하고 있다.

### Chapter 02 한국 주요 OSAT 기업 소개

Chapter 02에서는 한국의 OSAT 기업 중에서 매출 규모가 크거나 특정 분야에서 점유율이 높은 5개의 기업을 분석했다. 하나마이크론은 국내 대형 IDM과의 협업을 통해 안정적인 매출원을 확보하였으며 네패스는 시스템 반도체 OSAT이라는 차별화된 포트폴리오를 구축했다. SFA반도체는 전신이었던 삼성전자와 지속적으로 협업하고 있으며 LB세미콘은 DDI 이외 분야에서 매출을 발생시키기 위해 사업 다각화를 추진하고 있다. 두산테스나는 삼성전자와의 지속적인 협업을 바탕으로 기업 인수합병을 통해 기업의 규모를 성장시키고자 한다.

### Chapter 03 주요 후공정 소부장 기업 소개

Chapter 03에서는 한국의 후공정 소부장 기업 중에서 장비와 소재 분야 중 글로벌 시장에서 분야별 점유율 1위를 달성한 3개의 기업을 분석했다. 한미반도체는 TC Bonder 분야에서의 압도적인 위상을 바탕으로 차세대 Hybrid Bonding 기술을 개발하고 있다. 테크윙은 Test Handler 점유율을 바탕으로 Cube Prober 공급을 통해 높은 성장 가능성을 보인다. 덕산하이메탈은 Solder Ball로 대표되는 반도체 분야 이외에도 고압가스용기나 방위산업 등에서 다양한 포트폴리오를 보유하고 있다.

# Memo

# Part 04
# 후공정 직무 소개

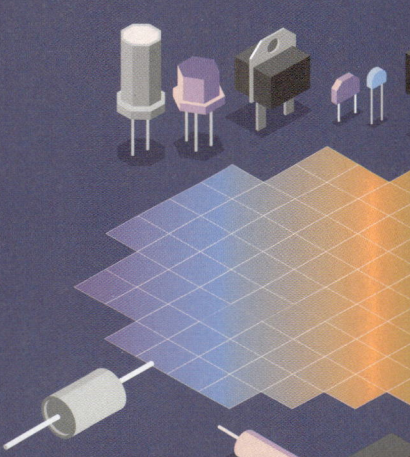

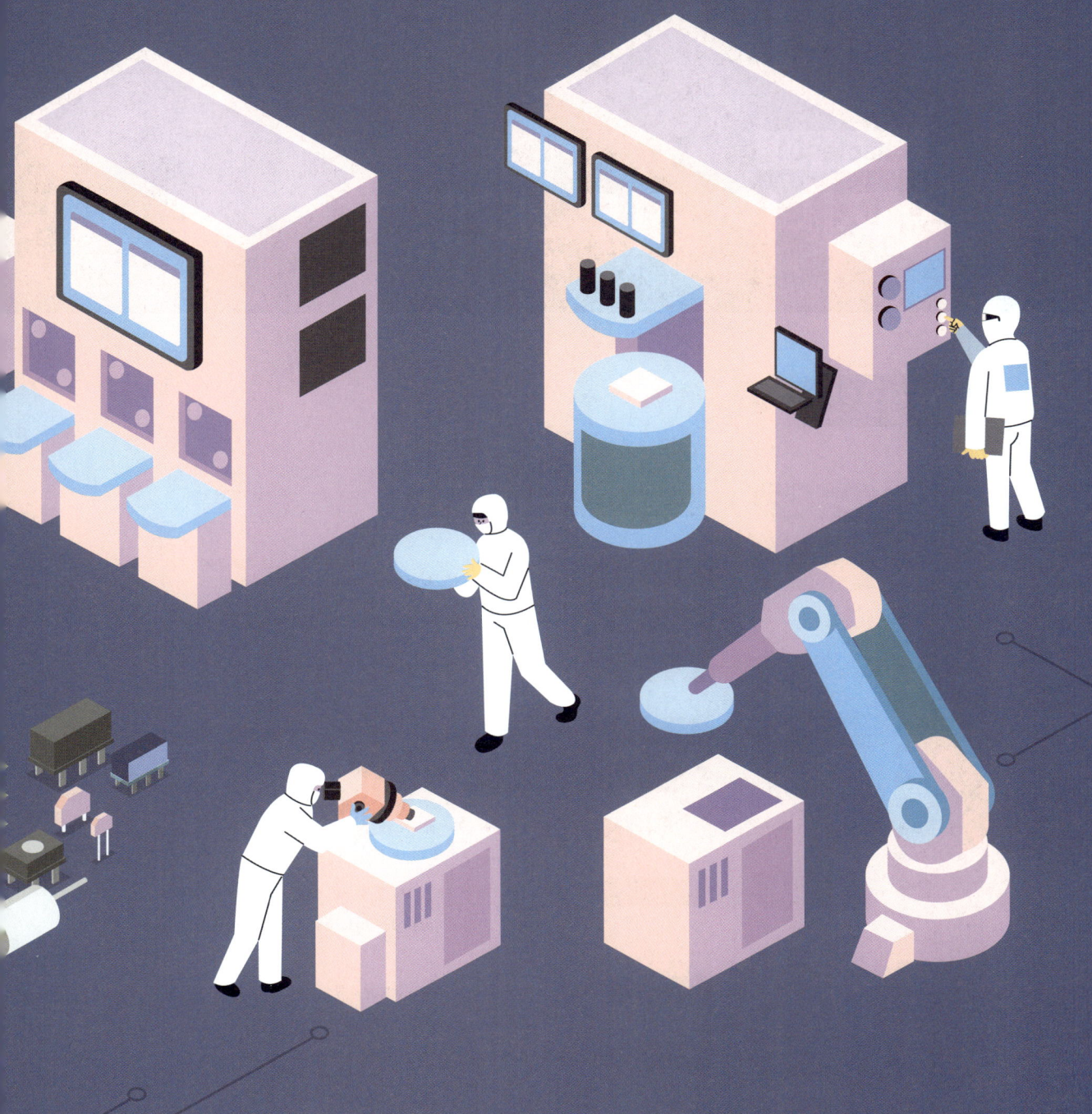

# Chapter 01
# 엔지니어 직무 소개

## 핵심요약

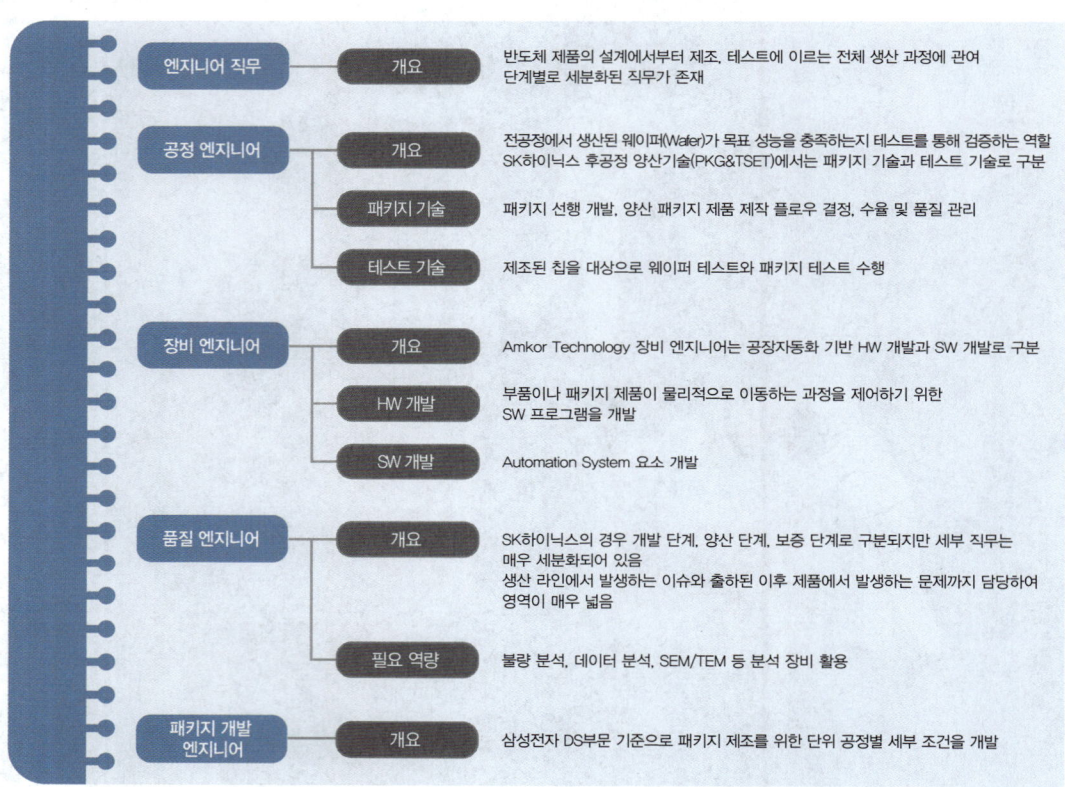

| | | |
|---|---|---|
| 엔지니어 직무 | 개요 | 반도체 제품의 설계에서부터 제조, 테스트에 이르는 전체 생산 과정에 관여 단계별로 세분화된 직무가 존재 |
| 공정 엔지니어 | 개요 | 전공정에서 생산된 웨이퍼(Wafer)가 목표 성능을 충족하는지 테스트를 통해 검증하는 역할 SK하이닉스 후공정 양산기술(PKG&TSET)에서는 패키지 기술과 테스트 기술로 구분 |
| | 패키지 기술 | 패키지 선행 개발, 양산 패키지 제품 제작 플로우 결정, 수율 및 품질 관리 |
| | 테스트 기술 | 제조된 칩을 대상으로 웨이퍼 테스트와 패키지 테스트 수행 |
| 장비 엔지니어 | 개요 | Amkor Technology 장비 엔지니어는 공장자동화 기반 HW 개발과 SW 개발로 구분 |
| | HW 개발 | 부품이나 패키지 제품이 물리적으로 이동하는 과정을 제어하기 위한 SW 프로그램을 개발 |
| | SW 개발 | Automation System 요소 개발 |
| 품질 엔지니어 | 개요 | SK하이닉스의 경우 개발 단계, 양산 단계, 보증 단계로 구분되지만 세부 직무는 매우 세분화되어 있음 생산 라인에서 발생하는 이슈와 출하된 이후 제품에서 발생하는 문제까지 담당하여 영역이 매우 넓음 |
| | 필요 역량 | 불량 분석, 데이터 분석, SEM/TEM 등 분석 장비 활용 |
| 패키지 개발 엔지니어 | 개요 | 삼성전자 DS부문 기준으로 패키지 제조를 위한 단위 공정별 세부 조건을 개발 |

반도체 후공정 산업은 웨이퍼에서 분리된 개별 칩을 최종 제품 형태로 조립하고 검증하는 과정으로, 패키징, 테스트, 검사 등 정밀한 공정 단계를 포함한다. 이러한 후공정을 성공적으로 수행하기 위해서는 공정 기술을 개발하는 엔지니어(Engineer), 생산 장비를 유지·보수하는 메인터넌스(Maintenance) 담당자, 실제 생산 라인을 운영하는 오퍼레이터(Operator) 등 다양한 직무의 전문가들이 유기적으로 협력해야 한다. 각 직무는 고유한 책임과 역량을 요구하며, 이들의 전문성과 협력 수준이 생산 수율, 제품 품질, 공정 안정성을 직접 좌우한다. 특히 후공정 분야가 첨단 기술로 빠르게 진화하고 있는 상황 속에서, 각 직무의 전문 역량 개발과 협력 체계의 강화가 한국 반도체 산업의 글로벌 경쟁력 강화의 핵심이 되고 있다. 이번 챕터에서는 후공정 산업의 핵심 직무인 엔지니어, 메인터넌스, 오퍼레이터의 역할, 책임, 역량 요건을 상세히 알아보자.

# ① 엔지니어(Engineer) 직무 소개

반도체 산업에서 엔지니어는 제품의 설계에서부터 제조, 테스트에 이르는 전체 생산 과정에 관여하며, 각 단계별로 세분화된 직무가 존재한다. 이번 챕터에서는 IDM 기업과 OSAT 기업의 공정, 장비, 품질, 패키지 개발 엔지니어에 대해 중점적으로 살펴보고 실제 기업이 요구하는 핵심 역량이 무엇인지 분석해보자.

엔지니어 직무의 지원 자격은 4년제 대학교(학사) 또는 대학원(석사) 졸업 예정이나 기졸업자를 선발하고, 전공은 직무마다 큰 차이가 있으니 채용공고의 세부 자격을 꼼꼼하게 확인하기 바란다. 채용공고의 내용은 변동될 수 있으므로, 이 도서에 기술된 채용공고는 초판 기준의 날짜로 작성되었음을 참고하기 바란다. 실제 지원 시점에는 반드시 회사의 공식 채용 사이트에서 최신 공고를 확인해야 한다.

또한 자신이 반도체 산업과 직접적인 관련이 없다고 생각해 반도체 기업의 채용공고 자체를 확인하지 않는 지원자도 매우 많다. 특히 기계공학, 신소재/화학공학/재료공학 전공자는 후공정 분야에 대한 정보가 부족해 지원을 고려하지 않는 사례를 자주 보았다. 아래 직무 소개를 통해 자신의 전공과 역량이 어느 분야에서 강점을 가질 수 있는지 확인해보길 바란다.

## ② 공정 엔지니어

SK하이닉스의 후공정 양산기술(PKG & TEST) 채용공고를 분석하면, 세부 직무는 패키지(PKG) 기술과 테스트(TEST) 기술로 나누어져 있다. 후공정 엔지니어는 전공정에서 생산된 웨이퍼(Wafer)가 목표 성능을 충족하는지 테스트를 통해 검증하는 역할을 맡는다. 이후 양품으로 선별된 웨이퍼를 패키징 공정을 거쳐 최종 제품 형태인 패키지 칩으로 제조하고, 다시 패키지 테스트를 수행해 출하까지 책임지는 직무이다.

우선 첫 번째로 패키지 기술은 웨이퍼 테스트가 완료된 이후 패키지 선행 개발과 양산 패키지 제품의 제작 플로우(Flow)를 결정하고, 수율과 품질을 관리하는 역할을 담당한다. 이러한 플로우는 각 단위 공정의 장비와 연계되어 패키지 개발 공법을 장비로 제작하게 된다. 이 직무의 궁극적인 목표는 패키지를 제조하기 위한 칩 간 연결, 외부 보호케이스 제작, 외부 기판과의 연결 구조 형성 등 고객의 요구사항에 맞게 제품을 만드는 것이다.

두 번째로, 테스트 기술은 전공정이 완료된 웨이퍼나 후공정 패키지 제조가 끝난 칩을 대상으로, 각각 웨이퍼 테스트와 패키지 테스트를 수행해 제품의 작동 여부와 성능 검사를 진행하는 업무이다. 웨이퍼 테스트는 WBI(Wafer Burn-in)과 성능 검사를 통해 양품을 선별하며, 목표 성능에 부합하지 않은 웨이퍼는 리페어(Repair)를 거쳐 등급이 낮은 웨이퍼로 선별되어 출하할 수 있도록 분류한다. 여기서 리페어는 소자가 작동하지 않는 불량 웨이퍼가 아니라, 목표 대비 일부 성능이 미흡한 정상품을 말한다.

패키지 테스트는 웨이퍼 테스트와 마찬가지로 TDBI(Test During Burn-in)와 성능 검사를 통해 양품을 선별한다. 다만, 웨이퍼 테스트 공정에서 수행한 리페어는 거의 진행하지 않는다. 그 이유는 패키지 테스트는 마지막 테스트 공정으로, 고객 요구조건에 부합하는지 확인하는 단계이기 때문이다. 만약 성능이 미달할 경우, 다른 고객사의 제품으로 테스트 프로그램이나 소자의 작동 성능 등을 다시 모두 세팅해야 한다. 드물게 진행되는 경우도 있으나, 빈도는 매우 낮다.

테스트 기술 엔지니어는 테스트 프로그램을 직접 개발해 장비에 적용해야 하므로 Java, C++, C# 등 프로그래밍 언어 활용 능력이 있으면 큰 우대를 받을 수 있다. 반면 패키지 기술 엔지니어가 사용하는 장비는 장비 업체가 개발 및 유지보수를 담당하기 때문에, 이러한 프로그래밍 역량이 필수적이지 않다는 점을 유념해야 한다.

## SK하이닉스 양산기술(PKG & TEST) 채용공고

**주요 업무**

- 패키지 기술
  - Conventional PKG와 Wafer Level Package(HBM, 3DS) 공정의 품질/수율 개선 및 안정화, 장비 성능 향상, 원부자재 품질 개선 및 국산화 업무
- 테스트 기술
  - DRAM, NAND 제품 특성에 맞는 테스트 수율 · 품질 · 원가 관련 업무, 테스트 양산 기술력 확보

**요구 조건**

- 자격 요건
  - 학력: 4년제 학사 이상 졸업(예정)자
  - 전공: 전자, 전기, 기계, 물리, 재료, 화학, 화공, 반도체, 산업공학, 컴퓨터, 기타 이공계 전공자

- 필요 역량
  - 반도체 공정 Process 전반의 이해가 높은 자, 관련 역량 우수자
  - 반도체 소재 관련 지식이 풍부한 자
  - Data 분석 관련 역량 보유한 자

Part 04 후공정 직무 소개  Ch. 01  Ch. 02  Ch. 03

　　SK하이닉스의 채용공고를 보면, 공정 엔지니어의 주요 업무는 공정 품질/수율 개선 및 안정화, 장비 성능 향상, 원부자재 품질 개선과 국산화 업무 수행으로 제시되어 있다. 이 때문에 반도체 공정 Process 전반에 대한 이해도가 높은 지원자를 선호하며, 최근 후공정 기술 개발이 소재 분야와 밀접한 관계가 있어 소재 관련 지식이 풍부한 인재를 우대한다. 물론 이는 모든 전공자에게 요구되는 역량은 아니며, 화학공학, 신소재공학, 금속/재료공학 등 소재 관련 전공자가 주로 해당된다. 이 외에도 국산화 업무 역시 앞에서 언급한 국내 소부장 기업과의 협업을 의미한다.

　　이처럼 채용공고를 분석하는 것만으로도, 기업이 요구하는 핵심 역량과 인재상을 파악할 수 있다. 졸업하기 최소 1년 전부터 이러한 트렌드를 이해하고 관련 경험이나 정량적 스펙을 미리 준비해 놓으면 취업에 성공할 가능성이 높아질 것이다. 이는 아래에서 나오는 모든 직무 채용공고에 공통으로 해당하는 부분이니 명심하기를 바란다.

# ③ 장비 엔지니어

Amkor Technology의 장비 엔지니어는 공장자동화 기반 HW 개발과 SW 개발로 나누어진다. 여기서 HW 개발은 전자공학에서의 회로설계 HW개발이 될 수도 있고, 기계공학에서의 기구설계 HW개발이 될 수도 있다. 하지만 최근 반도체 후공정은 자동화기술을 통한 스마트팩토리 운영을 최종 목표로 하고 있다. 따라서 장비의 HW 개발은 부품이나 패키지 제품이 물리적으로 이동하는 과정을 제어하기 위한 SW 프로그램을 개발하는 것이 주된 목적이다. 즉, 흔히 말하는 기계공학, 전자공학 분야의 회로 설계나 HW 개발을 의미하는 것이 아니라는 점을 유의해야 한다.

그렇다면, SW 개발 직무와의 차이점에 대해서 궁금해질 것이다. 스마트팩토리 운영을 위해서 공장의 운영 체계를 모두 SW 제어로 적용해야 하는데, 이를 Automation System이라고 한다. 이를 위해 모든 공정과 장비, 그리고 HW 부품과 제품의 이동까지 모든 영역이 Automation으로 구현될 수 있도록 시스템을 설계하고, Data Pipeline을 구성하고, Robot 구동, 비전 AI 등 자동화와 관련된 모든 요소를 개발하는 직무가 SW 개발이다. 상세한 요구 조건은 채용공고를 통해 분석해 보도록 한다.

---

### Amkor Technology Korea 공장자동화 HW 개발

**주요 업무**
- Smart Factory & 자동화 라인 구축을 위한 시스템 개발 및 유지 운영 업무
  - 물류 Data 처리 관련 Automation Program 개발
  - AI, Vision Data 처리 Program 개발
  - 로봇이나 AMR을 결합한 라인 및 창고 자동화 프로그램 개발, 유지보수
  - 기타 Manual 공정의 자동화 System 구축 관련 New Technology Survey

**요구 조건**
- 자격 요건
  - 학력: 이공계 학사 이상의 학력을 보유하신 분
  - C# 프로그램 언어 지식 보유자
  - 해외 출장 관련 결격 사유 없는 자

- 필요 역량
  - Smart Factory, Automation 관련 지식 및 프로젝트 추진 경력 보유자
  - 외국어 우수자(영어)
  - Machine Learning 관련 지식 보유자
  - 프로그래밍 관련 자격증 보유자

**주요 업무**

- Smart Factory 관련 프로그램 개발/개선 및 Project 유지 운영 업무
  - 제조 Manual 공정 제어를 위한 Automation System 개발, 유지보수
  - 자동화 관련 Data 처리를 위한 SW 개발/개선
  - 제조에서 요청하는 자동화 Program 개발/개선
  - 자동화 라인 구축을 위한 SW 개발/개선
  - Robot, Vision 관련 Core Technology 확보

**요구 조건**

- 자격 요건
  - 학력: 이공계 학사 이상의 학력을 보유하신 분
  - 컴퓨터, 전산, 소프트웨어, IT 융합기술 관련 전공
  - Java, C++, C#, Python 등 프로그램 언어 지식 보유자
  - 해외 출장 관련 결격 사유 없는 자

- 필요 역량
  - Smart Factory, Automation 관련 지식 보유자
  - Software 개발 프로젝트, 장비/IoT System 개발 프로젝트 참여 경험 보유자
  - 외국어 우수자(영어)
  - Machine Learning 관련 지식 보유자
  - 프로그래밍 관련 자격증 보유자

장비 엔지니어는 반도체 제조 라인에서 유지보수와 개발/개선의 업무 구분이 아주 명확한 편이다. 특히 후공정은 자동화 라인 구축을 하는 것에 집중하고 있고 이는 OSAT 기업 뿐만 아니라 IDM, 파운드리 기업 모두 해당하는 내용이다. 즉, 장비 기술은 코딩(Coding) 역량을 가장 필수 역량으로 보고 있으며, 모든 제조업 장비의 코딩 언어는 대부분 C 언어 기반으로 사용된다. 앞으로 AI 기반의 업무 능력이 점차 확산되면서, 제조업에서는 양산 라인에 적용되는 장비를 직접 코딩하여 개발할 수 있는 컴퓨터공학 관련 전공자를 더욱 선호할 것이다. 후공정 라인 취업을 희망한다면, 자신의 주전공을 기반으로 직무를 선정할지, 혹은 C 언어 코딩 역량을 강화하여 장비기술 직무를 목표로 할지 미리 결정해 볼 필요가 있다. 앞으로의 반도체 기술 발전에서 이 두 영역이 핵심이 될 것으로 예상되므로, 관심 분야를 명확하게 설정하는 것이 중요하다.

# ④ 품질 엔지니어

SK하이닉스의 품질 엔지니어 직무는 영역이 매우 세분화되어 있다. 품질 업무라고 해서 단순히 후공정 라인에서 발생하는 불량을 분석하고 원인을 파악해 해결하는 업무만을 의미하지 않는다. 품질은 개발 단계, 양산 단계, 보증 단계로 구분되며, 이에 따라 제품인증, 양산품질보증, 고객품질 등으로 역할이 나뉜다. 따라서 품질 엔지니어가 입사할 수 있는 분야는 총 세 가지이며, 입사 후 이 중 한 영역에 배정되어 업무를 수행하게 된다.

또한 품질 엔지니어에게는 기본적으로 불량분석 역량이 필수적이다. 아래 채용공고에 주요 Task 또는 Activity 항목의 가장 마지막에 명시된 불량분석은 기본적으로 보유해야 하는 역량이다. 따라서 요구 역량에는 공정 Process 지식뿐 아니라 소자의 동작 원리 이해 등, 반도체의 전반을 아우르는 폭넓은 이해가 포함된다.

그 외에도 불량 분석을 하기 위해서는 SEM/TEM과 같은 분석 장비를 활용하는 것도 필요하지만, 수많은 데이터를 정리하고 이를 통해 불량의 원인을 파악해내는 과정에서는 데이터 분석 역량이 필수적이다. Minitab, MATLAB, Spotfire 등 분석 툴은 대부분 프로그래밍 언어 기반의 명령어로 구성되기 때문에, 기본적인 프로그래밍 역량을 갖추고 있다면 분석 업무 수행에 큰 강점이 된다.

---

**SK하이닉스 품질보증 채용공고**

**주요 업무**
- 신제품 개발/인증 품질부터 양산/고객 품질까지 자사에서 생산하는 전 제품의 품질 만족 강화
  - 제품인증: 품질 완성도 확보를 위해 인증 평가 기준을 수립하고 평가/분석을 통한 제품 인증(Qualification) 업무
  - 양산품질보증: 품질 Monitoring, 공정 부적격 자재처리, 공정 변경관리, 출하 품질 검사 등을 수행하여 공정 품질 관리
  - 고객품질: 고객 불량에 대한 개선 대책을 수립하고 고객환경 파악 및 내부 품질 개선 활동 Drive를 통한 품질 개선 업무
  - 불량분석: 인증/양산/고객 불량 개선을 위해 제품에 대한 분석 업무(Elect, Application 등)

**요구 조건**
- 자격 요건
  - 학력: 4년제 학사 졸업자
  - 전공: 전자, 전기, 반도체, 정보통신, 컴퓨터, 소프트웨어, 물리, 재료 등 반도체 관련 전공

- 필요 역량
  - 반도체 소자/공정 Process 전반의 이해가 높은 자, 관련 역량 우수자
  - 프로그래밍 능력 보유자

품질 엔지니어는 제조 생산 라인 안에서만 발생하는 이슈뿐만 아니라, 고객에게 출하된 이후 제품에서 발생하는 문제까지 규명해야 하므로 담당 영역이 매우 넓다. 반도체 제조 라인이 365일 24시간 멈추지 않는 만큼, 품질 엔지니어 역시 다양한 분야에서 이슈가 동시에 발생하는 현실 속에서 업무를 수행하게 된다. 따라서 품질 엔지니어에게는 단순히 불량을 분석하는 역량뿐 아니라, 여러 부문과 협업하여 품질 이슈를 신속하게 종결하는 역량이 중요하다. 이를 위해 다양한 이해관계자와의 갈등을 조정하거나 합의를 이끌어내는 과정에서의 커뮤니케이션 능력과 리더십이 필수적이다. 사람을 자주 만나 협의하고 조율하는 업무가 자신의 성향과 잘 맞는 지원자에게 특히 적합한 직무라고 할 수 있다.

## ⑤ 패키지개발 엔지니어

삼성전자 DS부문의 패키지개발 엔지니어는 Wafer Test 공정이 완료되어 양품으로 판정된 Wafer를 자르고, 붙이고, 보호하는 패키지를 제조하기 위해 단위 공정별로 세부 조건을 어떻게 설정할지 개발하는 업무이다. 즉, 생산 현장에서 공정을 안정화하는 엔지니어보다 선행 단계에서 단위 공정을 개발하는 연구개발 성격의 업무를 수행한다.

저자 개인적으로 삼성전자와 SK하이닉스의 채용공고를 모두 검토해본 결과, 삼성전자의 공고가 직무별 수행 업무를 더 구체적으로 제시하고 있어 이를 기준으로 분석해도 무방하다고 판단한다. 두 기업 모두 IDM 기업으로 제조 방식이 거의 유사하며, 단위 공정에서 적용되는 기술만 일부 차이가 있기 때문이다.

따라서 IDM 기업의 후공정 직무를 목표로 한다면 삼성전자의 채용공고를 우선적으로 분석하는 것이 도움이 된다. SK하이닉스 지원 시에는 삼성전자와의 단위 공정 기술 및 제품 차이만 명확히 이해하고, 삼성전자의 채용공고에서 제시하는 세부 수행 업무를 참고하면 충분할 것이다.

# 삼성전자 DS부문 패키지개발 채용공고

고객 맞춤형 HBM Package의 설계, 제품/구조/소재 개발 및 Simulation과 첨단 제조 공정 기술을 개발/최적화하고 제품 성능 극대화를 통해 첨단 반도체의 가치를 향상시키는 직무
※ HBM Package 제품: 4단, 8단, 12단, 16단, 20단 구조 및 TCB, HCB 공법 구조 등

## 역할

- HBM Package 설계
  - Memory 반도체의 Package 구조 및 특성(전기적/열적/기계적) 설계
  - Chip과 Set Board간 신호, 전력 전송을 위한 System 설계
  - Data Center, AI용 Performance 향상을 위한 Customized Package 설계

- Simulation
  - Electrical Simulation(Signal/Power Integrity, EMI, RFI 설계)
  - Electrical/Thermal/Mechanical Simulation을 통한 Package 구조/소재/공정 최적화
  - 고객 사용 환경 고려한 Set Simulation

- HBM Package 제품 개발
  - HBM Package 제품들의 적기 개발을 위해 Process Architecture 개발 및 Control
  - Package 최고 성능과 Value 경쟁력 확보를 위해 신기술 적용, 고객 감동을 위한 최고의 품질 및 수율 확보
  - 미래 최고 Package 제품 개발을 위한 HBM Package 로드맵 및 기술확보

- 소재 개발
  - HBM Package용 유기/무기/고분자 소재 개발 및 소재의 품질 확보
  - Consumable 소재 개발 및 최적화(CMP Slurry, Pad, CLN Chemical, PR 소재 등)
  - HBM Package 특성/원가/품질 경쟁력 확보를 위한 차별화 소재, 특성 향상 소재 개발
  - 차세대 Fundamental 소재 연구 및 미래 핵심 소재 요소 기술 개발

- 단위 공정 기술 개발
  - HBM Package 단위 공정(Post FAB, PKG FAB 공정 등) 및 요소기술 개발
  ※ Post FAB 단위 공정(Photo, Etch, Clean, CMP, Metal, CVD, Electro–Plating, WSS)
  ※ PKG FAB 단위 공정(Back–Lap, Saw, CoW Bonding, Mold, Marking, Solder Ball Attach)
  – 단위 공정의 공정 능력 확보 및 개선, 생산성 향상, 기타 품질 수준 확보
  – 신규 공정 기술 개발, 적용 및 공정 표준화

## 요구 조건

  - 공학계열(전기전자, 재료/금속, 화공, 기계, 등), 물리, 화학 계열 전공자 또는 이에 상응하는 전공지식 보유자
  - 반도체 설비, Tool, 금형의 구조와 동작 원리를 이해하고 활용이 가능한 자
  - 기구/모터/실린더 등 요소 기술에 대하여 이해하고 적용 가능한 자
  - CAD를 이해하고 이에 맞는 Electrical/Thermal/Mechanical Simulation 구현이 가능한 자

**우대 사항**

- 반도체 Package 및 품질 직무와 연관된 대내외 활동 경험 보유자
- 반도체 Package 공정 및 품질 관련 졸업 논문 및 국내/외 저널 논문 보유자
- 반도체 및 Simulation 관련 Tool 역량 보유자
  (ABAQUS, ANSYS, LS-DYNA, FineSim SPICE, HSPICE, Slwave, Advanced Design System 등)
- 기계적/열특성 분석, 성분 분석 등 다양한 분야의 분석 역량 보유자
- 반도체 설비, Tool, 금형의 구조와 동작 원리를 이해하고 활용이 가능한 자
- 다양한 분석 장비(SEM, FTIR, RAMAN, IC, XPS 등)의 사용 경험 및 활용이 가능한 자
- 해외 법인과 커뮤니케이션이 가능한 수준의 외국어(영어, 일본어) 회화 역량 보유자

패키지개발 채용공고에서 단위 공정 기술 개발을 보면, 후공정에서 고려하는 단위 공정이 무엇인지 그 힌트를 얻을 수 있다. 특히 주목할 점은 Post FAB과 PKG FAB이 구분되어 있다는 것이다. Post FAB의 경우에는 전공정에서 진행하는 Photo, Etch, Clean, CMP, Metal, CVD, Electro-Plating이 그대로 포함되어 있다. 이는 후공정의 미세화가 가속화되면서 전공정에서 사용하던 기술을 차용하기 시작했고, 현재는 WLP(Wafer Level Package)를 제조하는 영역에서 이러한 단위 공정이 적극적으로 활용되고 있음을 보여준다. 물론 전공정만큼의 미세 수준을 요구하는 것은 아니지만, 동일한 원리를 기반으로 후공정 제조 목적에 맞게 공정을 변형하여 적용하고 있다. 이를 통해서 후공정 패키지개발 직무뿐만 아니라 패키지 기술 공정 엔지니어 역시 전공정과 후공정 제조 Process를 모두 이해하는 것이 큰 도움이 됨을 알 수 있다.

취업 준비 과정에서 많은 학생들이 전공정 중심의 실습 경험이 후공정과는 무관하다고 판단하는 경우가 많다. 그러나 후공정 기술을 조금만 들여다보면, 전공정에서 배운 지식과 자신의 전공 역량을 활용할 수 있는 분야가 충분히 많다는 사실을 알 수 있다. 특히 CAD를 이해하고 시뮬레이션 업무를 수행할 수 있는 기계공학, 단위 공정에 대한 이해를 바탕으로 신규 소재를 적용하여 패키지를 개발하는 화학공학/신소재공학/재료공학 채용도 꾸준히 이루어지고 있다. 이러한 트렌드 변화를 정확히 파악하고, 그에 맞추어 자신의 가치를 높일 수 있는 정보를 확보해야 한다. AI를 잘 활용한다고 해도 나에게 딱 적합한 직무나 근거를 찾아주지 않는다. ChatGPT와 Gemini 등 생성형 AI 서비스에서 찾을 수 있는 정보를 너무 맹신하지 말고, 다양한 정보를 정확하게 분석하여 나에게 유리한 기업과 직무를 찾는 것에 많은 시간을 쏟아야 한다.

# 메인터넌스 직무 소개

메인터넌스(Maintenance)는 반도체 생산 라인에서 장비를 직접 운영하면서 문제를 해결하고, 장비 외적인 이슈라도 웨이퍼나 패키지 제품 생산과 관련된 사항이면 대응하는 역할을 수행한다. 따라서 이 직무는 반드시 후공정에만 국한된 것이 아니라, 장비가 설치되어 가동되는 모든 반도체 제조 환경에서 필요하다. 이러한 이유로 메인터넌스 직무는 후공정 환경에 한정해 설명하기보다 반도체 제조 전반의 관점에서 이해하는 것이 적절하다. 즉, 어느 반도체 기업에서 근무하더라도 업무의 큰 틀은 대부분 유사하다.

## ① 장비 유지보수

SK하이닉스 메인터넌스 직무는 반도체 제조 관련 장비 유지 보수와 Line 운영/대응 업무를 수행한다고 간단하게 작성되어 있다. 이 직무는 엔지니어 직무에서 설명했던 공정 엔지니어 또는 장비 엔지니어와 함께 업무를 진행하며, 엔지니어가 개발하고 설정한 업무가 라인에서 그대로 운영될 수 있도록 장비를 관리하는 업무를 수행한다.

또한 IDM, OSAT 기업 중에서 24시간 가동되는 환경에서는 교대 근무를 원칙으로 하며, 장비나 소재를 생산하는 일부의 기업에서는 주간에만 업무하는 메인터넌스 직무도 간혹 채용하기도 한다. PART 3에서 소개했던 한미반도체나 테크윙이 예시 기업에 해당한다. 교대 근무의 경우 야간과 공휴일 수당이 연봉에 큰 차이를 만들기 때문에, 표면적인 연봉만을 기준으로 회사를 선택하는 것은 경계해야 한다.

반도체 후공정 메인터넌스 직무를 반도체 제조 관련 장비 유지 보수와 라인운영/대응 측면에서 분석하여
실제 기업이 요구하는 업무와 역량에 대해 살펴본다.

## SK하이닉스 메인터넌스 - 설비관리

**주요 업무**
- 반도체 제조 관련 장비 유지 보수 및 Line 운영/대응

**요구 조건**
- 고등학교 또는 전문대 졸업예정자 또는 졸업자(남자의 경우, 병역 의무가 완료된 형태만 지원 가능)
- 반도체, 전자, 전기, 기계, 화공 관련 전공 우대
- OS 및 기계/전기 관련 자격증 보유자 우대
- 반도체 설비 및 자동화 장비 개발 유지 보수 업무 경험자 우대
- 교대 근무 및 방진복 착용 가능한 자

메인터넌스 직무는 장비의 기본 작동 원리인 전기 배선 연결, PLC 제어, 유공압 장치 등 기술과
관련된 강점이 있으면 누구나 지원할 수 있으며, 관련된 자격증을 취득하여 서류 전형에서 가산점
을 취득하는 것 또한 매우 중요하다. 삼성전자에서도 SK하이닉스와 같이 메인터넌스 직무를 채용
하지만 본 도서는 후공정 영역을 중심으로 직무 분석을 하므로, 과거의 채용공고를 별도로 확인하
기를 바란다.

## 핵심요약

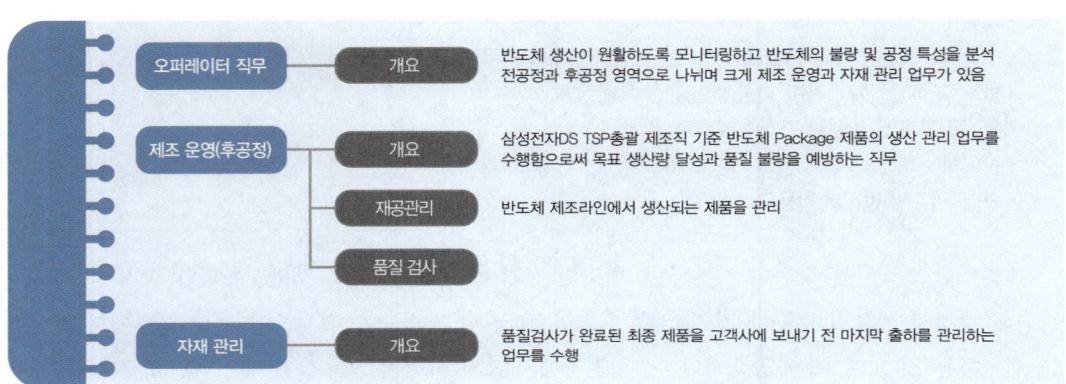

| 오퍼레이터 직무 | 개요 | 반도체 생산이 원활하도록 모니터링하고 반도체의 불량 및 공정 특성을 분석 전공정과 후공정 영역으로 나뉘며 크게 제조 운영과 자재 관리 업무가 있음 |
| --- | --- | --- |
| 제조 운영(후공정) | 개요 | 삼성전자DS TSP총괄 제조직 기준 반도체 Package 제품의 생산 관리 업무를 수행함으로써 목표 생산량 달성과 품질 불량을 예방하는 직무 |
| | 재공관리 | 반도체 제조라인에서 생산되는 제품을 관리 |
| | 품질 검사 | |
| 자재 관리 | 개요 | 품질검사가 완료된 최종 제품을 고객사에 보내기 전 마지막 출하를 관리하는 업무를 수행 |

반도체 후공정 오퍼레이터 직무를 제조 운영과 자재 관리 업무 측면에서 분석하여 실제 기업이 요구하는 업무와 역량에 대해 살펴본다.

오퍼레이터(Operator) 직무는 반도체 생산이 원활하도록 모니터링하고 반도체의 불량 및 공정 특성을 분석하는 직무이다. 이러한 업무를 수행하기 위해서는 반도체 전공정과 후공정 영역을 나누어서 근무할 수 있으며, 이번 챕터에서는 역시나 후공정 영역에 대해서만 직무를 소개하고 분석한다. 오퍼레이터는 크게 제조 운영과 자재 관리 업무가 있으며, 주로 제조 운영 직무에서 많은 채용을 진행한다. 따라서 제조 운영 직무에 대해서 IDM 기업과 OSAT 기업의 각 채용공고를 분석하고자 한다.

# 1 제조 운영

삼성전자DS의 TSP총괄은 후공정 사업부이며, 패키지 제품을 생산하는 공장은 천안과 온양에 있다. 여기서 TSP는 Test & System Package의 약자로 삼성전자의 후공정 사업부 공식 명칭이다.

### 삼성전자DS TSP총괄 제조직

생산 및 품질 관련 지식을 바탕으로 반도체 Package 제품의 생산 관리 업무를 수행함으로써 목표 생산량 달성과 품질 불량을 예방하는 직무

**주요 제품**
- Chip Level Package 제품: V−NAND, LPDDR, μSSD, LEDoS 등
- Advanced Package 제품: 2.5D, 3D Package, HBM, FO−WLP/FO−PLP 등

**역할**
- 제품 생산 및 라인 운영 관리
  - 생산 목표 달성을 위한 라인 내 담당공정 제품 Flow 및 라인 운영, 재공관리
  - 생산성 향상을 위한 제품별 설비 Assign 및 원부자재 보충 등 생산기여를 위한 작업활동
  - 불량이 예상되는 Lot의 속성을 분석하여 Hold 또는 Flow를 판단하여 재공 건전성 확보

- 전산 작업
  - Lot별 Track In/Out 전산 작업, 재공별 Merge/Split 전산 작업
  - 이상처리 및 Hold 물량에 대한 전산 작업, 제품별 물류 반송 작업

- 품질 모니터링 및 검사, 품질 관리
  - 변경점(공정/설비/자재) 발생 및 신제품/신공정 도입에 따른 품질 평가 활동
  - 품질 관련 Rule & SOP 정립하여 품질 평가 체계 구축

- Defect Image Review
  - 계측 검사기에서 발견된 Defect Image 검사를 통한 불량 판별 및 유형 분류
  - Defect 불량 증가, 신규 Defect 발생 시 Issue Up 활동을 통한 품질 항상성 유지 활동

요구 조건
- 반도체 제조, 경영정보, 전산/컴퓨터, 회계, 반도체 장비, 전기전자, 전자제어, 자동화시스템, 재료기술, 스마트팩토리 계열의 기초 전공지식 보유자
- 전산/컴퓨터, 사무자동화 관련 지식 보유자
- 물류 및 제품 생산 최적화를 위한 현장 생산시스템 관리 역량 보유자

우대 사항
- 반도체 제조 직무와 연관된 경험 및 전산 작업 역량 보유자(제조업 경험)

삼성전자 TSP 제조직을 보면 재공관리라는 키워드가 여러 번 나오는데, 재공이란 WIP(Work In Progress)라고 부르며 반도체 라인에서는 공정을 진행하는 동안의 웨이퍼 또는 패키지 칩을 의미한다. 다시 말하면, 반도체 제조라인에서 생산되는 제품을 관리하는 것이 주 업무이며, 생산 간에 발생하는 여러 이슈들을 엔지니어 직무와 협업하면서 웨이퍼와 패키지 칩이 생산되도록 라인을 운영하는 역할을 수행한다. 라인에서는 재공관리가 어려운 이유가 계획대로 문제없이 생산되지 않는 경우가 많기 때문이다. 따라서 오퍼레이터는 엔지니어의 지시 사항에 따라 해당 Lot들이 정상적으로 생산되도록 라인을 운영해야 하며, 불량이 발생한 칩들은 Merge/Split을 통해 정상품과 불량품을 구분하는 작업 또한 사람이 직접 진행해야 하는 경우가 많다. 이는 후공정 라인의 자동화율이 아직 낮아 작업자가 직접 대응해야 하는 상황이 많기 때문이다.

또한, 품질 검사를 하는 라인 역시 오퍼레이터 직무 채용에 해당한다. 따라서 삼성전자에서 채용하는 제조직은 제조 운영직과 품질 검사직으로 나누어 채용하고 있고, SK하이닉스도 동일하게 채용을 진행한다. 따라서 자소서에서는 제조 운영 직무에 관심이 있는지, 품질 검사 직무에 관심이 있는지 둘 중 하나를 선택하여 명확히 관심을 드러내는 것이 필요하다.

DB하이텍의 오퍼레이터는 후공정 영역에 해당하며, 전력반도체 제품을 생산하는 공장은 부천에 있다. 우대사항에 반도체 산업에 관심이 있는 자가 있다는 것은 전력반도체가 어떻게 생산되는지 알고 면접에서 답할 수 있어야 하며, 여러 반도체 기업 중에서 왜 DB하이텍(전력반도체)에서 일하고 싶은지 명확하게 설명해야 함을 의미한다. 즉, 메모리 반도체가 아닌 시스템 반도체의 특징을 알고, 그중에서도 전력반도체의 특징을 말할 수 있으면 좋다.

## DB하이텍 생산직

**역할**
- 반도체 생산 공정 플로우에 따른 장비 오퍼레이션
- 반도체 생산 장비 모니터링
- 반도체 장비 에러 및 조치현황 관리
- MES(Manufacturing Execution System, 제조실행시스템) 사용 및 관리

**자격 요건**
- 고등학교 졸업 이상
- 4조 3교대 근무가 가능한 자
- 방진복 착용에 거부감이 없는 자

**우대 사항**
- 마이스터고 및 전문대학 졸업자
- 반도체 산업에 관심이 있는 자

제조 운영 직무는 채용공고를 보면 전산 시스템을 활용하는 업무가 포함되어 있다. 따라서 전산/컴퓨터 또는 사무자동화 관련 자격증이 있으면 우대사항으로 인정받을 수 있으며, 이와 함께 반도체 관련 지식이나 활동을 통해 각 기업이 생산하는 제품에 대한 이해도가 있으면 더욱 좋다.

## ② 자재 관리

자재 관리는 오퍼레이터 직무 중 하나로, 품질검사가 완료된 최종 제품을 고객사에 보내기 전 마지막 출하를 관리하는 업무를 수행한다. 또한 물류 동선의 최적화나 물류 비용을 최소화하기 위해 창고를 운영하면서 배차를 조율하는 역할을 수행하기 때문에 오퍼레이터 직무 중에서도 반드시 필요한 직무이다.

### ASE Korea 자재과 오퍼레이터

**역할**
- 자재 반입/반출 관리
- 재고 실물 정보 파악 및 운영 재고 관리
- 자재 보관 조건 설정, 창고 동선 관리

**자격 요건**
- 고등학교 졸업 이상
- 교대근무 가능(야간근무 X)
- 1조(오전 6시~오후 2시), 2조(오후 2시~오후 10시) 근무

오퍼레이터 직무는 반도체 라인에서 아직 자동화 기술이 적용되지 않은 곳에서 근무하면서, 반도체의 생산이 잘 이루어질 수 있도록 운영하고 관리하는 직무이다. 특히, 후공정 산업의 경우에는 자동화로 전환되기까지 많은 시간이 소요될 것으로 전망하고 있기 때문에, 후공정 기술이 발전함에 따라 오퍼레이터 직무의 채용은 당분간 지속적으로 유지될 것으로 예상된다.

# PART 04 후공정 직무 소개

후공정 채용 직무는 4년제 학사 졸업 이상자가 지원할 수 있는 엔지니어 직무와 고등학교 또는 전문대를 졸업한 자가 지원할 수 있는 메인터넌스와 오퍼레이터 직무가 있다. 이번 파트에서는 각 직무가 현업에서 어떤 일을 하는지 이해하고, 나의 전공과 경험에 가장 적합한 직무를 찾을 수 있어야 한다.

### Chapter 01 엔지니어 직무 소개

Chapter 01에서는 대표 엔지니어 직무인 공정, 장비, 품질, 패키지개발에 대해서 SK하이닉스, 삼성전자, Amkor Technology Korea의 실제 채용공고를 기반으로 필요 역량과 우대 사항을 분석했다.

### Chapter 02 메인터넌스 직무 소개

Chapter 02에서는 메인터넌스 직무에 대해서 SK하이닉스 채용공고를 기반으로 필요 역량과 우대 사항을 분석했다.

### Chapter 03 오퍼레이터 직무 소개

Chapter 03에서는 오퍼레이터 직무인 제조 운영과 자재 관리에 대해서 삼성전자, DB하이텍, ASE Korea의 실제 채용공고를 가지고 필요 역량과 우대 사항을 분석했다.

후공정 기술 개발 트렌드에 맞게 엔지니어, 메인터넌스, 오퍼레이터 직무는 지속적으로 채용이 필요한 분야이다. 따라서 자신의 경험이 어떤 직무에 적합한지 분문에서 제시하는 분석 과정을 참고하고, 이를 토대로 회사에서 원하는 인재상을 파악하여 취업 전략을 수립해야 한다.

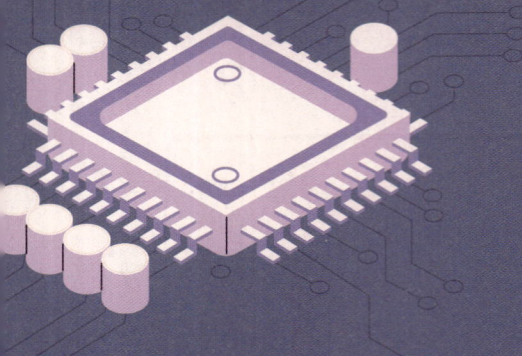

# Part 05
# 반도체
# 패키징 공정

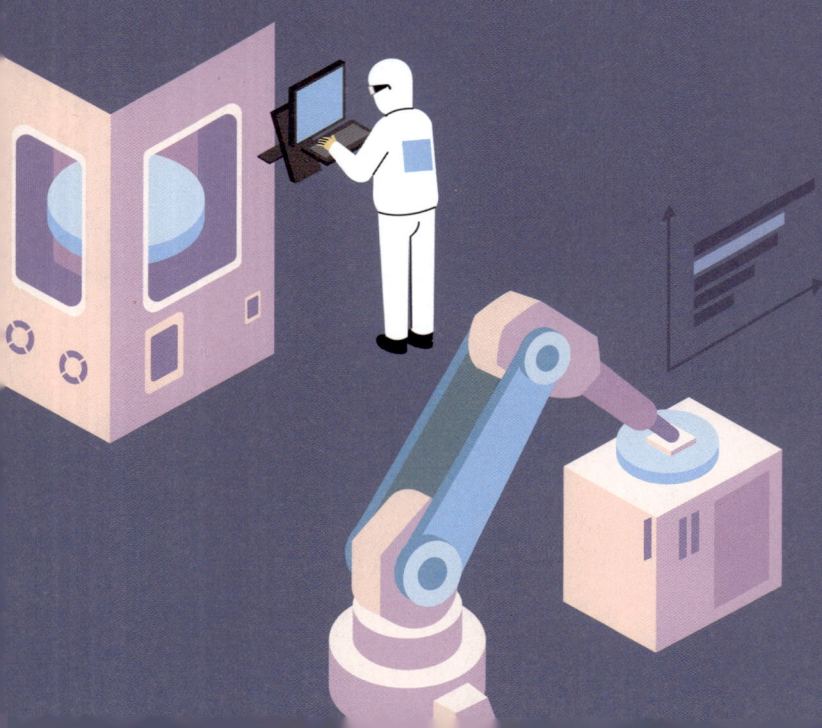

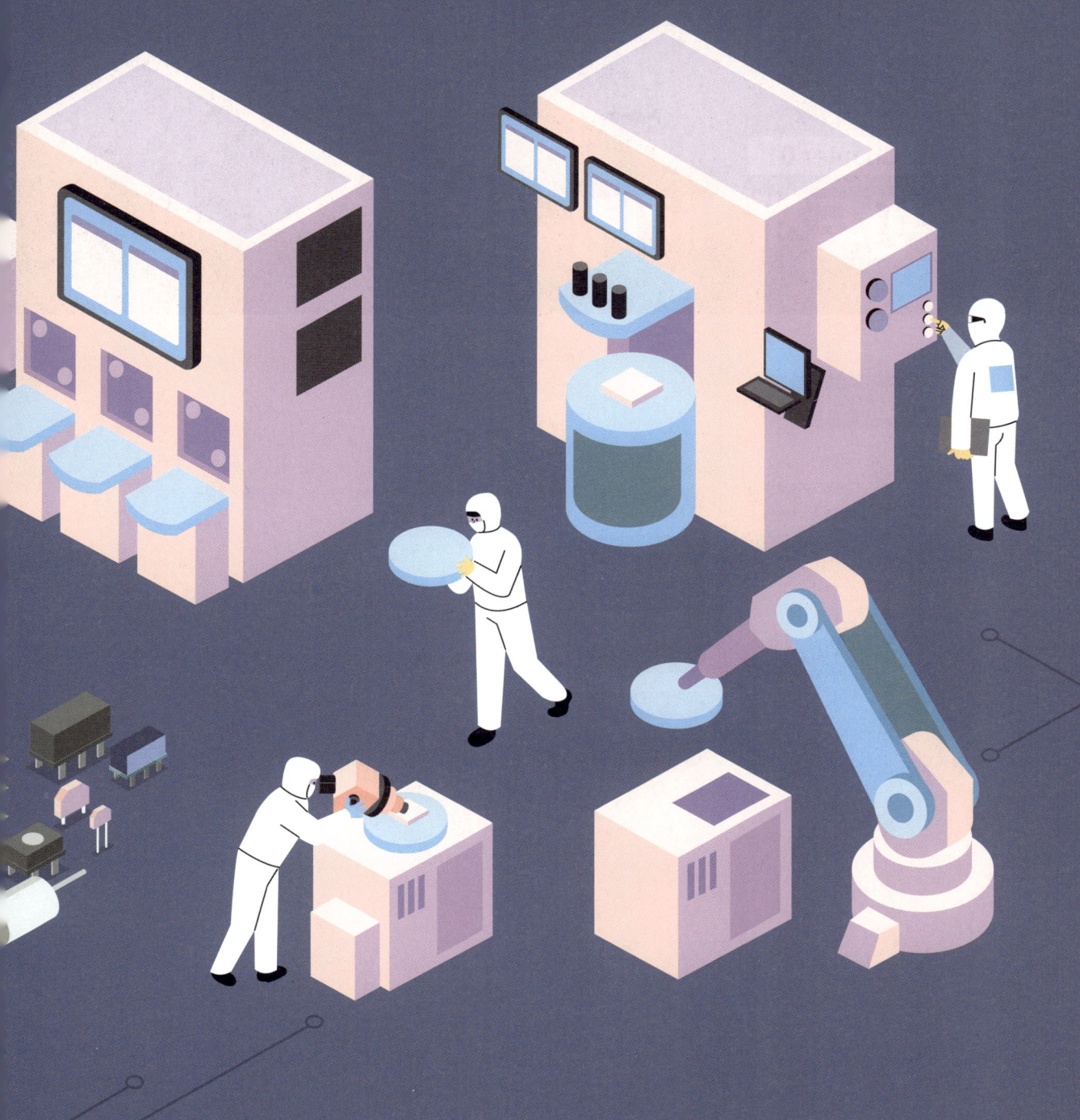

# 반도체 패키징 분류

## 핵심요약

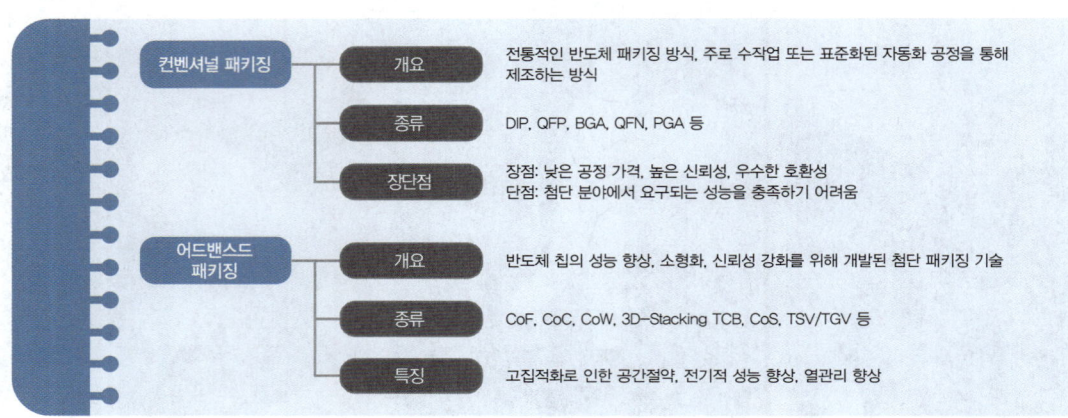

**컨벤셔널 패키징**

**개요** 전통적인 반도체 패키징 방식, 주로 수작업 또는 표준화된 자동화 공정을 통해 제조하는 방식

**종류** DIP, QFP, BGA, QFN, PGA 등

**장단점** 장점: 낮은 공정 가격, 높은 신뢰성, 우수한 호환성
단점: 첨단 분야에서 요구되는 성능을 충족하기 어려움

**어드밴스드 패키징**

**개요** 반도체 칩의 성능 향상, 소형화, 신뢰성 강화를 위해 개발된 첨단 패키징 기술

**종류** CoF, CoC, CoW, 3D–Stacking TCB, CoS, TSV/TGV 등

**특징** 고집적화로 인한 공간절약, 전기적 성능 향상, 열관리 향상

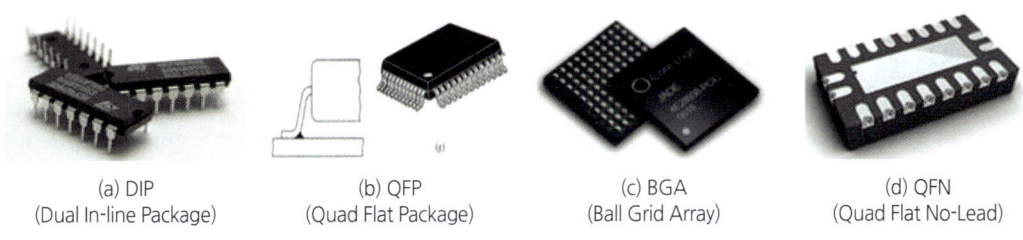

컨벤셔널 패키징과 어드밴스드 패키징의 개념 및 특징을 비교하여 반도체 패키징의 전체 구조를 이해한다. 이를 통해 전통적 패키징 방식에서 첨단 패키징 기술로 발전해온 흐름과 적용 목적을 체계적으로 학습한다.

## ① 반도체 패키징 분류

## 1. 컨벤셔널 패키징(Conventional Packaging)

### (1) 컨벤셔널 패키징의 개념

반도체 패키징의 전통적인 반도체 패키징 방식을 가르키며, 주로 수작업 또는 표준화된 자동화 공정을 통해 제조하는 방식이다. 칩을 외부 환경으로부터 보호하거나, 외부 회로와의 전기적 연결을 가능하게 하는 인터페이스 역할을 수행한다. 오랜 기간 축적된 제조 기술과 품질 신뢰성이 검증되어 다양한 산업 분야에서 폭넓게 활용되는 것이 특징이다.

### (2) 컨벤셔널 패키징의 대표적인 제품 유형

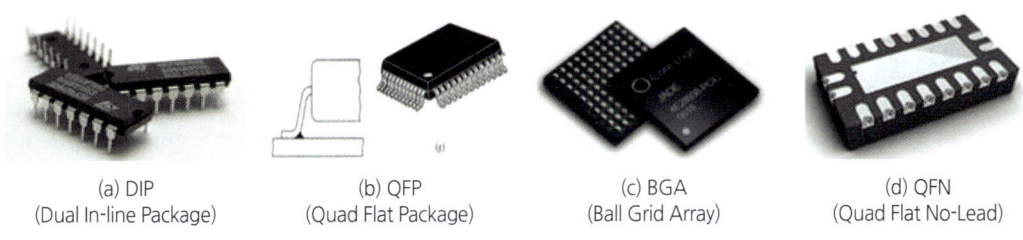

(a) DIP
(Dual In-line Package)

(b) QFP
(Quad Flat Package)

(c) BGA
(Ball Grid Array)

(d) QFN
(Quad Flat No-Lead)

[그림 5-1] 컨벤셔널 패키징의 대표적인 제품 유형(ⓒ SPT Solution)

### ① DIP(Dual In-line Package)

가장 전통적인 패키지 형태로, 핀이 양쪽에 일렬로 배치된 구조를 갖는다. 크기가 크고 무게가 있어 수동 조립에 적합하며, 주로 초기 컴퓨터나 전자기기에서 널리 사용되었다. 패키지는 구형 또는 직사각형의 기판에 삽입하는 방식으로 장착되며, 수작업 또는 기계적 삽입이 용이하다는 특징이 있다.

### ② QFP(Quad Flat Package)

네 면에 핀이 배치된 평평한 형태의 패키지로, 표면실장기술(SMT) 공정에 적합한 구조를 갖는다. 핀 수(In/Out)를 크게 늘릴 수 있어 고집적 회로에 유리하며, 전체 패키지 크기가 작아 현대 전자기기에 많이 사용된다. 또한 핀 배열이 균일해 제조와 조립이 용이하며, 고속 신호 전달이 필요한 응용 분야에도 적합하다는 장점이 있다.

### ③ BGA(Ball Grid Array)

납땜 볼이 패키징 기판 하단에 배열된 형태로, 높은 핀 수와 우수한 열 방출 성능이 장점이다. BGA는 미세 공정이 가능하며, 고집적화와 고성능 요구에 적합하다. 따라서 열 방출이 뛰어나고 신뢰성이 높아 고성능 컴퓨터(CPU, GPU), 통신장비 등에 직접적인 패키지 제조 방법으로 널리 사용된다.

### ④ QFN(Quad Flat No-Lead)

핀이 패키지의 가장자리에만 배치되어 있으며, 납땜 볼이 없는 패키지 형태이다. 크기가 작고 열 방출이 우수하여 모바일 기기 및 저전력 분양에 적합하다.

### ⑤ PGA(Pin Grid Array)

핀이 격자 형태로 배열된 패키지 형태로, 주로 고성능 또는 대형 칩에 사용되는 패키지이다. 주로 소켓 방식으로 BGA보다 칩 교체가 용이하다는 장점이 있다.

## (3) 컨벤셔널 패키징의 강점

현대 반도체 산업에서는 컨벤셔널 패키징이 여전히 많은 분야에서 사용되고 있다. 특히 저가형 제품, 산업용 기기, 구형 장비, 높은 신뢰성이 요구되는 분야에서 선호된다. 기존 설비와의 호환성이 높아 업그레이드 또는 유지보수도 용이하다.

## (4) 컨벤셔널 패키징의 한계

현대 반도체 패키징에서는 미세 공정과 고집적화 요구가 크게 증가하면서, 모바일 기기, IoT, 인공지능 등 첨단 분야에서 요구되는 성능을 기존의 컨벤셔널 패키징만으로는 충족하기 어렵다. 더 작고 얇은 칩을 직접적으로 패키징하기 위해서는 고밀도, 고성능을 지원하는 새로운 패키징 기술의 도입이 필수적이며, 이에 따라 새로운 패키징 기술이 점차 확대되며 대체되는 추세이다(예 플립칩 본딩, 3D 적층 패키지, 하이브리드 본딩 등).

# 2. 어드밴스드 패키징(Advanced Packaging)

반도체 칩의 성능 향상, 소형화, 신뢰성 강화를 위해 개발된 첨단 패키징 기술을 의미한다. 전통적인 패키징 방식보다 더 높은 집적도, 빠른 신호 전달, 우수한 열 방출 성능을 구현할 수 있어 구조와 제조 공정이 더 복잡하다. 이러한 특성으로 인해 모바일, CPU, 인공지능, 5G 통신용 반도체 등 고성능, 고집적 응용 분야에서 널리 적용되고 있다.

## (1) 어드밴스드 패키징의 주요 기술

### ① CoF(Chip on Film)

디스플레이 및 모바일 기기에 사용되는 고급패키징 기술이며 소형화 제품에 적합하다. 유연한 (Flexible) 필름 기판 위에 칩을 부착하기 때문에 매우 얇고 가벼운 구조를 구현할 수 있다. 패키지가 필름 형태로 제작되므로 곡면이나 휨이 요구되는 디스플레이에 적합하며, 짧은 신호 거리와 낮은 인덕턴스 덕분에 고속 신호 전달 성능이 우수하다. 또한 Au(금) Bump와 Sn(주석) 도금 패턴을 이용한 직접 본딩 방식으로 칩과 기판이 견고하게 접합되므로, 기계적 충격이나 진동에 대한 내구성이 높고 신뢰성 또한 우수하다. 기존의 패키징보다 구조가 단순하지만, 공정 제어가 까다롭고 대량 생산 중심으로 적용되는 패키징 기술이라는 특징이 있다.

### ② CoC(Chip on Chip)

두 개 이상의 칩을 하나의 패키지 내에 적층하거나 결합하여 사용하는 기술이다. 여러 칩을 하나의 패키지 내에 결합함으로써 공간 절약 및 고집적설계 패키징에 용이하다. 칩 간의 신호 전달거리가 짧아 신호 지연이 적고 고속 데이터 전송이 가능하며, 개별 칩을 별도로 제작한 후 결합하는 방식으로 생산 비용 절감하고 설계가 다양하다. 칩 간의 결합이 견고하게 이루어지면서 기계적 안정성과 신뢰성 또한 우수하다. 고성능 컴퓨터, 통신장비, 고급 모바일 기기등 다양한 분야에서 사용되는 패키징이다.

### ③ CoW(Chip on Wafer)

웨이퍼 단계에서 여러 칩을 집적 결합하는 반도체 패키징 기술의 하나이다. HBM 패키징과 같이 2.5D 패키징에서 주로 적용되며, 인터포저(Interposer)를 통해 여러 개의 칩을 연결하는 과정의 패키징이다.

### ④ 3D-Stacking TCB(3D Stacking Thermo-Compression Bonding)

TCB(Thermo-Compression Bonding)를 적용한 3D 스태킹 공정으로, 고성능 칩을 위한 고급 접합 기술이다. 여러 개의 칩을 수직으로 적층하여 하나의 고밀도 패키지를 구현하며, HBM과 같이 공간 제약이 크고 성능 요구가 높은 응용 분야에서 신뢰성과 정밀도가 뛰어난 핵심 본딩 기술로 활용된다.

### ⑤ CoS(Chip on Substrate)

패키지 기판 위에 반도체 칩을 직접 부착하는 패키징 기술로, 플립칩(Flip Chip) 방식이 일반적으로 사용된다. 칩의 전극 면을 아래로 뒤집어 기판에 붙이는 구조이기 때문에 와이어 본딩에 비해 전기적 신호 경로가 짧고, 고속 신호 전송과 열 방출 성능이 우수하다. BGA(Ball Grid Array), FCBGA(Flip Chip Ball Grid Array) 등이 대표적인 CoS 패키징 형태이며, PC, 서버, 네트워크 장비, 자동차 전장 등 다양한 응용 분야에서 널리 사용된다. 기판 위에 칩을 직접 실장하는 방식이므로 공정이 비교적 단순하고 대량 생산에 유리하며, 패키지 두께를 줄이고 다층 기판과 결합하여 복잡한 회로를 구현할 수 있다. 최근에는 FOCoS(Fan-Out Chip on Substrate) 같은 고급 변형 기술도 개발되어, 더욱 미세한 배선과 높은 집적도를 달성하고 있다.

### ⑥ TSV(Through Silicon Via) / TGV(Through Glass Via)

ⓒ TSV는 실리콘 웨이퍼나 칩을 수직으로 관통하는 전극을 형성하여 칩과 칩을 3차원으로 연결하는 핵심 패키징 기술이다. 기존 와이어 본딩이나 플립칩 방식과 달리, 칩에 미세한 구멍을 뚫고 전도성 물질(주로 구리)로 채워 수직 전기 연결을 구현한다. TSV는 3D 적층 패키지, HBM, 2.5D 인터포저 등에 필수적으로 활용되며, 신호 전달 거리를 대폭 단축하고 전력 소비를 줄이며 대역폭을 크게 향상시킨다.

ⓒ TGV는 TSV와 유사한 개념이지만, 실리콘 대신 유리 기판을 관통하는 전극을 형성하는 기술이다. 유리는 실리콘 대비 전기적 손실이 낮고, 특히 고주파 신호 전달에서 우수한 성능을 보이며, 열팽창 계수(CTE)를 조절할 수 있어 칩과의 열적 정합성이 뛰어나다. 또한 대면적 패널 형태로 제조가 가능해 제조 비용 절감이 기대된다. TGV는 RF 패키징, 고성능 컴퓨팅, MEMS 센서, 포토닉스 패키징 등에 적용되고 있으며, 유기 기판의 한계를 극복할 차세대 고성능 패키징의 핵심 소재로 주목받고 있다.

## (2) 어드밴스드 패키징의 특징

(a) CoF
(Chip on Film)

(b) CoC
(Chip on Chip)

(c) CoS
(Chip on Substrate)

(d) CoW
(Chip on Wafer)

(e) TSV(Through Silicon Via) /
TGV(Through Glass Via)

(f) 3D-Stacking TCB

[그림 5-2] 어드밴스드 패키징을 적용한 제품 유형(ⓒ SPT Solution)

어드밴스드 패키징 기술은 칩 간 연결 피치가 매우 좁고, 공간 활용이 뛰어나며, 전기적 성능을 향상시키는 패키징 방식이다. 이러한 특성으로 인해 어드밴스드 패키징이 가지는 주요 장점은 다음과 같다.

- 열과 기계적 스트레스 내성 강화
- 미세한 연결 기술과 견고한 설계 가능
- 여러 칩 기능을 하나의 칩으로 통합
- 시스템 성능 극대화
- 복잡한 회로 설계와 기능 확장 가능

- 3D적층, TSV, 팬-아웃 기술 등을 활용
- 직접 회로를 수직 또는 수평으로 밀집 배치
- 동일 크기 내에서 더 많은 기능을 구현
- 제품의 소형화, 경량화 가능

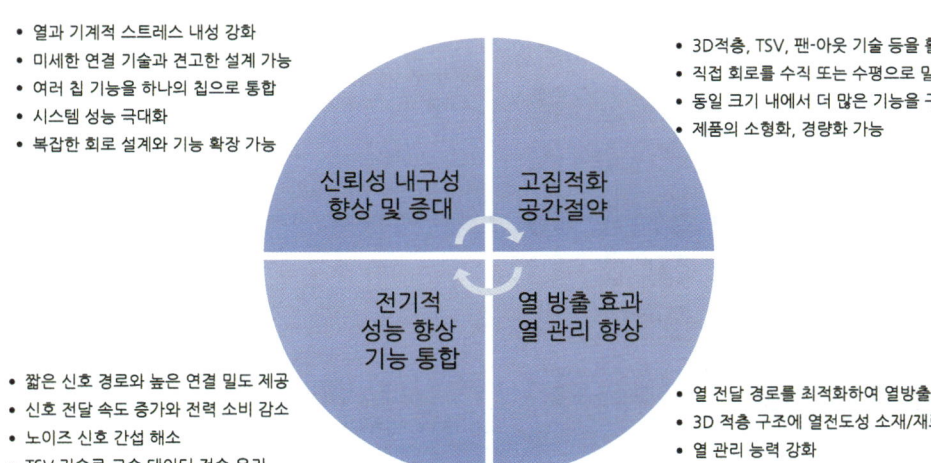

신뢰성 내구성
향상 및 증대

고집적화
공간절약

전기적
성능 향상
기능 통합

열 방출 효과
열 관리 향상

- 짧은 신호 경로와 높은 연결 밀도 제공
- 신호 전달 속도 증가와 전력 소비 감소
- 노이즈 신호 간섭 해소
- TSV 기술로 고속 데이터 전송 유리

- 열 전달 경로를 최적화하여 열방출에 효과적
- 3D 적층 구조에 열전도성 소재/재료 활용
- 열 관리 능력 강화

[그림 5-3] 어드밴스드 패키징의 장점(ⓒ SPT Solution)

## 핵심요약

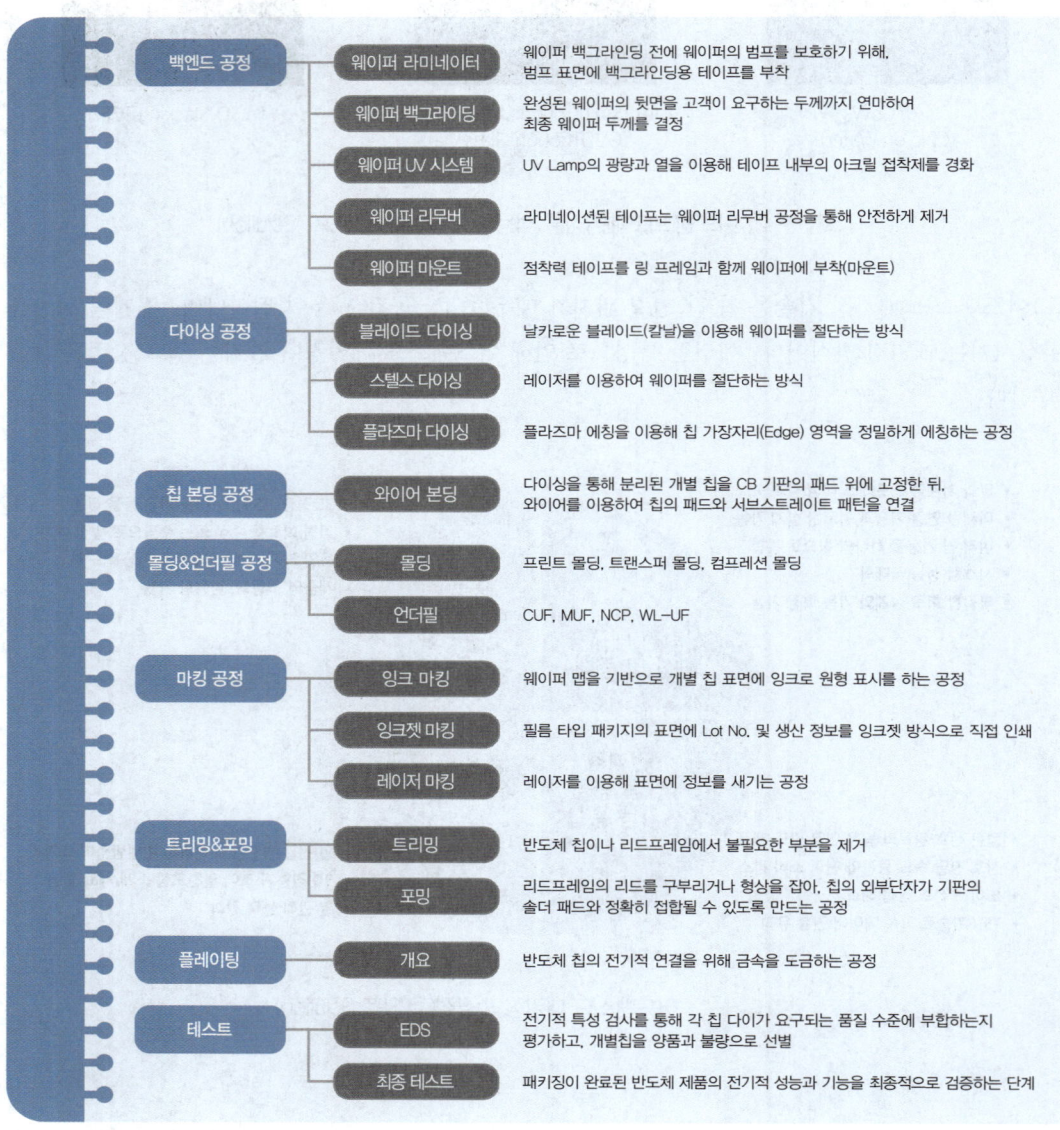

| 백엔드 공정 | 웨이퍼 라미네이터 | 웨이퍼 백그라인딩 전에 웨이퍼의 범프를 보호하기 위해, 범프 표면에 백그라인딩용 테이프를 부착 |
| | 웨이퍼 백그라인딩 | 완성된 웨이퍼의 뒷면을 고객이 요구하는 두께까지 연마하여 최종 웨이퍼 두께를 결정 |
| | 웨이퍼 UV 시스템 | UV Lamp의 광량과 열을 이용해 테이프 내부의 아크릴 접착제를 경화 |
| | 웨이퍼 리무버 | 라미네이션된 테이프는 웨이퍼 리무버 공정을 통해 안전하게 제거 |
| | 웨이퍼 마운트 | 점착력 테이프를 링 프레임과 함께 웨이퍼에 부착(마운트) |
| 다이싱 공정 | 블레이드 다이싱 | 날카로운 블레이드(칼날)을 이용해 웨이퍼를 절단하는 방식 |
| | 스텔스 다이싱 | 레이저를 이용하여 웨이퍼를 절단하는 방식 |
| | 플라즈마 다이싱 | 플라즈마 에칭을 이용해 칩 가장자리(Edge) 영역을 정밀하게 에칭하는 공정 |
| 칩 본딩 공정 | 와이어 본딩 | 다이싱을 통해 분리된 개별 칩을 CB 기판의 패드 위에 고정한 뒤, 와이어를 이용하여 칩의 패드와 서브스트레이트 패턴을 연결 |
| 몰딩&언더필 공정 | 몰딩 | 프린트 몰딩, 트랜스퍼 몰딩, 컴프레션 몰딩 |
| | 언더필 | CUF, MUF, NCP, WL-UF |
| 마킹 공정 | 잉크 마킹 | 웨이퍼 맵을 기반으로 개별 칩 표면에 잉크로 원형 표시를 하는 공정 |
| | 잉크젯 마킹 | 필름 타입 패키지의 표면에 Lot No. 및 생산 정보를 잉크젯 방식으로 직접 인쇄 |
| | 레이저 마킹 | 레이저를 이용해 표면에 정보를 새기는 공정 |
| 트리밍&포밍 | 트리밍 | 반도체 칩이나 리드프레임에서 불필요한 부분을 제거 |
| | 포밍 | 리드프레임의 리드를 구부리거나 형상을 잡아, 칩의 외부단자가 기판의 솔더 패드와 정확히 접합될 수 있도록 만드는 공정 |
| 플레이팅 | 개요 | 반도체 칩의 전기적 연결을 위해 금속을 도금하는 공정 |
| 테스트 | EDS | 전기적 특성 검사를 통해 각 칩 다이가 요구되는 품질 수준에 부합하는지 평가하고, 개별칩을 양품과 불량으로 선별 |
| | 최종 테스트 | 패키징이 완료된 반도체 제품의 전기적 성능과 기능을 최종적으로 검증하는 단계 |

# 1 백엔드(Back End) 공정

백엔드 공정은 패키징 단계에 투입되기 위해 웨이퍼를 고객 요구 사양에 맞게 웨이퍼 후면을 가공하고, 웨이퍼 쏘잉 공정의 전 단계까지의 전체적인 공정 프로세스를 의미한다. 백엔드 공정의 웨이퍼 가공 프로세스는 아래와 그림과 같다.

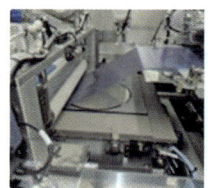   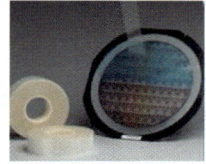 

(a) 웨이퍼 라미네이터  (b) 웨이퍼 백그라인딩  (c) 웨이퍼 UV 시스템  (d) 웨이퍼 리무버  (e) 웨이퍼 마운트

[그림 5-4] 백엔드 공정의 웨이퍼 가공 프로세스(© SPT Solution)

## 1. 웨이퍼 라미네이터(Wafer Laminator)

웨이퍼 백그라인딩 전에 웨이퍼의 범프를 보호하기 위해, 범프 표면에 UV 또는 Non-UV 백그라인딩용 테이프를 부착하는 단계이다. 이 과정은 범프 눌림, 스크래치, 회로 손상, 절연 불량 등을 방지하기 위한 것으로, 백그라인딩에 앞서 반드시 수행되는 필수 패키징 공정이다.

### (1) 백그라인딩 테이프의 특징

라미네이터 테이프는 패키징 공정에서 백그라인딩 테이프로도 불리며, 일반적으로 아크릴 접착제(Acrylic Adhesive) 접착 성분으로 구성된다. 이 테이프는 강한 접착력과 우수한 내열성 및 내습성을 지내며, 제거 시 잔여물이 적다는 장점이 있다. 또한 고온 환경에서도 안정적이고 전기 절연성이 뛰어나, 패키징 공정에서 웨이퍼 가공 시 널리 사용되는 주요 재료이다.

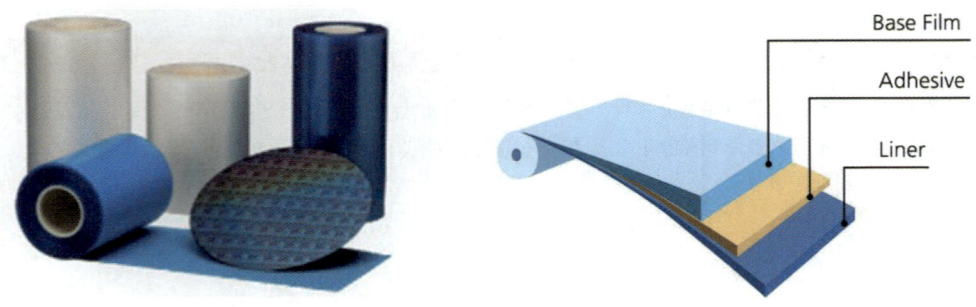

[그림 5-5] 백그라인딩 테이프(© Adwill-global)

## (2) 백그라인딩 테이프 구성

백그라인딩 테이프는 그라인딩 가공 시 웨이퍼 전면의 회로 패턴 및 범프(Bump) 구조를 보호하기 위한 목적으로 사용되며, [그림 5-6]과 같이 웨이퍼 범프의 제작 사양에 따라 적합한 종류를 구분하여 적용해야 한다.

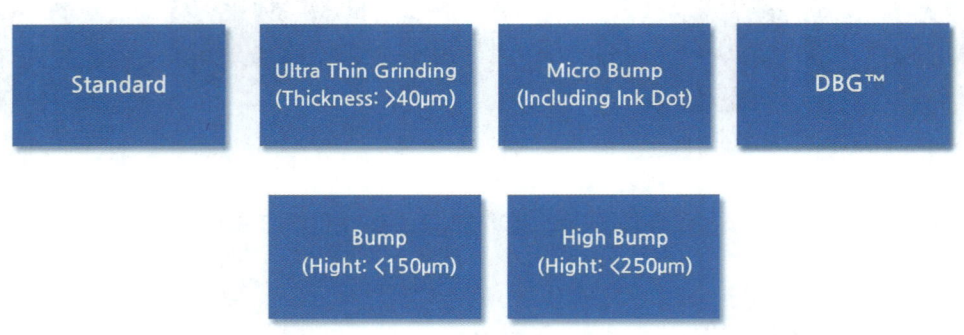

[그림 5-6] 백그라인딩 테이프의 종류 (© Adwill-global)

## (3) 백그라인딩 테이프 라미네이터 패키징 공정 예시

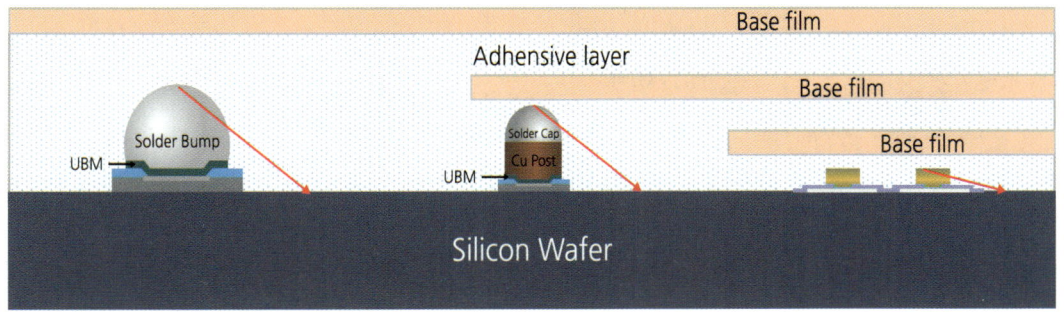

[그림 5-7] 백그라인딩 테이프 단면 구조 예시(ⓒ SPT Solution)

웨이퍼 라미네이터 공정에서 불량을 방지하기 위해서는 범프 표면에 공기층(Void)이 발생하지 않도록 안정적으로 라미네이션이 이루어져야 한다. 이를 위해 공정 수행 시 다음 사항들을 반드시 점검해야 한다.

① 웨이퍼 범프 상태(파티클)
② 웨이퍼 스테이지 청결 상태(파티클)
③ 웨이퍼 스테이지 평탄 상태(감압지 체크)
④ 웨이퍼 스테이지 온도 상태(℃)
⑤ 웨이퍼 배큠 상태(Mpa)
⑥ 라미네이터 롤러 스피드(mm/s)
⑦ 라미네이터 롤러 하중(kg/cm²)
⑧ 테이프 각도(Angle)
⑨ 테이프 커팅 속도(mm/s)
⑩ 테이프 커팅 각도(Angle)
⑪ 테이프 원자재 상태(불량 여부)
⑫ 커팅된 테이프 제거 상태

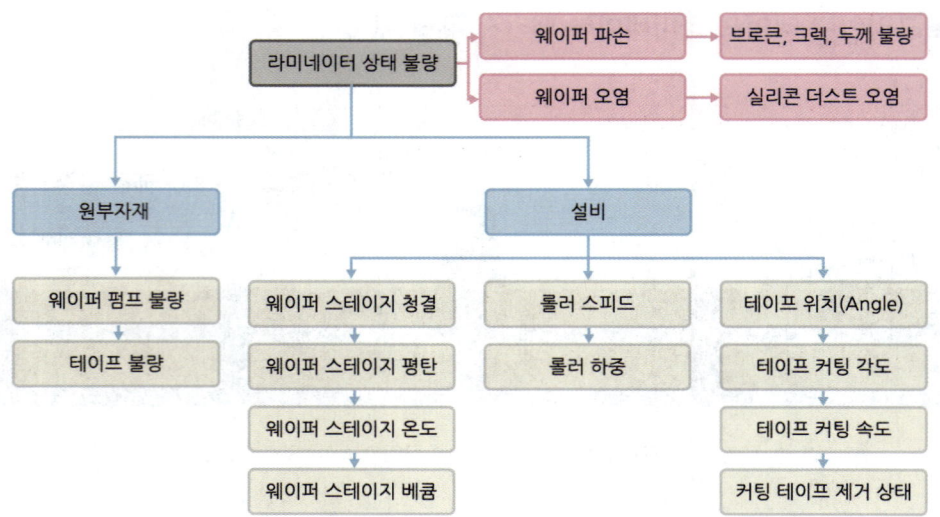

[그림 5-8] 라미네이터 공정 불량 발생에 따른 공정 주요 체크 사항(ⓒ SPT Solution)

웨이퍼 범프의 제작 사양을 확인하지 않은 상태에서 부적절한 테이프를 사용할 경우, 아래와 같은 공정 불량이 발생할 수 있다.

① 웨이퍼 두께 불량(Wafer Thickness Fail)
② 웨이퍼 깨짐(Wafer Broken)
③ 웨이퍼 크랙(Wafer Crack)
④ 웨이퍼 범프 실리콘 더스트 오염(Wafer Bump Silicon Dust Contamination)

## (4) 웨이퍼 라미레이터 공정 파라미터

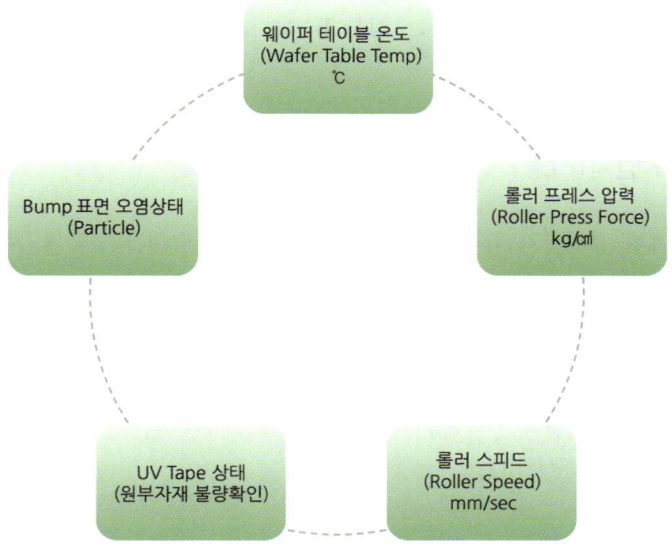

[그림 5-9] 웨이퍼 라미네이터 공정 파라미터(ⓒ SPT Solution)

[그림 5-10]에서 Cu Pillar Bump 라미네이터 결과를 확인할 수 있다. Bump Diameter 80μm, Bump Hight 65μm, Bump Pitch 140μm으로 한 결과이다.

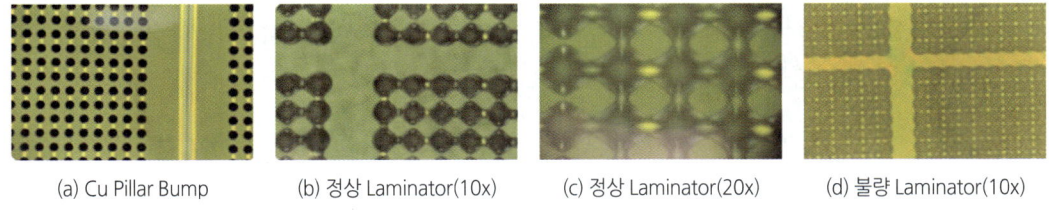

(a) Cu Pillar Bump      (b) 정상 Laminator(10x)      (c) 정상 Laminator(20x)      (d) 불량 Laminator(10x)

[그림 5-10] Cu Pillar Bump 라미네이터(ⓒ SPT Solution)

## 2. 웨이퍼 백그라인딩(Wafer Back Grinding)

웨이퍼 백그라인딩은 반도체 제조에서 매우 중요한 후공정 패키징 단계로, 완성된 웨이퍼(칩이 형성된 실리콘 웨이퍼)의 뒷면을 고객이 요구하는 두께까지 연마하여 최종 웨이퍼 두께(Wafer Thickness)를 결정하는 공정이다.

### (1) 백그라이딩의 연삭(가공) 기술

웨이퍼 최종 두께를 결정하기 위해서는 고정밀 그라인딩 기술이 요구되며, 이를 위해 고속으로 회전하는 연삭 휠을 사용해 웨이퍼 전체를 균일한 두께로 가공한다. 레시피에 설정된 목표 두께로 연삭된 웨이퍼는 두께 측정을 위해 TTV(Total Thickness Variation) 품질 기준을 충족해야 한다. 웨이퍼 TTV 관리가 중요한 이유는, 칩 간 두께 편차가 발생할 경우 이후 패키징 공정인 플립칩 본딩 과정에서 본딩 접합 오픈(Open) 불량을 유발하는 주요 원인이 되기 때문이다. 따라서 백그라인딩 후 TTV 관리는 필수적인 품질 관리 항목이다.

### (2) 백그라인딩 설비의 내부 구조 및 역할

[그림 5-11]과 같이 백그라인딩 설비 내부 구조 역할은 다음과 같다.
① Wafer Load/Unloader: 가공할 웨이퍼를 장비에 투입하거나, 가공이 완료된 웨이퍼를 배출
② Z1 스핀들: 1차 목표 두께(Thickness Target)까지 웨이퍼를 황삭(거친 연삭)
③ Z2 스핀들: 2차 목표 두께까지 정밀 연삭을 수행
④ Z3 스핀들: 2차 연삭에서 발생한 웨이퍼 표면의 스크래치를 제거하는 연마 공정을 담당
⑤ Turn Table: 웨이퍼를 각 가공 스테이션(Z1, Z2, Z3, Load/Unload)으로 순차적으로 이동시키는 회전 테이블

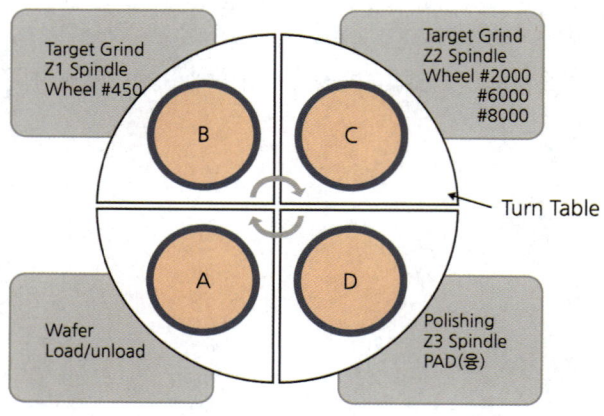

[그림 5-11] 웨이퍼 백그라인딩 장비 구조(ⓒ SPT Solution)

## (3) 백그라인딩 공정 순서

① 라미네이션된 웨이퍼를 A 위치의 척 테이블(Chuck Table)에 로딩한 후, Chuck Vacuum으로 웨이퍼를 고정한다.

② 턴테이블(Turn Table)이 회전하여 웨이퍼를 B 위치로 이동시키며, Z1 스핀들(Spindle)에서 #430 휠(Wheel)을 사용해 설정된 1차 목표 두께까지 연삭(가공)한다.

(a) #430 휠

(b) 웨이퍼를 갈아내는 실제 공정 장면

[그림 5-12] Z1 Wheel #430 Target Grind(ⓒ SPT Solution)

③ 1차 연삭이 완료된 웨이퍼는 다시 턴테이블 회전에 의해 C 위치로 이동하고, Z2 스핀들의 #6,000 휠로 2차 목표 두께까지 연삭(가공)한다.

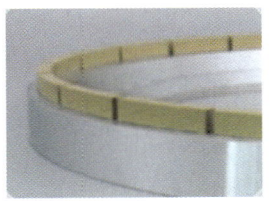
(a) #6,000 휠

(b) 표면을 더 매끄럽게 다듬는 실제 공정 장면

[그림 5-13] Z2 Wheel #6,000 Target Grind 30㎛(ⓒ SPT Solution)

④ 연마 중인 웨이퍼의 두께는 인프로세스 게이지(In-Process Gauge)를 이용하여 실시간으로 측정한다.

(a) 웨이퍼 두께 측정

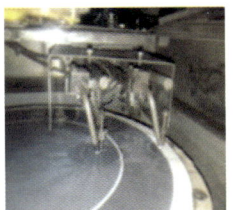
(b) 인프로세스 게이지가 작동하는 모습

[그림 5-14] 하이트 게이지(Height Gauge) (ⓒ SPT Solution)

㉠ 접촉식 측정 시스템 – 하이트 게이지(Height Gauge): 웨이퍼 연삭 과정에서 두께를 확인하고 제어하는 핵심 장비는 하이트 게이지이다. 하이트 게이지는 Z1, Z2 연삭 단계에서 웨이퍼 두께를 실시간으로 측정하며, 설정된 목표 두께(Target Thickness)에 도달하면 장비에 가공 완료 신호를 보내 연삭 공정을 종료한다.

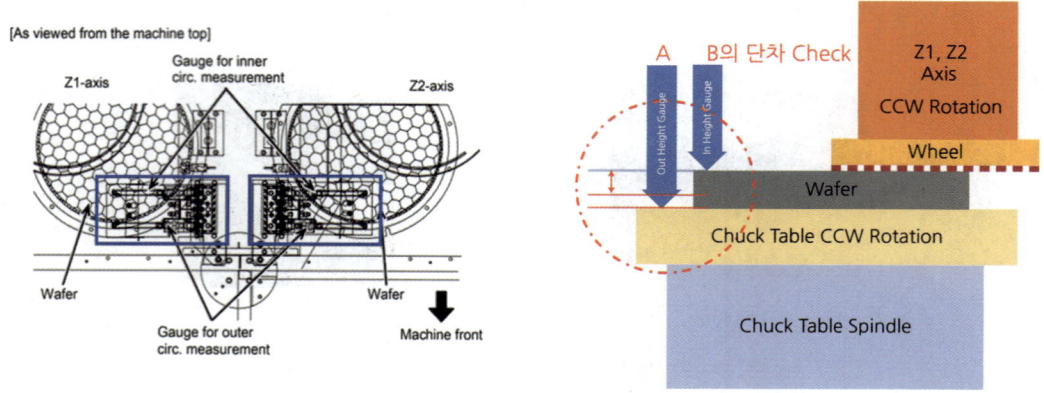

[그림 5-15] 웨이퍼 연삭 시 두께 측정 구조(© SPT Solution)

● 하이트 게이지 역할 및 구조: Z1과 Z2 척 테이블에는 각각 2개의 하이트 게이지가 설치되어 있으며, 척 테이블 외측에 위치하는 게이지는 Out Gauge(A 위치), 웨이퍼가 로딩되었을 때 웨이퍼 가장자리에 접촉되는 게이지를 In Gauge(B 위치)로 구분된다. 웨이퍼 연삭 과정에서는 Out Gauge와 In Gauge 사이의 높이 차이를 실시간으로 측정하며, 설정된 목표 두께에 도달하면 장비가 가공 완료 신호를 내보내어 연삭을 종료한다.

● 하이트 게이지 헌팅(Hunting) 및 온도제어: 웨이퍼 연삭 과정에서는 휠과 웨이퍼의 마찰로 인해 열이 발생하며, 이 열은 웨이퍼 변형이나 크랙과 같은 품질 불량을 유발할 수 있다. 이를 방지하기 위해 연삭 공정에서는 냉각 시스템이 필수적으로 적용된다. 냉각수로는 DI Water를 사용하며, 휠과 웨이퍼가 접촉하는 가공 지점에 냉각 노즐이 설치되어 열 상승을 억제한다. 또한 웨이퍼 두께를 실시간으로 측정하는 하이트 게이지 측면에는 냉각 노즐이 배치되어 있어, 온도 변화로 인해 게이지 측정값이 불안정해지는 헌팅 현상을 방지하고 정확한 두께 제어가 가능하도록 한다.

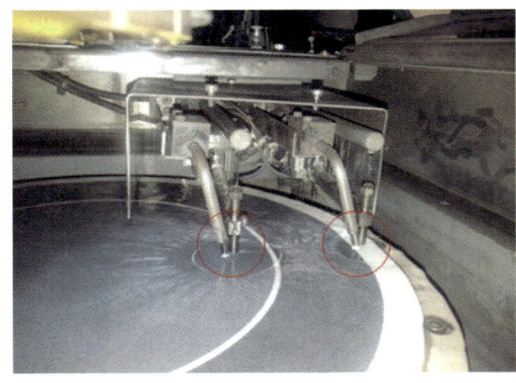
(a) Height Gauge Cooling Position

(b) Chuck Wafer Cleaning Position

[그림 5-16] 하이트 게이지 냉각 위치와 Chuck Wafer 세정 위치(ⓒ SPT Solution)

● 정밀도 확보를 위한 진동 제어 : 웨이퍼 연삭(가공) 설비의 경우 매우 정밀하게 움직여야 하므로, 진동을 최소화하고 위치를 정확하게 제어하는 기술이 필수적이다. 이를 통해 웨이퍼 두께의 균일성을 확보하고, 표면 품질을 안정적으로 유지할 수 있다.

ⓛ 비접촉식 측정 시스템 − NCG(Non-Contact Gauge) : NCG는 비접촉 방식으로 웨이퍼 두께를 측정하는 센서 장비이다. 웨이퍼 연삭(가공) 공정에서는 접촉식 하이트 게이지와 달리, NCG를 활용해 웨이퍼의 두께와 높이를 실시간으로 측정할 수 있다. 최신 웨이퍼 백그라인딩 장비는 이러한 NCG 센서와 자동화 제어 시스템을 적용하여, 웨이퍼 상태를 실시간으로 모니터링 하고 즉각적인 공정 조절이 가능하다. 이를 통해 연삭 공정의 일관성과 품질 안정성을 크게 향상시킬 수 있다.

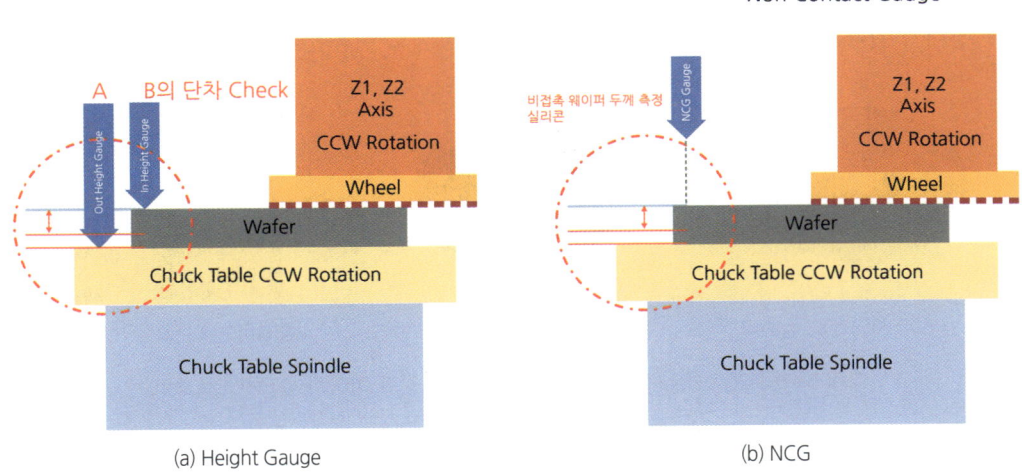
(a) Height Gauge

(b) NCG

[그림 5-17] 하이트 게이지와 NCG의 두께 측정 방식 비교(ⓒ SPT Solution)

- **NCG의 역할**: NCG는 설비와 웨이퍼가 직접 접촉하지 않는 비접촉 방식으로 웨이퍼의 가공 치수를 정밀하게 실시간 측정하여 제품 손상이나 오염을 방지하는 데 매우 효과적이다. 또한 생산 라인에서 웨이퍼의 두께나 표면 상태를 연속적으로 모니터링할 수 있어 자동화된 품질 관리가 용이하며, 측정 데이터가 즉시 공정 제어에 반영되므로 빠른 피드백을 통해 공정 안정화와 결함 검출에 신속히 대응할 수 있다
- **NCG의 성능**: 최신 비접촉 센서인 NCG는 매우 높은 측정 정밀도와 재현성을 제공하며, 측정 과정에서 제품과 물리적으로 접촉하지 않는 비파괴 방식으로 동작하기 때문에 웨이퍼 손상 없이 품질 검사가 가능하다. 또한 빠른 측정 속도를 갖추고 있어 생산 라인의 흐름을 방해하지 않으며, 대량 생산 환경에서도 높은 효율성을 유지한다. 아울러 먼지, 오염, 온도 변화 등 다양한 작업 환경에서도 안정적으로 작동할 수 있는 뛰어난 적응성을 보장한다.

⑤ 2차 연삭이 완료된 웨이퍼는 D 위치로 이동하며, Z3 스핀들의 폴리싱 패드(Polish Pad)를 사용하여 설정된 레시피 조건에 따라 연삭(가공)한다.

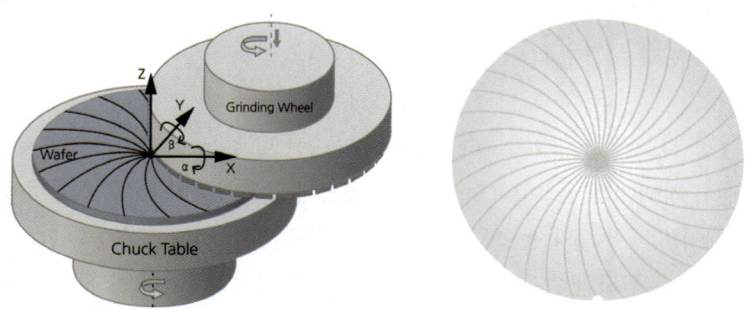

[그림 5-18] 웨이퍼 Saw Mark 발생 메커니즘 및 표면 패턴 예시(ⓒ DISCO)

⑥ Z1, Z2 연삭 과정에서 발생한 스크래치는 Z3 폴리싱을 통해 제거되어 웨이퍼 뒷면이 깨끗한 상태가 된다. 폴리싱이 완료된 웨이퍼는 다시 A 위치로 이동한다.

(a) 융 / DP-F05 Polishing PAD    (b) Gettering DP Polishing PAD    (c) 최종 폴리싱 후 매끄러워진 웨이퍼 표면

[그림 5-19] Z3 Wheel PAD Polishing 1~3㎛ & 결과 이미지(ⓒ SPT Solution)

⑦ A 위치에서 크리닝 브러시와 스펀지를 이용해 연삭, 연마된 웨이퍼 면을 세정한 뒤, Air Dry Cleaning으로 DI Water 잔류물을 제거하여 완전히 건조시킨다.

## (4) 주요 품질 관리 항목

웨이퍼 백그라인딩 공정은 크고 작은 입자의 연삭 휠을 사용하여 실리콘 웨이퍼 표면에 미세한 손상(데미지)을 유발하며 연삭하는 메커니즘이다. 이러한 공정 특성으로 인해 백그라인딩 후 다양한 불량이 발생할 수 있고, 이에 따라 그라인더 공정에서 관리해야 할 주요 품질 항목과 불량 유형은 다음과 같다.

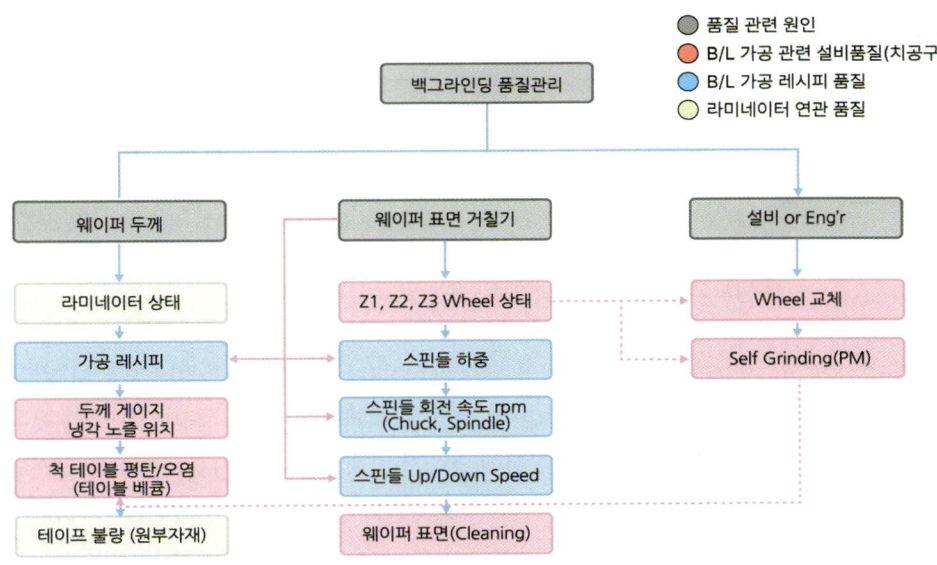

[그림 5-20] 웨이퍼 그라인딩 공정 시 중요 체크 사항(ⓒ SPT Solution)

### ① 범프면 실리콘 더스트 오염(Silicon Dust Pollution)

백그라인딩 전 단계인 라미네이터 공정에서 테이프 라미네이션 과정이 제대로 이루어지지 않으면, 웨이퍼 엣지(Wafer Edge)에서 틈이 발생할 수 있다. 이러한 틈으로 인해 백그라인딩 시 연삭 과정에서 발생한 실리콘 더스트가 테이프 내부에 침투하여 범프 표면을 오염시키는 치명적인 불량이 발생한다.

오염된 범프 영역은 웨이퍼맵(Wafer Map)에서 불량(차감) 처리되며, 이로 인해 웨이퍼 수율 저하와 칩 손실 범위가 매우 커질 수 있어 백그라인딩 공정에서 가장 심각한 불량 중 하나로 분류된다.

### ② 웨이퍼 두께(Wafer Thickness)

㉠ 두께 관리의 중요성: 백그라인딩 공정에서 웨이퍼 두께는 가장 핵심적인 품질 관리 항목이다. 최종 두께는 반도체 칩의 성능과 패키징 신뢰성에 직접적인 영향을 미치므로, 가공 레시피에서 설정된 목표 두께에 정확히 도달해야 한다. 이를 위해 웨이퍼 전 영역에서 두께 균일성을

확보하고, 편차를 정밀하게 파악하는 것이 필요하다. 두께 측정에는 광학식 또는 접촉식 장비가 사용된다.

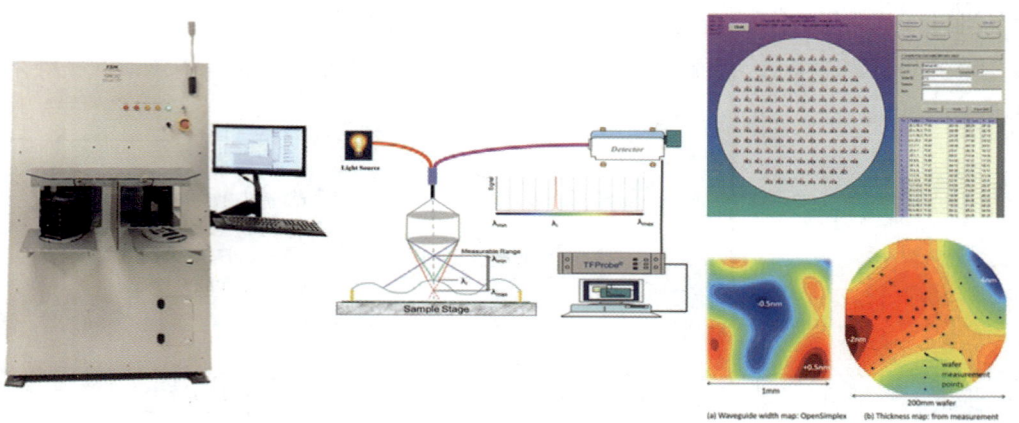

[그림 5-21] 광학식 웨이퍼 두께 측정 장비 구성 및 측정 데이터 예시(© FSM Korean)

ⓛ 두께 측정 방식 : 백그라인딩된 웨이퍼의 두께는 비접촉식 광학 원리를 기반으로 측정된다. 측정 과정에서는 먼저 광학 센서 또는 레이저 빔이 웨이퍼 표면에 조사되며, 반사된 빛이 센서에 포착된다. 센서는 웨이퍼 표면과 그 아래 층에서 발생하는 반사 신호의 차이를 분석해 두께를 계산하며, 이는 빛의 반사 시간 변화나 간섭 패턴의 변화를 통해 결정된다. 이러한 방식은 광학 간섭 측정법(Interferometry)에 기반하며 매우 높은 정밀도를 확보할 수 있다. 측정된 두께 데이터는 Max, Min, AVG, STDEV 값으로 분석되며, 이를 종합한 지표가 바로 TTV(Total Thickness Variation)이다.

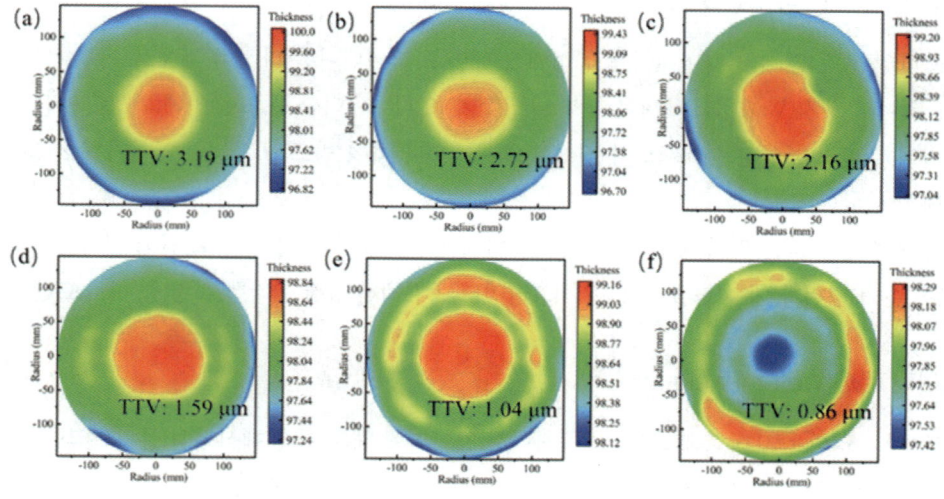

[그림 5-22] 비접촉식 광학 측정 방식에 따른 웨이퍼 두께 분포(TTV) 분석 결과(© FSM Korean)

ⓒ 핵심 관리 요건: 웨이퍼 백그라인딩 공정에서 두께 관리는 정밀도와 균일성을 확보하는 데 있어 가장 핵심적인 품질 관리 요소이다. 이를 위해서는 정기적인 두께 측정과 더불어, 장비 조건의 정확한 설정과 안정적인 유지관리, 체계적인 품질 관리 절차가 반드시 뒷받침되어야 한다. 또한 공정 특성을 이해하고 변수를 제어할 수 있는 숙련된 설비, 공정 엔지니어의 역량이 공정 안정성과 수율 확보에 중요한 역할을 한다.

### ③ 웨이퍼 표면거칠기(Wafer Roughness)

백그라인딩 가공(연삭) 시에는 사전에 필요한 조건을 확인한 후 공정을 진행해야 하며, 가공이 완료된 웨이퍼 표면에서는 Saw Mark 형태의 패턴을 확인할 수 있다.

그라인딩된 웨이퍼 표면은 큰 입자와 작은 입자의 그라인더 휠에 의해 다양한 크기의 스크래치가 발생하며, 이러한 스크래치가 나선형으로 남는 현상을 Saw Mark라고 한다. Saw Mark는 웨이퍼의 표면 거칠기(Wafer Surface Roughness)를 나타내는 대표적인 형상이다.

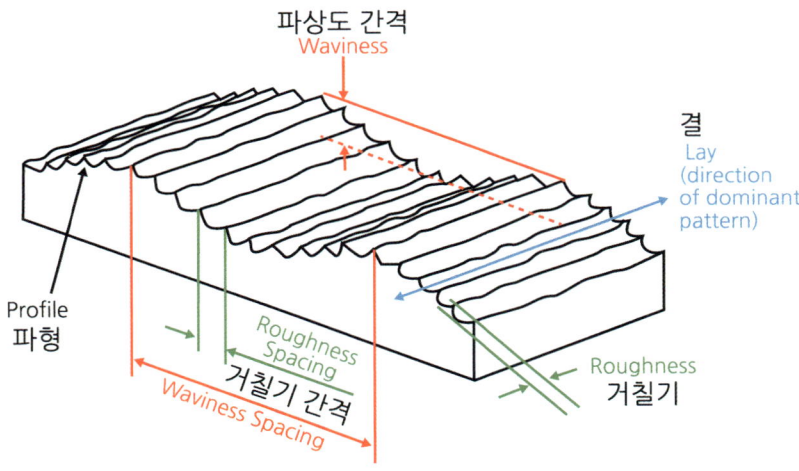

[그림 5-23] 표면거칠기(Surface Roughness) (ⓒ DISCO)

표면거칠기란 표면을 이루는 산과 골의 높이, 깊이, 간격이 불규칙하게 반복되는 복잡한 표면 형상을 의미한다. 특히 비교적 짧은 주기와 좁은 간격으로 나타나는 미세한 기복을 지칭한다. 웨이퍼 표면 거칠기는 일반적으로 Rmax, Rt, Ra와 같은 지표로 측정되며 각각 의미는 [그림 5-24]와 같다.

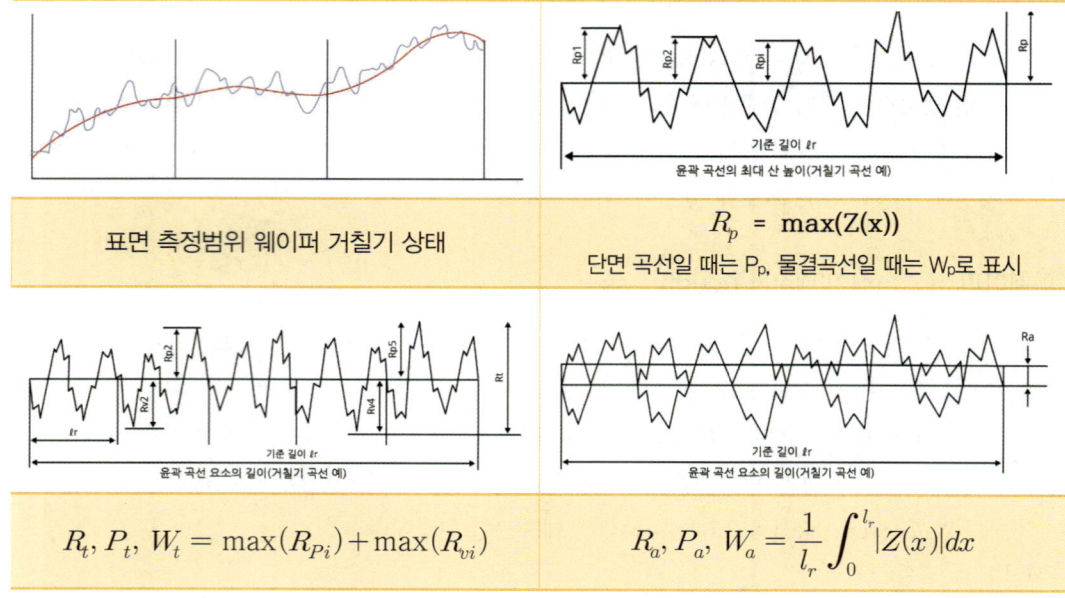

| 표면 측정범위 웨이퍼 거칠기 상태 | $R_p = \max(Z(x))$ <br> 단면 곡선일 때는 $P_p$, 물결곡선일 때는 $W_p$로 표시 |
|---|---|
| $R_t, P_t, W_t = \max(R_{Pi}) + \max(R_{vi})$ | $R_a, P_a, W_a = \dfrac{1}{l_r}\displaystyle\int_0^{l_r} |Z(x)|dx$ |

[그림 5-24] 표면거칠기 측정 결과(ⓒ Keyence Korea)

ㄱ 최대 산 높이 R=max(Maximum Profile Peak Height): 기준 길이 내 윤곽선에서 가장 높은 산의 높이를 의미한다. 여기서 산이란 평균선보다 위쪽에 위치한 부분을 말한다.

ㄴ 최대 단면 높이 R=t(Total Height of Profile): 평가 길이 내 윤곽선에서 가장 높은 산의 높이($R_p$)와 가장 깊은 골의 깊이($R_v$)를 합한 값이다. 즉, 산과 골 사이의 전체 높이 차이를 나타내는 지표이다.

ㄷ 산술 평균 높이 R=a(Arithmetic Mean Deviation): 기준 길이 내에서 윤곽선의 절대값을 평균한 값으로, 표면 전체의 평균적인 거칠기 수준을 나타낸다. 윤곽선이 거칠기 곡선인 경우 $R_a$는 산술 평균 거칠기를 의미하며, 윤곽선이 물결 곡선인 경우 산술 평균 물결을 의미한다.

따라서 웨이퍼 백그라인딩 공정에서 웨이퍼 뒷면을 연삭하는 과정에서 그라인딩 휠에 의해 다양한 크기의 스크래치가 발생한다. 이러한 손상은 웨이퍼 두께가 얇아질수록 표면거칠기에 직접적인 영향을 주며, 칩 본딩 과정에서 칩 브로큰 위험을 증가시키고, 패키징 이후 외부 충격에 의해 칩이 깨질 가능성을 높인다. 이러한 문제를 방지하기 위해 웨이퍼 표면에 남아 있는 미세한 거칠기나 흠집을 제거하는 웨이퍼 폴리싱(Wafer Polishing) 공정을 수행한다. 폴리싱은 웨이퍼 표면을 매끄럽고 평탄하게 만들어 이후 공정에서의 칩 손상을 예방하는 역할을 한다.

일반적으로 폴리싱은 화학적, 기계적 방식을 함께 사용하며, 알루미나 또는 다이아몬드 슬러리 등 연마제를 이용해 진행된다. 최근에는 웨이퍼가 점점 더 얇아짐에 따라 공정 안정성을 위해 드라이 폴리싱(Dry Polishing) 방식이 공정 레시피로 채택되는 경우가 증가하고 있다.

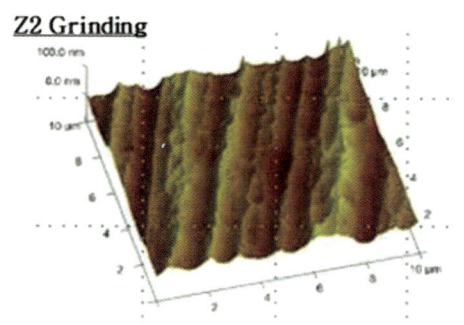 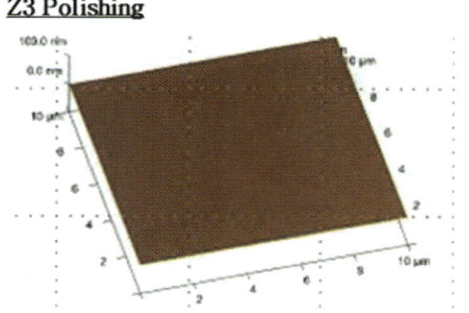

[그림 5-25] Grinding 및 Polishing 공정 후 웨이퍼 표면 형상 비교(ⓒ SPT Solution)

④ 칩 강도(Die Strength)

　　웨이퍼 백그라인딩 이후 표면에 생긴 미세한 손상이나 잔여물을 제거하는 것도 중요하지만, 이후 패키징 진행 시 칩을 깨뜨리지 않고 견고하게 만드는 것 또한 매우 중요하다. 칩 강도(Chip Strength) 는 반도체 칩은 외부의 힘이나 응력을 받았을 때 얼마나 잘 견디는지를 나타내는 지표로, 웨이퍼 연마 과정에서 발생한 미세한 스크래치나 결함은 칩 내부에 응력 집중을 유발해 최종 강도를 저하시킬 수 있다. [그림 5-26]과 같이 백그라인딩된 웨이퍼 표면에서는 작은 흠집이나 스크래치가 관찰되며 이러한 표면 결함이 칩 강도에 직접적인 영향을 미친다.

(a) 칩 이면 스크래치　　　　　　　　　　　(b) 스크래치 & 칩 손상

[그림 5-26] 웨이퍼 백그라인딩 표면 스크래치(ⓒ SPT Solution)

　　웨이퍼 표면의 Saw Mark Angle 및 표면거칠기(Roughness) 특성을 가진 칩에 대해 강도 측정 분석 을 수행하면, 칩의 기계적 강도 성능을 정량적으로 평가할 수 있다.

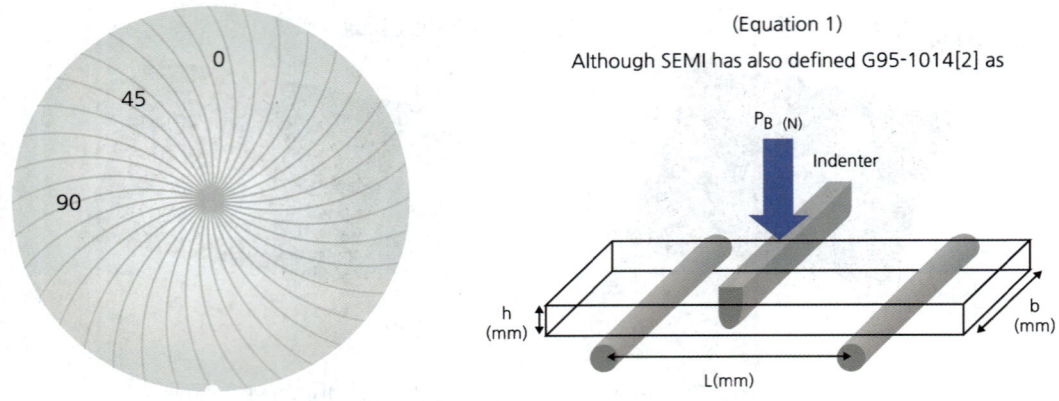

(Equation 1)
Although SEMI has also defined G95-1014[2] as

[그림 5-27] 백그라인딩 웨이퍼 표면의 Saw Mark 형상 및 응력 개념도(ⓒ DISCO)

백그라인딩된 웨이퍼 이면의 Saw Mark Angle에 따른 칩 강도 분석 결과, 그라인딩 직후 칩 강도 대비 폴리싱(Polishing) 이후의 칩 강도는 평균 20%~30% 증가하는 것으로 확인된다.

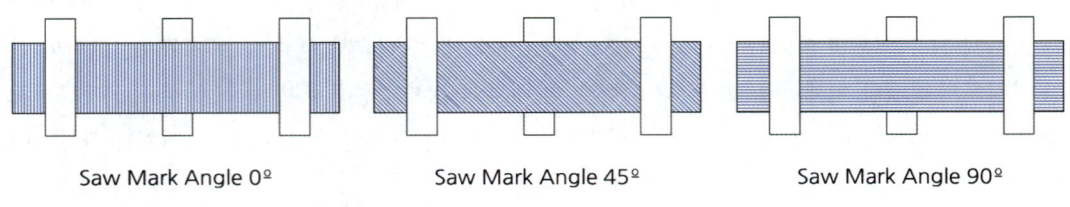

Saw Mark Angle 0º          Saw Mark Angle 45º          Saw Mark Angle 90º

[그림 5-28] Saw Mark Angle에 따른 웨이퍼 표면 스크래치 형상 비교(ⓒ SPT Solution)

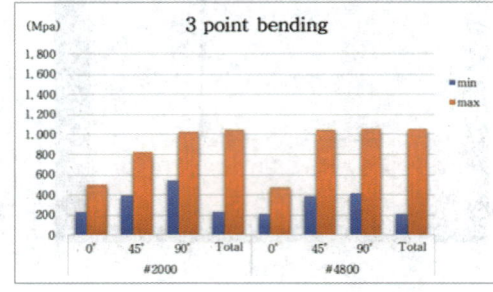
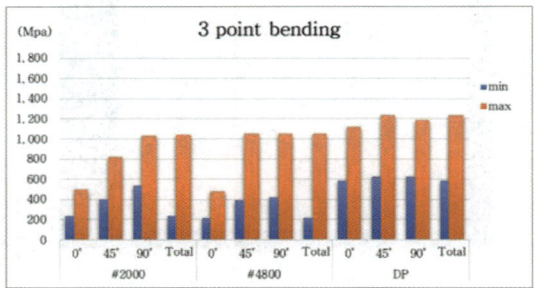

[그림 5-29] 3 Point Bending Test 결과(ⓒ SPT Solution)

## (5) 얇은 웨이퍼(Thin Wafer) 기술 및 폴리싱의 중요성

① 얇은 웨이퍼의 필요성: 얇은 웨이퍼는 반도체 패키징 기술의 고도화와 직결된다. 우선, 칩의 크기를 줄이고 성능을 높이기 위해서는 웨이퍼를 더 얇게 가공하는 것이 필수적이며, 이는 3D 적층 등 수직적 패키징 기술의 발전을 가능하게 한다. 또한 얇은 웨이퍼는 열 전달 효율이 높아 전력 소모를 줄이는 데 유리하며, 신호 전달 속도를 향상시켜 고속 동작 및 성능 개선을 기대할 수 있다. 이러한 이유로 얇은 웨이퍼 사용은 패키징 공정에서 꾸준히 확대되고 있으며, 이에 따라 표면 손상과 균열을 최소화하기 위한 폴리싱(연마) 기술 역시 더욱 중요한 공정으로 자리 잡고 있다.

② 얇은 웨이퍼 필수 폴리싱 이유: 얇은 웨이퍼는 가공 과정에서 미세한 스크래치가 발생하기 쉬워 표면이 거칠어지는데, 폴리싱을 통해 이러한 손상을 제거하고 표면을 균일하게 만드는 것이 중요하다. 이는 웨이퍼의 평탄도를 개선하여 이후 공정에서 발생할 수 있는 결함을 줄이는 데 필수적인 단계다. 또한 얇은 웨이퍼는 기계적 강도가 낮아 깨짐이나 균열과 같은 손상에 취약하기 때문에, 폴리싱을 통해 표면을 정돈하면 응력 집중을 완화하고 파손 위험을 크게 줄일 수 있다. 결과적으로 폴리싱 공정은 얇은 웨이퍼의 내구성과 공정 신뢰성을 높이는 데 중요한 역할을 수행한다.

## 3. 웨이퍼 UV 시스템(Wafer UV System)

웨이퍼 범프를 보호하기 위해 라미네이터 공정에서 부착된 UV 테이프는, 리무버 공정 전에 UV 시스템을 통해 점착력을 조절해야 한다. UV 시스템은 UV Lamp의 광량과 열(Temperature)을 이용해 테이프 내부의 아크릴 접착제(Acrylic Adhesive)를 경화시키는 공정이다. 접착제가 경화되면 점착력이 크게 감소하며, 이를 통해 웨이퍼 리무버 공정에서 범프 손상(뜯김) 없이 UV 테이프를 안전하게 제거할 수 있다.

## (1) UV 테이프 사용 및 UV 조사(경화) 목적

① 공정 중 보호: 백그라인딩이나 웨이퍼 다이싱 공정 시에는 높은 점착력(High Adhensive)으로 IC를 견고하게 보호한다.

② 제거 시 안전: UV 조사 후에는 접착력이 '낮은 점착력(Low Adhensive)'으로 변환되어 IC 데미지를 최소화하며 안전하게 제거할 수 있다.

## (2) UV 램프의 조사(경화) 반응

UV 광량(빛을 내는 양)과 UV 조도(단위 면적이 단위 시간에 받는 빛의 양)로 구분되며, 이를 확인하기 위해서는 UV 조도 측정기를 이용해 UV 조도량(단위: $mJ/cm^2$)을 측정한다. 이 측정은 UV 램프의 수명 관리를 위한 예방보전 활동이다.

## (3) UV 시스템의 램프 종류

| 구분 | 수은 Lamp | LED Lamp |
|---|---|---|
| Life Time | 1,500~5,000hr | 10,000~20,000hr |
| 예열 Time | 10~30분 | Power on |
| 열(℃) | 200~300℃ | 40~100℃ |
| 사용 공정 | Dicing Tape 박리 | UV 경화수지, UV 도료 경화건조 |
| 안정성 | UV-B 파장 / UV-C 파장 | 친환경적 |
| UV 램프 사진 | 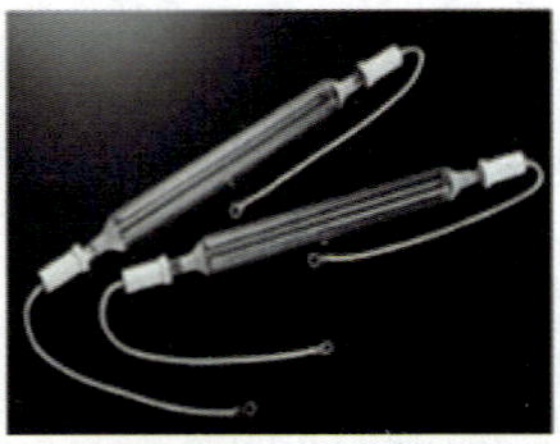  |  |

[그림 5-30] UV 시스템의 램프 종류(ⓒ SPT Solution)

## 4. 웨이퍼 리무버(Wafer Remover)

백그라인딩을 위해 웨이퍼 범프 표면에 라미네이션된 테이프는 UV 조사를 통해 점착력이 약해진 뒤, 웨이퍼 리무버 공정을 통해 안전하게 제거된다.

## 5. 웨이퍼 마운트(Wafer Mount)

웨이퍼를 개별 칩 단위로 다이싱(Dicing)하기 전에, 점착력 테이프(Adhesive Tape)를 링 프레임과 함께 웨이퍼에 부착(마운트)하는 공정이다.

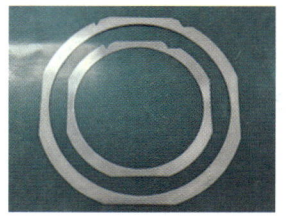

(a) 8, 12inch 링 프레임

(b) 웨이퍼 마운트 UV 테이프

(c) 웨이퍼 마운트 상태

[그림 5-31] 웨이퍼 마운트 공정 구성(ⓒ SPT Solution)

마운트 공정에서 가장 중요한 관리 항목은 웨이퍼와 테이프 사이에 공기층(보이드)이 발생하지 않도록 하는 것이다. [그림 5-32]과 같이 공기층이 존재할 경우, 다이싱 과정에서 웨이퍼 파손, 칩 크랙, 칩 플라잉, 칩핑 등 심각한 품질 불량이 발생할 수 있다. 따라서 마운트 공정은 웨이퍼 뒷면에 공기층이 형성되지 않도록 안정적인 조건에서 진행해야 하며, 주요 관리 항목은 다음과 같다.

① 웨이퍼 스테이지 청결 상태(파티클)
② 웨이퍼 스테이지 평탄 상태(감압지 체크)
③ 웨이퍼 스테이지 온도 상태(℃)
④ 링프레임과 웨이퍼 배큠 상태(Mpa)
⑤ 웨이퍼 마운트 롤러 스피드(mm/s)
⑥ 웨이퍼 마운트 롤러 하중(kg/cm²)
⑦ UV 테이프 각도(Angle)
⑧ UV 테이프 커팅 속도(mm/s)
⑨ UV 테이프 커팅 각도(Angle)

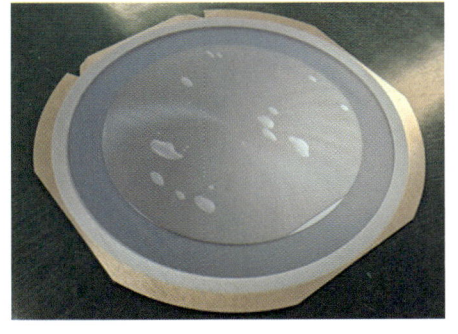
(a) 웨이퍼 마운트 불량 상태

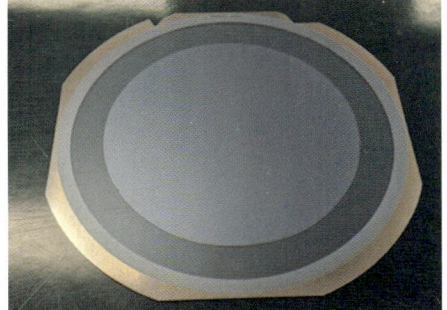
(b) 웨이퍼 마운트 정상 상태

[그림 5-32] 웨이퍼 마운트 품질 비교(ⓒ SPT Solution)

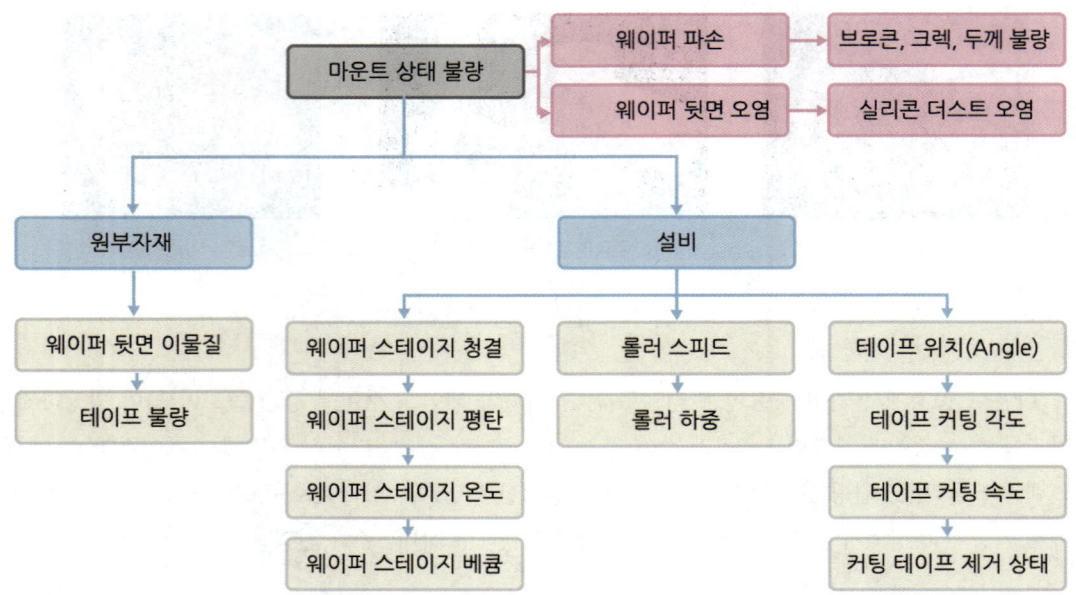

[그림 5-33] 마운트 공정 불량 발생에 따른 공정 주요 체크 사항(ⓒ SPT Solution)

웨이퍼 마운트 불량일 경우 다이싱 진행 시 아래와 같은 공정 불량이 발생한다.

① 웨이퍼 깨짐(Wafer Broken)
② 웨이퍼 크랙(Wafer Crack)
③ 칩 플라잉
④ 칩핑(Chipping)
⑤ 웨이퍼 뒷면 실리콘 더스트 오염(Wafer Bottom Silicon Dust Contamination)

# ② 다이싱(Dicing) 공정

다이싱 공정은 웨이퍼 쏘잉(Wafer Sawing)이라고도 하며, 마운트 공정을 거친 웨이퍼를 스크라이브 라인을 기준으로 개별 칩으로 분리하는 과정이다. 일반적으로 다이아몬드 또는 기타 고경도 재질로 제작된 블레이드를 사용하여 웨이퍼를 정밀하게 절단하며, 이 절단 과정을 통해 웨이퍼는 정확한 크기의 칩 단위로 나뉘게 된다.

## 1. 다이싱 블레이드 종류

 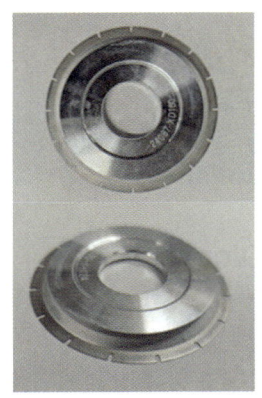 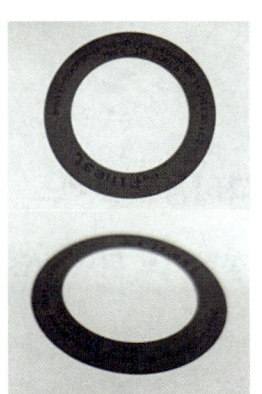

| 명칭 | Hub Blade | Hub Blade | Hubless Blade |
|---|---|---|---|
| 용도 | Silicon Wafer, Oxide Wafer | Glass, Crystal, Quartz, LiTa03, Ceramics | FR4 Substrate, R-PCB Substrate |

[표 5-1] 다이싱 블레이드 종류(ⓒ SPT Solution)

## 2. 다이싱 스크라이브 라인 구분

웨이퍼에는 각 칩의 경계 역할을 하는 스크라이브 라인이 있으며, 그 폭은 50μm, 80μm, 100μm, 120μm, 150μm, 200μm 등으로 다양하게 설계된다. 따라서 실리콘 웨이퍼, 서브스트레이트, 글라스, 퀴츠 등 절단 대상 재료의 종류에 따라 사용되는 블레이드도 구분하여 적절하게 선택해야 한다.

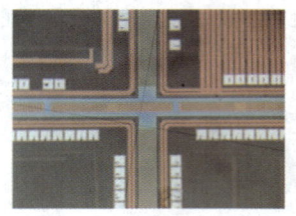  

(a) 실리콘 웨이퍼 스크라이브 라인(80μm)　(b) 실리콘 웨이퍼 스크라이브 라인(120μm)　(c) 다이싱 후 스크라이브 라인 상태

[그림 5-34] 웨이퍼 스크라이브 라인(ⓒ SPT Solution)

## 3. 다이싱 프로세스

### (1) 블레이드 다이싱(Blade Dicing)

블레이드 다이싱은 날카로운 블레이드(칼날)을 이용해 웨이퍼를 절단하는 방식으로, 주로 다양한 실리콘 웨이퍼, 세라믹, 유리 기판 또는 특정 재질의 웨이퍼 절단에 사용된다. 절단 과정에서는 정밀한 위치 제어와 일정한 압력 유지가 필수적이며 냉각수(DI Water)나 윤활제를 공급해 열 발생과 블레이드 마모를 방지한다.

블레이드 다이싱은 미세한 다이아몬드 파우더와 레진, 에폭시를 혼합해 경화시킨 블레이드 날이 웨이퍼 표면에 접촉하면서 미세 균열을 유도하고, 일정한 힘과 압력을 가해 재료를 절단하는 원리이다. 이 과정에서는 재료의 강도와 절단면 품질이 공정 품질을 좌우하므로, 블레이드 회전 속도(RPM)와 절단 압력($kg/cm^2$)을 적절하게 조절하는 것이 중요하다.

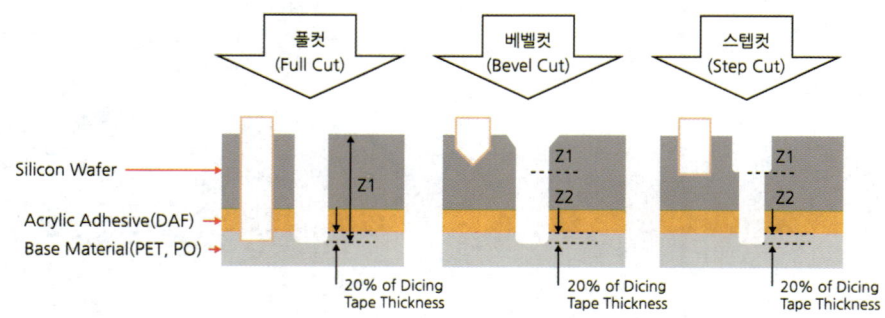

[그림 5-35] 블레이드 다이싱 프로세스(ⓒ SPT Solution)

웨이퍼 블레이드 다이싱의 최종 패키징 제품의 성능과 수율에 직결되며 이와 같은 불량 방지를 위해서는 블레이드 다이싱 공정의 중요사항은 아래와 같다.

① 다이싱 스테이지 청결 상태(파티클)
② 다이싱 스테이지 균일성(웨이퍼 두께와 표면 상태)
③ 다이싱 스테이지 배큠 상태(Mpa)
④ 다이싱 블레이드 상태(냉각수, 드레싱, 블레이드 수명관리)
⑤ 다이싱 스피드(mm/s)
⑥ 다이싱 회전속도(rpm)

## (2) 스텔스 다이싱(Stealth Dicing)

최근 반도체 패키징에서는 더 얇은(Thin Wafer) 칩을 요구하게 되면서, 웨이퍼 두께에 따라 다이싱 공정 방식도 변화하고 있다. 웨이퍼 두께는 개별 칩 분리 품질에 큰 영향을 미치며, 특히 얇은 칩이 적용되는 패키징 공정에서는 매우 중요한 요소다.

 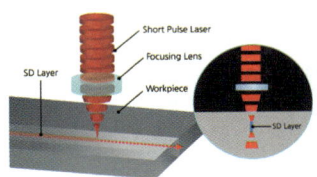 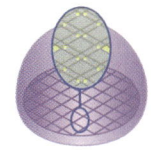 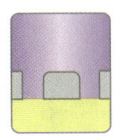

(a) 블레이드 쏘잉(웨이퍼 두께 100㎛ 이상)   (b) 레이저 쏘잉(웨이퍼 두께 100㎛ 이하)   (c) 플라즈마 쏘잉(웨이퍼 두께 30㎛ 이내)

[그림 5-36] 스텔스 다이싱 프로세스(ⓒ DISCO)

스텔스 다이싱은 레이저를 이용하여 웨이퍼를 절단하는 방식이며, 레이저 다이싱이라고도 한다. 주로 UV 레이저, 펄스 Nd:YAG 레이저 등과 같은 펄스 레이저를 사용하여 정밀하게 절단하며, CAD 설계 데이터를 기반으로 절단 라인을 정확히 지정한다.

이 방식은 레이저 빔을 웨이퍼 내부의 특정 깊이에 집중시켜 고에너지 펄스를 조사함으로써 국부적인 열과 충격을 발생시키고, 그 결과 웨이퍼 내부 또는 표면에 미세한 균열을 형성하는 원리이다. 웨이퍼 그라인더 → 마운트 → 리무버 공정을 완료한 뒤, 마운트된 상태에서 양방향으로 텐션을 주면 레이저로 형성된 균열을 따라 자연스럽게 분리되며, 주변 손상을 최소화할 수 있다. 이러한 레이저 기반 스텔스 다이싱은 고품질 칩 생산에 필수적인 공정 중 하나이다.

웨이퍼 레이저 다이싱의 또한 얇은 칩의 패키징 제품의 성능과 수율에 직결되며 불량 방지를 위해서 레이저 다이싱 공정의 중요사항은 아래와 같다.

① 레이저 타겟 위치(그라인딩 두께)

② 레이저 파워(W)

③ 레이저 스폿 사이즈(Spot Size)

④ 레이저 다이싱 스피드(mm/s)

⑤ 링프레임 텐션(익스펜딩)

## (3) 플라즈마 다이싱(Plasma Dicing)

플라즈마 다이싱은 레이저 다이싱이 완료된 웨이퍼를 대상으로, 플라즈마 에칭을 이용해 칩 가장자리(Edge) 영역을 정밀하게 에칭하는 공정이다. 이 과정은 물리적 절단에서 발생할 수 있는 엣지 손상을 최소화하고, 칩 가장자리 품질을 향상시키기 위해 수행된다.

## 4. 웨이퍼 다이싱의 품질

다이싱 이후 개별 칩 단위에서의 품질 관리 항목은 아래와 같으며, 이는 다이싱 이후 칩 본딩 패키징 공정에서의 본딩 수율에 많은 영향을 미친다.

(a) 칩 엣지 단면 SEM 이미지

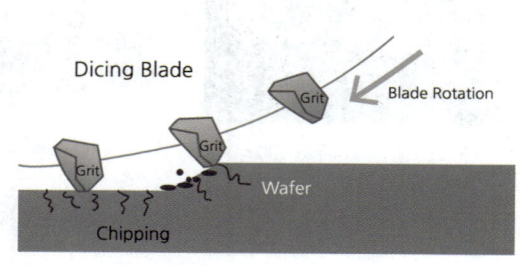

(b) 블레이드 다이싱 실리콘 데미지

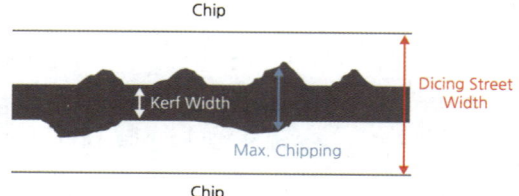

(c) 스크라이브 블레이드 라인

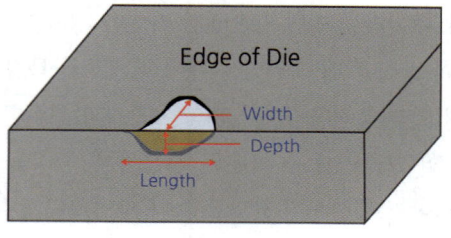

(d) 칩 엣지 칩핑 현상

[그림 5-37] 다이싱 품질 관리 포인트(ⓒ SPT Solution)

# ③ 칩 본딩(Chip Bonding) 공정

칩 본딩 공정은 컨벤셔널 패키징의 와이어 본딩(Wire Bonding) 방식과, 어드밴스드 패키징의 플립 칩 본딩(Flip Chip Bonding) 방식으로 구분된다.

## 1. 칩 본딩 공정

### (1) 와이어 본딩 & 플립칩 본딩 구분

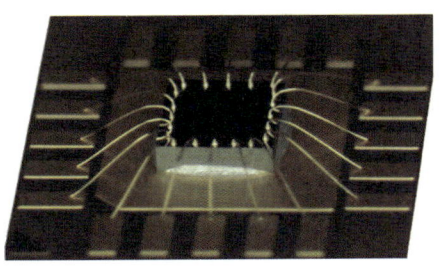

(a) 와이어 본딩

(b) 플립칩 본딩

[그림 5-38] 와이어 본딩과 플립칩 본딩(©SPT Solution)

## (2) 와이어 본딩 & 플립칩 본딩 공정

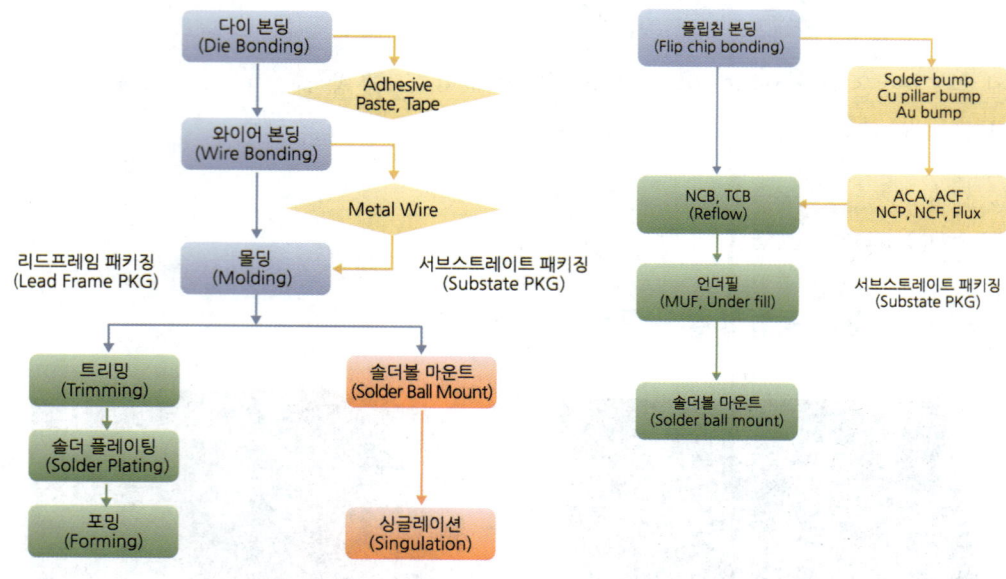

[그림 5-39] 와이어 본딩 & 플립칩 본딩 공정(ⓒ SPT Solution)

## 2. 컨벤셔널 패키징 칩 본딩

컨벤셔널 패키징의 핵심 칩 본딩 공정은 일반적으로 와이어 본딩(Wire Bonding)이라고 한다. 이 공정에서는 다이싱을 통해 분리된 개별 칩을 점착력이 있는 에폭시나 필름을 사용해 PCB 기판의 패드 위에 페이스업(Face Up) 방식으로 고정한 뒤, 와이어를 이용하여 칩의 패드와 서브스트레이트 패턴을 연결하는 공정이다.

## (1) 다이 어태치(Die Attach)

와이어 본딩 전에 개별 칩으로 분리된 다이를 리드프레임, FR-4, FPCB, LTCC 등의 기판 위에 점착 에폭시(Adhesive Paste) 또는 점착 테이프(Die Attach Film)를 사용하여 부착해 고정하는 공정이다. 다이 어태치는 사용되는 기판 종류에 따라 리드프레임(Lead Frame) 패키지와 서브스트레이트 (Substrate) 패키지로 구분된다.

## (2) 다이 어태치 에폭시(Die Attach Epoxy)

다이 어태치에 사용되는 에폭시는 에폭시 수지에 경화제, 촉매제, 그리고 전도성을 확보하기 위한 은이 혼합된 구조로 이루어져 있다. 경화제는 열이나 UV에 반응하여 에폭시 수지를 경화시키는 역할을 하며, 이를 통해 기계적 강도와 접착력을 최적화할 수 있다. 대표적인 경화제로는 경화 조건을 조절하여 크랙 발생을 억제할 수 있는 이미다졸 계열 경화제가 있으며, 초기 반응성은 낮게 유지되다가 특정 조건(예 열)에 도달하면 반응을 시작하는 형태의 잠재성 경화제도 사용된다. 이러한 잠재성 경화제는 취급이 용이하고 안정적으로 다룰 수 있다는 장점이 있다.

다이 어태치용 에폭시는 칩의 특성과 목적에 따라 종류가 구분된다. 전기적 신호 전달 과정에서 발생하는 열을 방출하기 위해 전도성이 요구되는 경우에는 은(Silver) 계열 에폭시가 사용되며, 열팽창 계수를 낮추고 내열성을 높이기 위해서는 실리카(Silica) 계열 에폭시가 적용된다.

## (3) 와이어 종류(Wire Type)

와이어 본딩 시 사용되는 대표적인 금속 재료는 Au(금), Ag(은), Cu(구리)가 있는데, 전기 전도도와 연성이 우수한 금 와이어가 가장 많이 사용된다.

| 와이어 종류 | 와이어 종류에 따른 장단점 | Classification by Purity (순도에 따른 구분) |
|---|---|---|
| Au | 전류 흐름이 좋고, 본딩 접합 신뢰성이 우수하여 보편적으로 많이 사용되나, 와이어 가격이 높음 | 4N(99.99%) 3N(99.90%) 2N(99.00%) |
| Ag | 금 와이어보다 직경이 굵고 가격이 낮음, IC PAD(AL)과의 본딩 접합성이 좋으나, Looping Bonding 시 잘 끊어짐 | AgHp (High Percent≥95% Ag) AgLp (Low Percent≤95% Ag) |
| Cu | • 와이어 가격은 낮으나, 와이어 자체 경도가 높음<br>• 전기전도도가 우수하고, 최근 제조 공정에서 증가 추세<br>• 단, 와이어 Bonding 시 Pad Peeling & Pad Crack 불량이 잦음(접합) | 5N/4N Bare Cu |

[표 5-2] 와이어 종류 및 특성(ⓒ SPT Solution)

## (4) 캐필러리(Capillary)

　캐필러리는 와이어 본딩 시 와이어를 반도체 칩의 패드에 정확하게 연결하기 위한 본딩 도구이다. 캐필러리의 설계와 품질은 본딩 위치의 정밀도와 본딩 공정의 안정성에 결정적인 영향을 미친다. 캐필러리는 와이어를 정확한 패드 위치에 유도하고, 열과 압력을 이용해 본딩 볼을 형성한 뒤 해당 와이어를 패드에 견고하게 접합하는 역할을 수행한다.

| 구분 | 루비 캐필러리<br>(Ruby Capillary) | 세루나 캐필러리<br>(Ceruna Capillary) | HT 캐필러리<br>(HT Capillary) |
|---|---|---|---|
| 특징 | 장수명, 내마모성, 내화학성 | 장수명, 내화학성 | 고내마모성, 장수명, 내화학성 |
| 조성 | $Al_2O_6 + Cr_2O_3$ | $Al_2O_3 + ZrOr_2 + Cr_2O_3 + \alpha$ | $Al_2O_3 + ZrOr_2(Nano) + Cr_2O_3 + \alpha$ |
| 밀도 | 3.99 | 4.20 | 4.4 |
| 상대밀도(%) | 99.75 | 99.60 | 99.91 |
| 경도(Mpa) | 2,200 | 1,980 | 1,950 |
| 입자크기(μm) | 1~3 | 1 > | > 0.8 |
| 파괴인성<br>(Mpa,m△0.5) | 3.47 | 4.50 | 4.3 |

[표 5-3] 캐필러리 종류 및 특성 비교

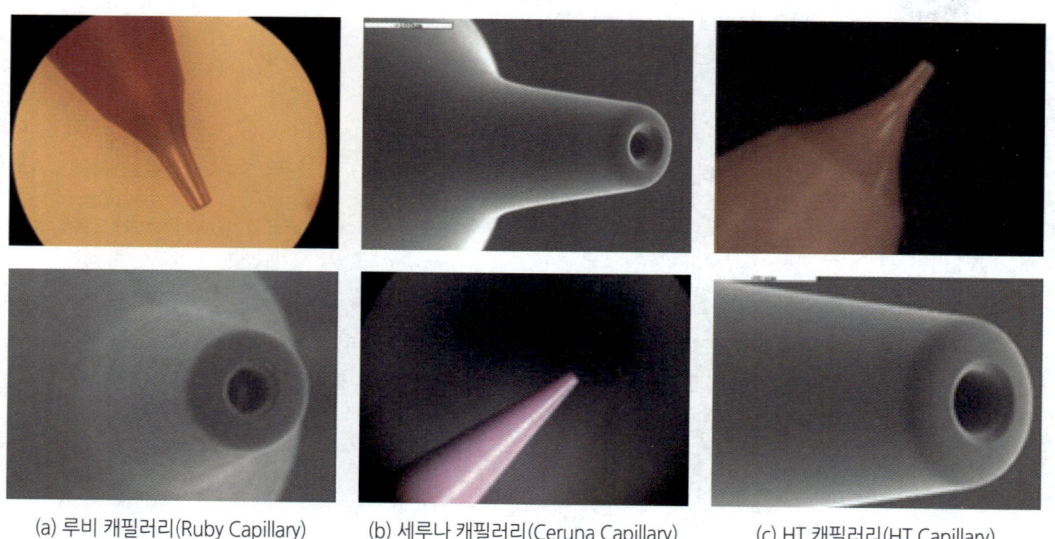

(a) 루비 캐필러리(Ruby Capillary)　　(b) 세루나 캐필러리(Ceruna Capillary)　　(c) HT 캐필러리(HT Capillary)

[그림 5-40] 캐필러리 종류(ⓒ SPT Solution)

따라서 캐필러리의 상태는 와이어 본딩의 위치 정확성, 본딩 볼의 형성 품질, 본딩 와이어의 패드 연결 품질에 직접적인 영향을 미치므로 [그림 5-41]과 같은 주기적 관리 및 교체가 필요하다.

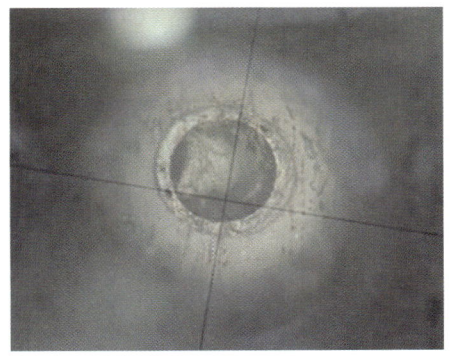 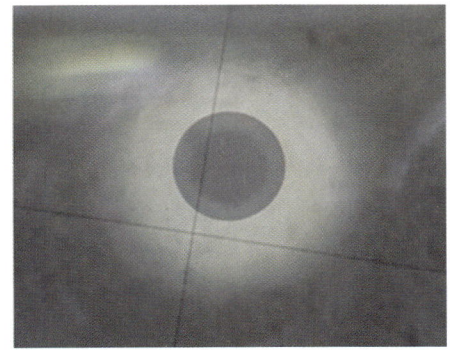

(a) 캐필러리 노즐 부위 막힘 현상         (b) 캐필러리 교체 후 노즐 상태

[그림 5-41] 캐필러리 노즐 상태 비교(ⓒ SPT Solution)

## (5) 와이어 본딩(Wire Bonding)

와이어 본딩은 실과 바늘로 천을 꿰매는 과정과 유사한 방식으로, 미세한 금속 와이어를 이용해 칩의 패드와 기판을 전기적으로 연결하는 공정이다. [그림 5-42]는 이러한 연결을 수행하는 핵심 장치인 와이어 본딩 헤드의 구조를 보여준다.

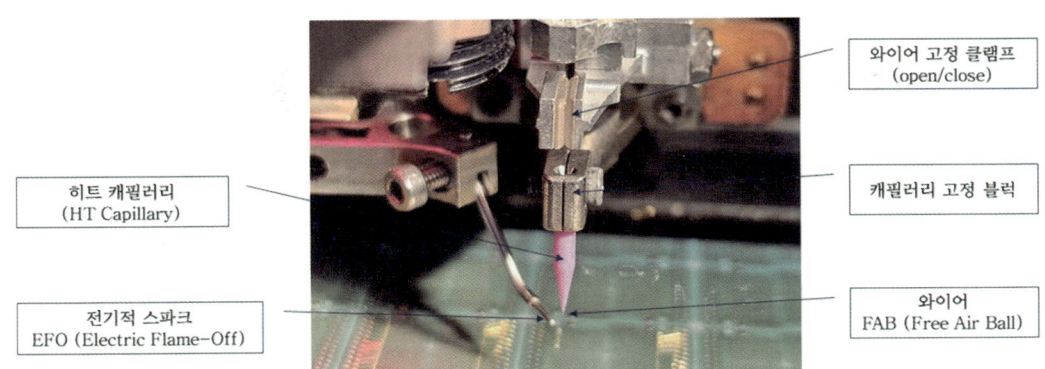

[그림 5-42] 와이어 본딩 헤드 유닛(ⓒ SPT Solution)

와이어를 캐필러리 중앙으로 통과시켜 와이어 셋업을 한 뒤, 본드 오프를 통해 와이어를 끊어 테일(Tail)을 형성한다. 이후 캐필러리 끝에서 끊어진 와이어에 전기적 스파크(EFO, Electric Flame-off)를 가하면 와이어가 순간적으로 녹았다가 응고되면서 표면 장력에 의해 볼 형태로 변한다. 이를 FAB(Free Air Ball)이라고 하며, 이 일련의 과정이 와이어 본딩을 위한 기본적인 와이어 셋업(Wire Set-up) 절차이다.

① FAB(Fre Air Ball)을 형성한다.
② 칩의 패드에 하중을 가해 볼 본딩을 만든다.
③ 캐필러리 헤드를 상승시킨다.
④ 와이어가 실처럼 빠져나오면서 루프(Loop)를 형성한다.
⑤ 서브스트레이트 패턴에 와이어를 눌러 스티치 본딩(Stitch Bonding)을 수행한다.

이후 와이어를 설정한 테일 높이만큼 절단하면 칩의 패드가 서브스트레이트 패턴 간의 와이어 연결이 완료된다. 이러한 일련의 단계가 반복되며 와이어 본딩 공정이 진행된다. [그림 5-43]은 와이어 본딩 공정에서 칩의 패드(Al & Au)와 서브스트레이트 패턴(Au)를 연결하는 와이어 본딩의 순서를 나타낸 것이다.

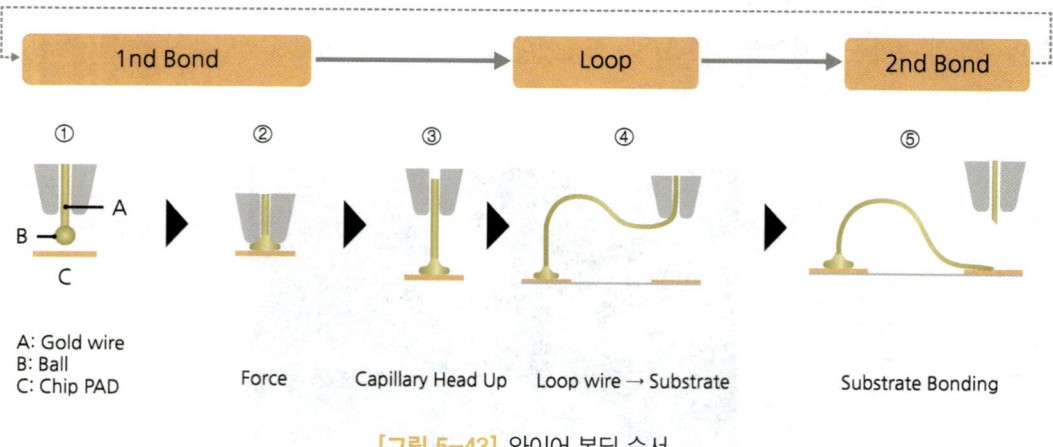

[그림 5-43] 와이어 본딩 순서

와이어 본딩 공정에서는 동일한 원리를 활용해 골드 스터드 범프(Au Stud Bump)를 형성할 수 있다. 골드 스터드 범프 생성 공정은 [그림 5-43]의 ① → ② → ③ 단계와 같은 순서로 진행되며, ③ 위치에서 와이어를 절단하면 스터드 범프(Stud Bump)가 형성된다. 이렇게 만들어진 골드 스터드 범프는 플립칩 본딩 시 칩의 골드 스터드 범프와 서브스트레이트의 Au 패턴을 서로 연결하는 패키징 방식에 적용된다.

# ④ 몰딩(Molding) & 언더필(Underfill) 공정

## 1. 몰딩, 언더필의 역할

칩과 칩, 그리고 칩과 서브스트레이트 사이에 형성된 본딩된 범프의 빈 공간을 열경화성 절연 폴리머로 채워 넣어, 열팽창계수 차이로 인해 발생하는 스트레스를 흡수하고 접합부를 보강하는 공정이다. 이를 통해 서브스트레이트 패턴과 웨이퍼 범프 간의 접합 신뢰성을 높이고, 외부 충격으로부터 보호하며 방열 · 절연 기능까지 확보할 수 있어 반도체 패키징의 안정성과 신뢰성 향상에 필수적인 재료다.

열경화성 수지는 저분자 유기물과 무기물이 혼합된 물질로, 열을 받으면 분자 간 중합 반응이 일어나 고분자 화합물로 경화되는 특성을 갖는다. 반도체 패키징에서 대표적으로 사용되는 재료는 EMC(Epoxy Mold Compound)이며, EMC는 패키지에 가해지는 열적 · 기계적 손상과 부식을 방지하여 반도체 회로의 전기적 · 전자적 특성을 보호하는 역할을 한다.

## 2. 몰딩 공정에 따른 구분

와이어 본딩 패키징 및 웨이퍼 레벨 패키징 공정에서는 실장된 패키지 제품을 열경화성 수지에 여러 무기 재료가 혼합된 EMC로 포장하는 공정을 진행한다. 이 공정은 외부 환경의 온도, 습도, 충격 등으로부터 칩과 연결된 와이어를 보호하고, 고객이 요구하는 패키지의 크기와 형상을 구현하는 역할을 한다.

몰딩은 열경화성 에폭시를 사용하며, 일정 온도의 열을 받으면 에폭시의 점도가 낮아져 흐르는 상태가 된다. 이때 서브스트레이트 표면의 거칠기와 내부 결합 반응에 의해 에폭시가 MUP(Molded Underfill) 형태로 충진된다. 이후 경화 온도 조건에 따라 경화 반응이 진행되며, 물리적 · 화학적으로 안정되고 기계적 강도가 높은 포장 상태로 완성된다.

## (1) 프린트 몰딩(Print Squeegee Type)

몰딩 에폭시를 도포한 뒤, 마스크로 오픈된 영역 위를 블레이드 스퀴지가 이동하며 에폭시를 충진·평탄화하는 방식이다. 이 방식은 인쇄 공정에서도 일반적으로 사용되는 공법으로, 넓은 면적에 균일하게 재료를 도포하는 데 적합하다.

[그림 5-44] 프린트 몰딩 순서

## (2) 트랜스퍼 몰딩(Tablet/Powder Type)

몰딩 에폭시를 가열하여 젤 상태로 변화시킨 뒤, 일정 압력을 가해 좁은 통로로 에폭시를 주입하여 몰딩하는 방식이다. 이는 플라스틱 사출 공정과 유사하여 별도의 몰딩 금형을 제작해 사용하기도 한다.

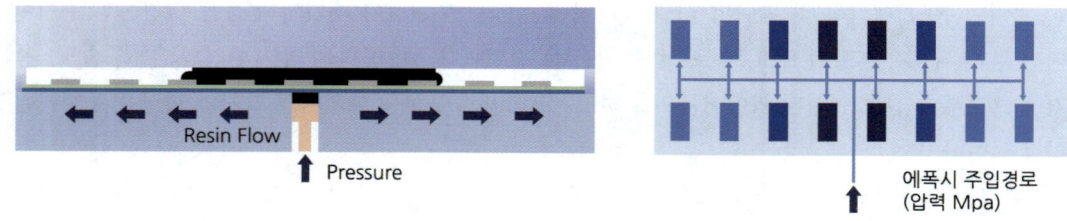

[그림 5-45] 트랜스퍼 몰딩

트랜스퍼 몰딩은 위와 같이 금형틀에서 진행되며, 와이어 본딩으로 칩이 연결된 서브스트레이트를 상·하 금형에 배치한 뒤 EMC 태블릿(Tablet)을 넣고 온도와 압력을 가하면 고체 상태의 EMC가 액상으로 변화하여 금형 내의 빈 공간을 채우게 된다.

다만 EMC의 특성상, 채워야 하는 칩 상부 공간이 작아지면 유체가 흘러들어가기 어려워지고, 서브스트레이트의 크기가 커질수록 금형 또한 커지기 때문에 금형 전체에 EMC를 균일하게 채우기가 점점 어려워진다는 단점이 있다.

## (3) 컴프레션 몰딩(Compression Type)

    컴프레션 몰딩은 웨이퍼 레벨 MUF(Molded Underfill)공정을 최적화한 방식으로, 기존 트랜스퍼 몰딩의 한계를 극복한 최신 몰딩 기술이다. MUF 에폭시를 금형에 먼저 투입한 뒤 가열하여 젤 형태로 용융시키고, 그 위로 웨이퍼를 수직으로 하강시켜 몰딩을 수행한다. 이때 웨이퍼는 페이스 다운(Face Down) 방향으로 내려오며, 공정은 칩 단위가 아닌 웨이퍼 레벨 전체로 진행된다.

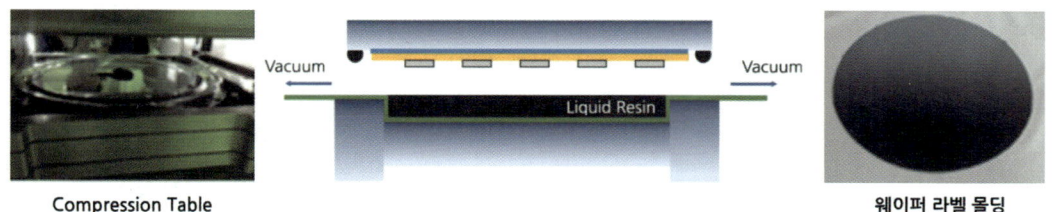

[그림 5-46] 컴프레션 몰딩(© SPT Solution)

    최근 반도체 패키징은 칩 적층 수가 증가하고 패키지 두께가 얇아지면서 칩과 패키지 상부 간격이 점점 좁아지고 있다. 이러한 구조적 변화로 인해 트랜스퍼 몰딩 방식은 좁은 간격을 충전하기 어려운 한계가 나타나고 있으며, 이를 해결하기 위한 기술로 컴프레션 몰딩이 도입되고 있다.

    컴프레션 몰딩에서는 몰딩한 서브스트레이트를 금형에 넣고 온도와 압력을 가하면, 금형 내부의 EMC가 액상으로 변해 공간을 채우면서 성형이 이루어진다. EMC가 흐르며 이동하는 트랜스퍼 방식과 달리, 흐름 공간 없이 제자리에서 액상으로 변해 채워지는 구조이기 때문에 칩과 패키지 윗면 사이의 매우 작은 간격을 충전하는 데 특히 적합한 방식이다.

## 3. 언더필 공정에 따른 구분

언더필은 플립칩 본딩이나 웨이퍼 레벨 본딩 과정에서 적용되는 방식으로, 열경화성 수지를 사용하여 칩과 서브스트레이트 사이의 접합부를 보강하는 공정이다. 몰딩 공정이 패키지 전체를 에폭시로 감싸는 공정인 것과 달리, 언더필은 칩과 서브스트레이트 사이의 범프 주변 공간만을 채워 기계적 강도와 접합 신뢰성을 높이는 데 초점을 둔다. 언더필에는 여러 방식의 공정이 존재하며, 사용되는 재료 또한 공정 조건에 따라 다양하다. [표 5-4]는 언더필 공정에서 사용되는 주요 재료의 종류와 해당 재료를 활용한 공정 방식을 정리한 것이다.

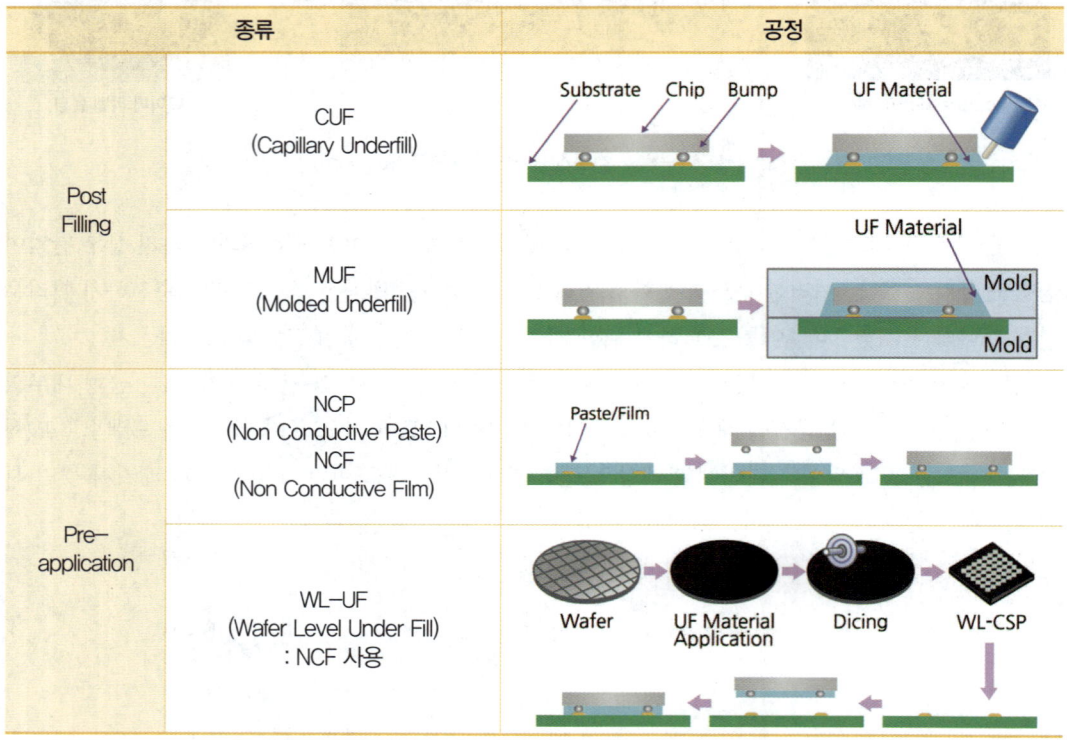

| 종류 | | 공정 |
|---|---|---|
| Post Filling | CUF (Capillary Underfill) | |
| | MUF (Molded Underfill) | |
| Pre-application | NCP (Non Conductive Paste) NCF (Non Conductive Film) | |
| | WL-UF (Wafer Level Under Fill) : NCF 사용 | |

[표 5-4] 언더필 방식에 따른 구분(ⓒ SK하이닉스)

# (1) 플립칩 본딩 후에 범프 사이를 채우는 공정(Post Filling)

UF(Underfill) 공정과 MUF(Molded Underfill) 방식으로 구분된다. 언더필(UF) 공정은 칩 주변 영역에 니들을 이용해 언더필 수지를 분사하고, 이를 표면장력을 이용해 칩과 서브스트레이트 사이의 빈 공간으로 채워 넣는 방식이다. MUF 재료는 몰딩과 언더필 기능을 동시에 수행할 수 있어 공정 단순화와 생산성 향상에 적합한 방식이다.

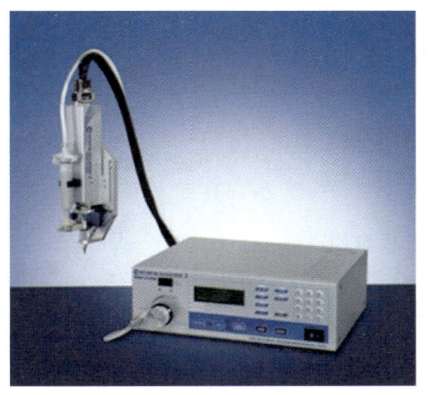 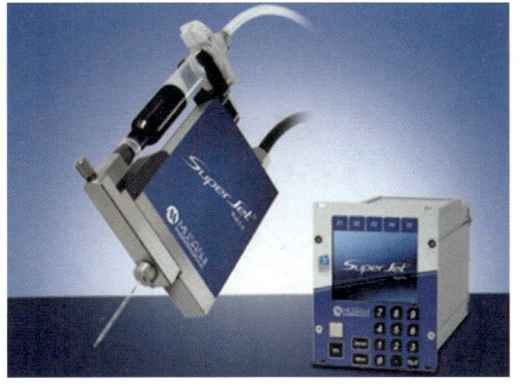

(a) Air Type(Contact Dispense)     (b) Jet Type(Non-contact Dispense)

[그림 5-47] 포스트 필링 공정(ⓒ SPT Solution)

## ① 에어 니들 타입 언더필(Air Needle Type Underfill)

공압을 이용해 실린지에서 니들로 언더필 에폭시가 토출되는 방식이다. 토출되는 에폭시의 양은 니들의 내경 크기와 에어 압력에 의해 제어된다. 주로 얇은 칩 패키징에서 사용되는 언더필 방식으로, 언더필 후 오버플로우(Overflow) 품질 확보에 유리하지만 생산성 측면에서는 다소 느린 편이다.

## ② 잉크젯 타입 언더필(Ink-Jet Type Underfill)

잉크젯 헤드의 노즐을 통해 에폭시가 분사되는 형태의 언더필 방식이다. 서브스트레이트의 스트립이나 웨이퍼 레벨의 대량 생산 패키징에 효과적이며, 생산성이 높은 것이 장점이다. 다만, 분사 과정에서 노즐 주변으로 에폭시가 비산할 수 있어 이에 따른 품질 이슈는 지속적으로 개선해야 하는 항목이다.

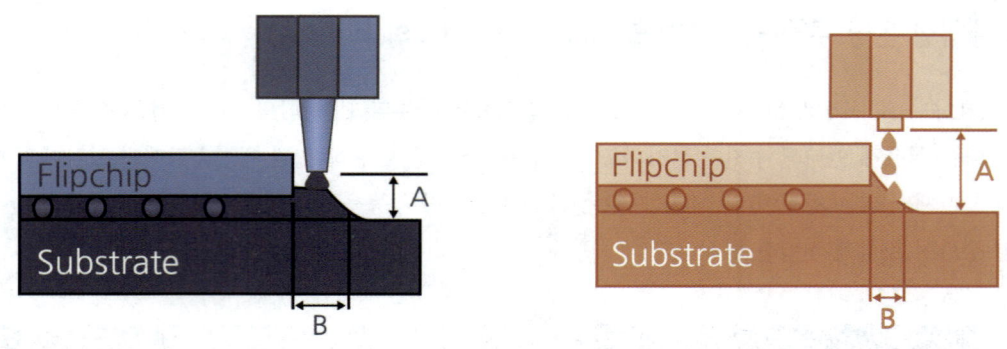

| Type | Needle Height(A) | Underfill Width(B) |
| --- | --- | --- |
| Needle Dispenser | 0.2~0.6mm | 1.3~1.5mm |
| Jet Dispenser | 0.6~1.0mm | 0.9~1.1mm |

[표 5-5] 언더필 디스펜스 방식 비교

언더필 재료는 플립칩 본딩이나 TSV 기반 칩 적층 공정에서 접합부의 신뢰성을 확보하기 위한 핵심 소재이다. 따라서 보이드 발생 억제, 우수한 충진성, 계면 접착력, 열팽창계수, 열전도도, 내열성 등 다양한 신뢰성 요구 조건을 만족해야 한다.

## (2) 플립칩 본딩 전에 미리 언더필 재료를 접합부에 붙이는 공정(Pre-application)

본딩 전에 언더필 재료를 적용하는 방식으로 개별 칩 단위의 본딩 공정과 웨이퍼 단위의 본딩 공정에 따라 사용하는 언더필 재료가 달라진다. 칩 단위 본딩에서는 다음과 같은 재료가 사용된다.

① 비전도성 페이스트(NCP : Non-Conductive Paste)
② 비전도성 필름(NCF : Non-Conductive Film)
③ 전도성 페이스트(ACA : Anisotropic Conductive Adhesive)
④ 전도성 필름(ACF : Anisotropic Conductive Film)

비전도성 수지(NCP, NCF)를 사용하는 플립칩 본딩은 칩의 범프가 골드 범프(Au Bump)이고 서브스트레이트 패턴이 Au로 도금된 경우 적용된다. NCP/NCF는 금속 파티클이 없는 열경화성 재료이므로, 안정적인 수지 경화를 위해 적절한 온도 조건이 필요하다. NCF의 경우, 범프와 패드가 직접 접촉하여 전기적 연결이 형성된다.

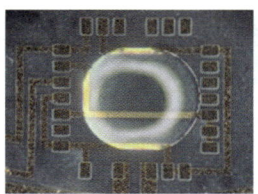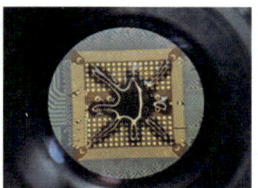

[그림 5-48] NCA 비전도성 수지와 적용 사례(© SPT Solution)

ACA와 ACF 계열의 전도성 재료는 칩의 골드 범프(Au Bump)와 Au 또는 Au/Sn 도금된 서브스트레이트 패턴에 적용된다. 이들 재료는 내부에 Au 또는 Ni 금속 파티클을 포함하며, 열경화 공정과 동시에 본딩 하중을 통해 파티클이 변형되면서 전기적 접속을 형성한다. 따라서 적정 온도 조건과 충분한 본딩 하중이 필수적이다.

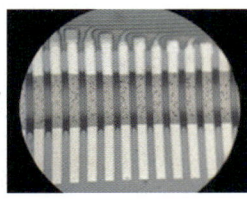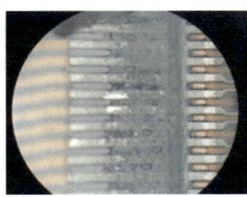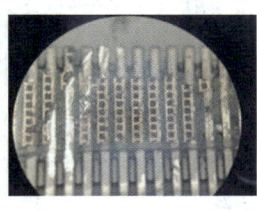

[그림 5-49] ACA 전도성 수지와 접합 예시(© SPT Solution)

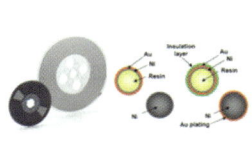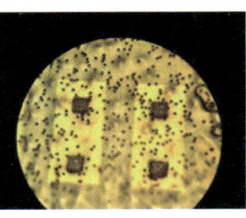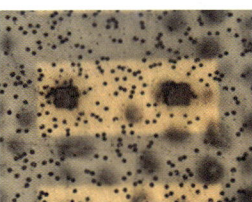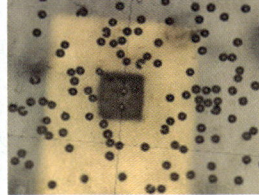

[그림 5-50] ACF 전도성 필름과 적용 예시(© SPT Solution)

Pre-application 공정은 본딩 전에 서브스트레이트의 본딩 패턴 위에 언더필 재료를 미리 도포하는 방식으로, 다양한 열경화성 에폭시 재료(NCP, NCF, ACA, ACF)를 활용해 플립칩 본딩을 진행할 수 있다. 이러한 재료는 본딩과 동시에 언더필 효과를 제공하여 접합부의 신뢰성을 높인다.

## 5 마킹(Marking) 공정

### 1. 잉크 마킹(Ink Marking)

잉크 마킹 공정은 EDS 공정에서 양·불량 판정 결과로 생성된 웨이퍼 맵(Wafer Map)을 기반으로, 개별 칩 표면에 잉크로 원형 표시를 하는 공정이다. 해당 공정은 잉킹(Inking) 공정이라도 불리며, 웨이퍼 상에 잉크로 표시된 칩은 이후 본딩 공정에서 불량 칩을 식별하는 기준으로 활용된다.

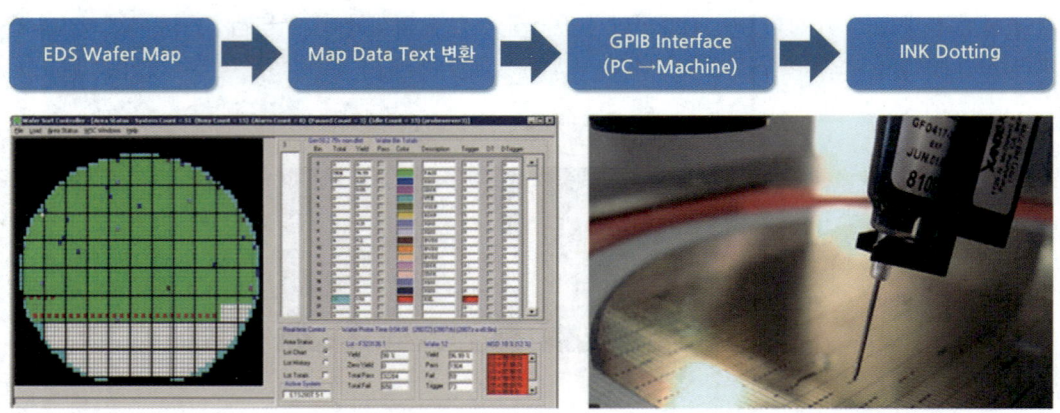

[그림 5-51] 잉크 마킹 프로세스(ⓒ SPT Solution)

백그라인딩 전·후에 수행되는 패키징 공정에서는 잉크 마킹 상태를 기반으로 품질 관리를 진행하며, 주요 관리 항목은 다음과 같다.

① 잉크 사이즈(Ink Size): 본딩 공정에서 칩 인식 카메라가 확실하게 식별할 수 있을 만큼의 최소 크기를 확보해야 한다.
② 잉크 높이(Ink Height): 백그라인딩 공정 중 잉크 돌출부로 인해 웨이퍼가 파손되지 않도록, 적정 높이를 유지해야 한다.
③ 잉크 넓이(Ink Length): 잉크 마킹이 개별 칩의 범위 안에서 이루어져야 하며, 인접 칩으로의 오염 또는 마킹 번짐을 방지해야 한다.

## 2. 잉크젯 마킹(Inkjet Marking)

잉크젯 마킹은 반도체 패키징 공정 중 특히 DDI(Driver Display IC) 패키징 공정에서 사용되며, 필름 타입 패키지의 표면에 Lot No. 및 생산 정보를 잉크젯 방식으로 직접 인쇄하는 공정이다. 이 공정을 통해 웨이퍼에서 분리된 개별 칩을 하나의 Lot 단위로 재구성하고 관리할 수 있다.

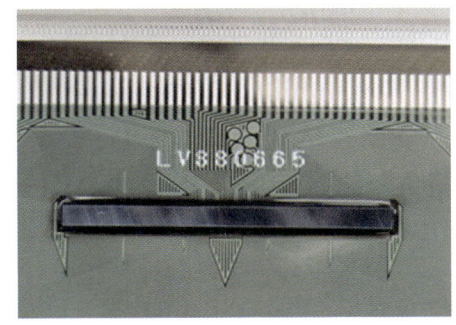

(a) 잉크젯 마킹 공정               (b) 잉크 마킹 활자

[그림 5-52] 잉크젯 마킹 공정 및 잉크 마킹 결과(© SPT Solution)

## 3. 레이저 마킹(Laser Marking)

레이저 마킹은 레이저를 이용해 표면에 정보를 새기는 공정으로, 적용 대상에 따라 EMC 등의 패키지 표면을 레이저로 태워 음각 형태로 표시하는 방법과 백그라인딩된 웨이퍼 뒷면에 레이저로 직접 마킹하는 웨이퍼 백사이드 마킹(Wafer Backside Marking) 방법이 있다. 웨이퍼 백사이더 마킹의 경우 불량 발생 시 마킹된 정보를 기반으로 웨이퍼 정보, 설비명, 공정 시간, 공정 레시피 등을 정확히 추적할 수 있어 품질 관리 및 공정 이력 관리에 중요한 역할을 한다.

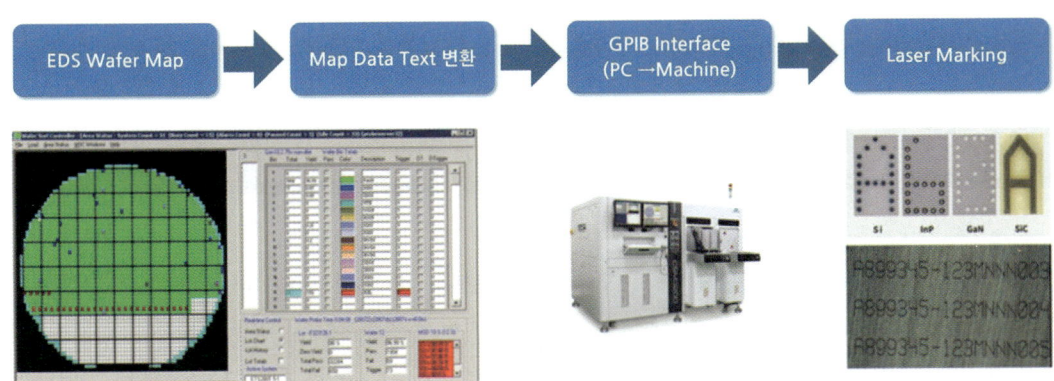

[그림 5-53] 레이저 마킹 프로세스(© SPT Solution)

# ⑥ 트리밍(Trimming) & 포밍(Forming)

패키징 공정에서 트리밍(Trimming)과 포밍(Forming)은 반도체 칩을 외부 환경으로부터 보호하고 전기적 연결을 용이하게 하기 위해 패키지의 외형을 정리하고 형성하는 핵심 공정이다. 트리밍은 반도체 칩이나 리드프레임에서 불필요한 부분을 제거하는 과정으로, 주로 리드프레임의 댐바(Dambar)를 제거하여 개별 리드를 분리하거나, 몰딩 과정에서 생성된 러너(Runner)나 게이트 등을 잘라내어 최종 패키지의 크기와 형태를 규격에 맞추는 역할을 한다. 트리밍 공정에는 블레이드 커팅, 레이저 커팅, 워터젯 커팅, 금형 커팅 등의 다양한 기술이 사용된다.

포밍은 리드프레임의 리드를 구부리거나 형상을 잡아, 칩의 외부단자가 기판의 솔더 패드와 정확히 접합될 수 있도록 만드는 공정이다. 즉, 리드의 높이, 간격, 각도를 조정해 기판과의 납땜이 안정적으로 이루어지도록 하는 단계이다.

트리밍과 포밍이 완료된 EMC 패키지는 외부 전극이 형성된 상태가 되며, 이후 SMT(Surface Mount Technology) 공정을 통해 메인 기판에 실장된다.

# ⑦ 플레이팅(Plating) 공정

플레이팅(Plating) 공정은 반도체 칩의 전기적 연결을 위해 금속을 도금하는 공정이다. 주로 웨이퍼 레벨에서 진행되며, 플립칩 패키징에 필요한 솔더 범프(Solder Bump)와 커퍼 필러 범프(Cu Pillar Bump)를 형성하는 데 사용된다. 플레이팅은 전기화학적 도금 방식으로 금속을 증착하며, 범프 형성뿐만 아니라 패드 보호, 확산 방지용 배리어 금속 형성등에도 활용된다.

# ⑧ 테스트(Test) 공정

반도체 패키징 테스트 공정은 크게 두 단계로 구분된다. 첫 번째는 웨이퍼 제작 이후 수행하는 EDS(Electrical Die Sorting)로, 웨이퍼 상 개별 다이의 전기적 특성을 검사해 양 · 불량 칩을 선별한다. 두 번째는 백그라인딩 → 다이싱 → 본딩 등 패키징 조립공정이 완료된 후 수행하는 최종 테스트(Final Test)로 조립 과정에서 발생할 수 있는 이상이나 특이사항을 검출하는 단계이다.

테스트 공정의 핵심 목적은 불량 제품의 출하를 방지하고, 제품 품질과 신뢰성을 확보하는 것이다. 이를 위해 반도체 테스트 제품의 특성에 따라 다양한 테스트 항목을 수행하며, 칩의 기본적인 성능 검증 항목은 다음과 같다.

## 1. 테스트 종류

| 항목 | 테스트명 | 내용 |
|---|---|---|
| 온도 TEST | Hot Test(80℃~100℃) | 신뢰성, 저수율 Re-Test |
| | Cold Test(−10℃~−40℃) | 신뢰성, 저수율 Re-Test |
| | Room Test(20℃~25℃) | 양산 Process Test |
| 속도 TEST | Core Test(제품의 코어 동작) | 원래 목적하는 동작을 잘하는지 평가 테스트 메모리의 경우 Cell 저장 테스트 |
| | Speed Test(원하는 속도 평가) | 원하는 속도로 제품이 동작할 수 있는지를 평가하는 테스트. 고속동작이 많아지면서 테스트의 중요성도 커짐 |
| 동작 TEST | DC TEST(전류를 DC Input) | 테스트의 결과가 전류 & 전압(Current & Voltage)으로 나타나는 항목을 평가 |
| | AC TEST(전류를 AC Input) | AC 동작 특성 평가, 제품의 입/출력 스위칭 시간(Switching Time) 등의 동작특성 평가 |
| | Function TEST | 제품의 각 기능 Function을 동작시켜 정삭 동작 여부를 확인하는 평가 |

[표 5-6] 칩의 성능에 대한 기본 테스트 항목(ⓒ SPT Solution)

## (1) 온도 테스트

웨이퍼나 패키징된 제품에 고온·저온과 같은 온도 스트레스를 인가하여, 반도체가 실제 사용 환경의 다양한 온도 조건에서 정상적으로 동작하는지를 검증하는 테스트이다.

## (2) 속도 테스트

속도 테스트는 코어 테스트와 스피드 테스트로 구분된다. 코어 테스트는 반도체 칩이 설계된 본래 기능을 정상적으로 수행하는지 평가하며, 메모리 칩의 경우 저장 기능을 담당하는 셀 영역이 올바르게 데이터 저장·유지 동작을 하는지를 확인한다. 스피드 테스트는 반도체가 요구되는 동작 속도를 충족하는지를 평가하는 시험으로, 고속 동작 제품일수록 그 중요성이 더욱 커진다.

## (3) 동작 테스트

동작 테스트는 칩에 전류를 인가해 DC, AC, Function Test 등을 수행함으로써 전류·전압 특성과 동작 신뢰성을 평가하는 시험이다. 메모리 반도체의 경우, 메모리 셀(Memory Cell)의 정상적인 읽기·쓰기 동작 여부와 주변 회로의 동작 상태를 함께 확인하여 전체 동작 특성을 검증한다.

## 2. 테스트 단계

### (1) EDS(Electrical Die Sorting)

EDS는 전기적 특성 검사를 통해 각 칩 다이가 요구되는 품질 수준에 부합하는지 평가하고, 개별 칩을 양품과 불량으로 선별하는 과정이다. 이는 웨이퍼 테스트 단계에서 수행되며, 팹(FAB) 공정에서의 웨이퍼 수율(Yield)을 관리하는 중요한 역할도 한다.

EDS 테스트는 프로브 장비와 테스터 장비 간의 정확한 전기적 연결이 핵심이다. 이를 위해 테스터 헤드는 프로브 카드에 연결되며, 프로브 카드의 탐침(Needle)이 웨이퍼 범프에 직접 접촉하여 전기적 입·출력 신호를 측정한다. 이러한 신호 분석을 통해 각 칩의 전기적 양·불 판정이 이루어진다. [그림 5-54]는 EDS 공정에서 프로브 장비와 테스터 장비가 연결되는 구조를 나타낸다.

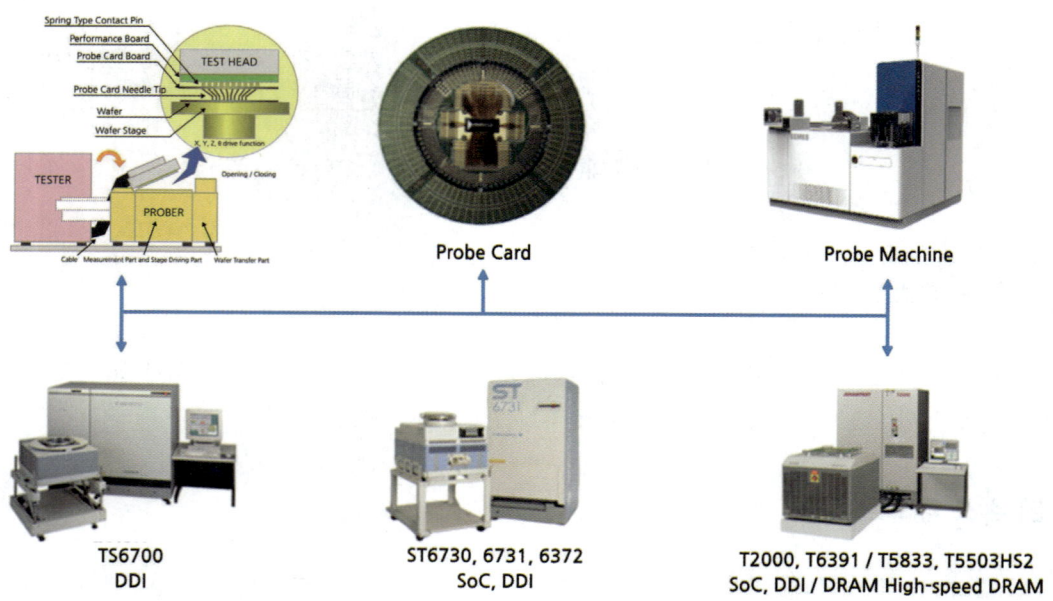

[그림 5-54] EDS 공정의 설비 연결 구조(© SPT Solution)

## (2) Final Test

Final Test는 패키징이 완료된 반도체 제품의 전기적 성능과 기능을 최종적으로 검증하는 단계로, 핸들러 장비와 테스터 장비 간의 안정적인 전기적 연결이 핵심이다. 테스트는 테스트 장비인 테스터 헤드와 직접 접촉되는 프로브 카드를 통해 진행되며, 프로브 카드의 탑침(Needle)이 패키징된 제품의 패드에 접촉하여 전기적 입·출력 신호를 전달·측정한다. [그림 5-55]는 Final Test 공정의 설비 연결 구조를 나타낸 것으로, 실제 생산 라인에서는 다양한 형태의 핸들러 장비가 사용된다.

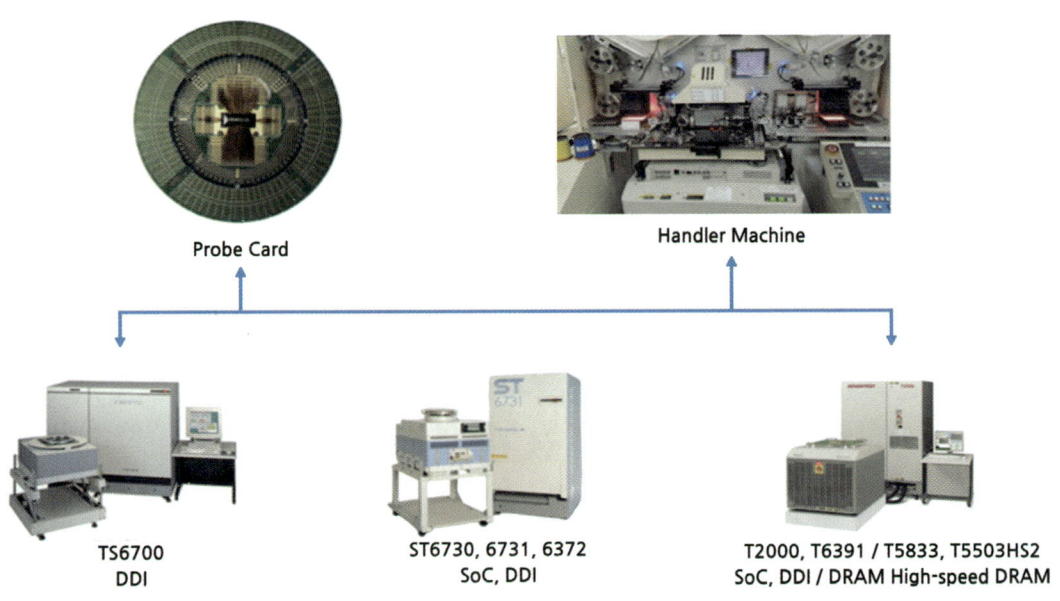

[그림 5-55] Final Test 공정의 설비 연결 구조(© SPT Solution)

# Chapter 03

# 어드밴스드 패키징 공정

## 핵심요약

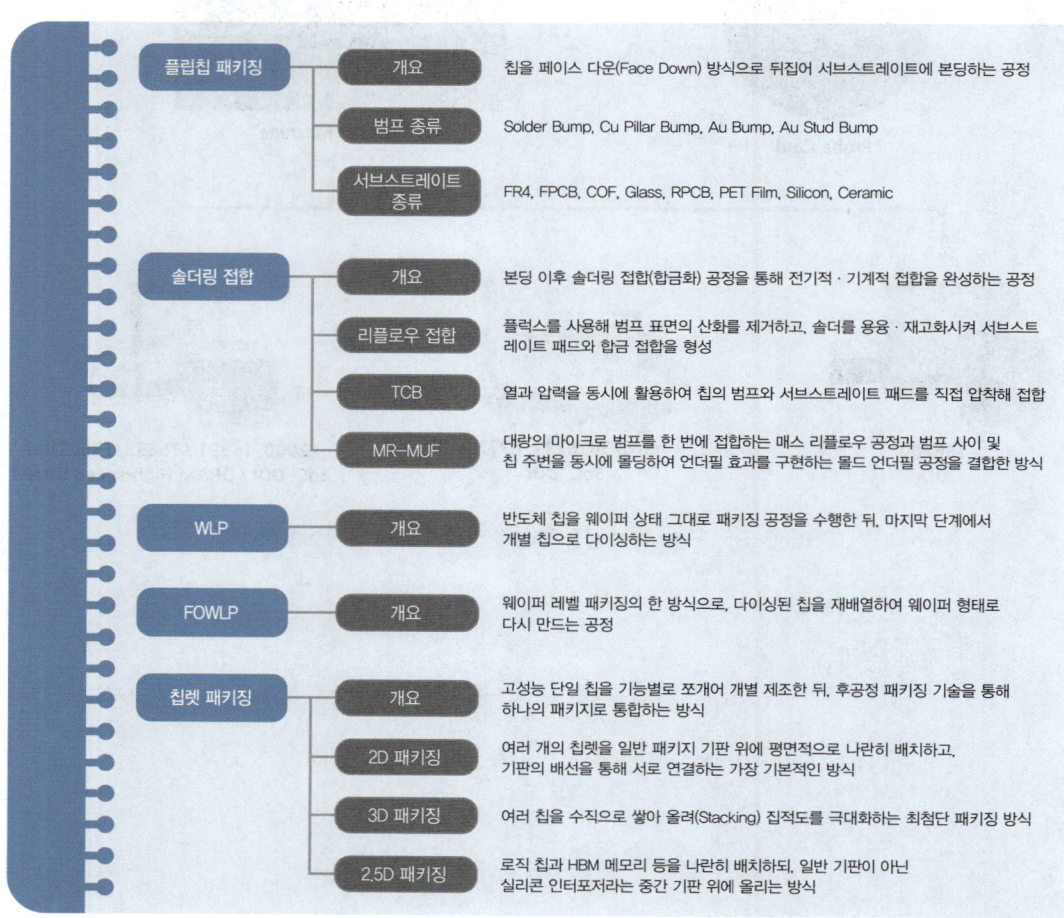

| | | |
|---|---|---|
| **플립칩 패키징** | 개요 | 칩을 페이스 다운(Face Down) 방식으로 뒤집어 서브스트레이트에 본딩하는 공정 |
| | 범프 종류 | Solder Bump, Cu Pillar Bump, Au Bump, Au Stud Bump |
| | 서브스트레이트 종류 | FR4, FPCB, COF, Glass, RPCB, PET Film, Silicon, Ceramic |
| **솔더링 접합** | 개요 | 본딩 이후 솔더링 접합(합금화) 공정을 통해 전기적·기계적 접합을 완성하는 공정 |
| | 리플로우 접합 | 플럭스를 사용해 범프 표면의 산화를 제거하고, 솔더를 용융·재고화시켜 서브스트레이트 패드와 합금 접합을 형성 |
| | TCB | 열과 압력을 동시에 활용하여 칩의 범프와 서브스트레이트 패드를 직접 압착해 접합 |
| | MR-MUF | 대량의 마이크로 범프를 한 번에 접합하는 매스 리플로우 공정과 범프 사이 및 칩 주변을 동시에 몰딩하여 언더필 효과를 구현하는 몰드 언더필 공정을 결합한 방식 |
| **WLP** | 개요 | 반도체 칩을 웨이퍼 상태 그대로 패키징 공정을 수행한 뒤, 마지막 단계에서 개별 칩으로 다이싱하는 방식 |
| **FOWLP** | 개요 | 웨이퍼 레벨 패키징의 한 방식으로, 다이싱된 칩을 재배열하여 웨이퍼 형태로 다시 만드는 공정 |
| **칩렛 패키징** | 개요 | 고성능 단일 칩을 기능별로 쪼개어 개별 제조한 뒤, 후공정 패키징 기술을 통해 하나의 패키지로 통합하는 방식 |
| | 2D 패키징 | 여러 개의 칩렛을 일반 패키지 기판 위에 평면적으로 나란히 배치하고, 기판의 배선을 통해 서로 연결하는 가장 기본적인 방식 |
| | 3D 패키징 | 여러 칩을 수직으로 쌓아 올려(Stacking) 집적도를 극대화하는 최첨단 패키징 방식 |
| | 2.5D 패키징 | 로직 칩과 HBM 메모리 등을 나란히 배치하되, 일반 기판이 아닌 실리콘 인터포저라는 중간 기판 위에 올리는 방식 |

## 학습 포인트

플립칩, 솔더링 접합, WLP, Fan-out WLP, 칩렛 패키징 등 첨단 패키징 기술의 구조와 공정 흐름을 학습한다. 이를 통해 고집적·고성능 패키징의 핵심 개념을 이해하고, 차세대 반도체 패키징 기술의 응용 방향을 파악한다.

# 1 플립칩 패키징(Flip Chip Packaging)

플립칩 패키징 기술은 칩을 페이스 다운(Face Down) 방식으로 뒤집어 서브스트레이트에 본딩하는 공정으로, 칩의 범프가 아래를 향한 상태에서 서브스트레이트의 패드와 직접 접합되기 때문에 플립칩 본딩(Flip Chip Bonding)이라고 한다. 이때 범프와 패드가 직접 압착되어 접합되는 방식을 TCB(Thermal Compression Bonding)이라 부른다.

플립칩 본딩은 컨벤셔널 패키징의 와이어 본딩과 비교했을 때 전기적 특성이 우수하며, 특히 전기 신호 전달 경로가 짧아 인덕턴스 측면에서 이점이 있다. 또한 I/O 핀(Input/Output)의 개수를 훨씬 더 많이 구현할 수 있고, 칩 및 서브스트레이트 설계 시 본딩 위치의 제약이 적어 고집적·고성능 패키징에 적합하다는 장점이 있다. 플립칩 본딩 방식은 패키지 구조, 범프 종류, 서브스트레이트 도금 재질에 따라 여러 공정 방법으로 나뉘며, 대표적인 공정 방식은 다음과 같다.

① Flux Print → No Thermal Bonding → Reflow → Flux Cleaning → Underfill

② Flux Print → Thermal Bonding → Underfill

③ Thermal Bonding → Underfill

④ NCP, NCF, ACA, ACF → Thermal Compression Bonding

이러한 플립칩 본딩 방식은 칩의 범프 종류, 서브스트레이트의 재질, 그리고 서브스트레이트 패드에 적용된 금속 도금(Au, Sn 등)에 따라 각각 다른 공정 프로세스로 구성된다.

① 칩의 범프 종류: 솔더 범프(Solder bump), 카퍼 필러 범프(Cu pillar bump), 골드 범프(Au bump)

② 서브스트레이트 메탈 도금: Au, Sn

③ 서브스트레이트 종류: FR4, Rigid-PCB, Flexible-PCB, PET, COF, Ceramic, Silicon, Glass

# 1. 플립칩 본딩 범프 종류

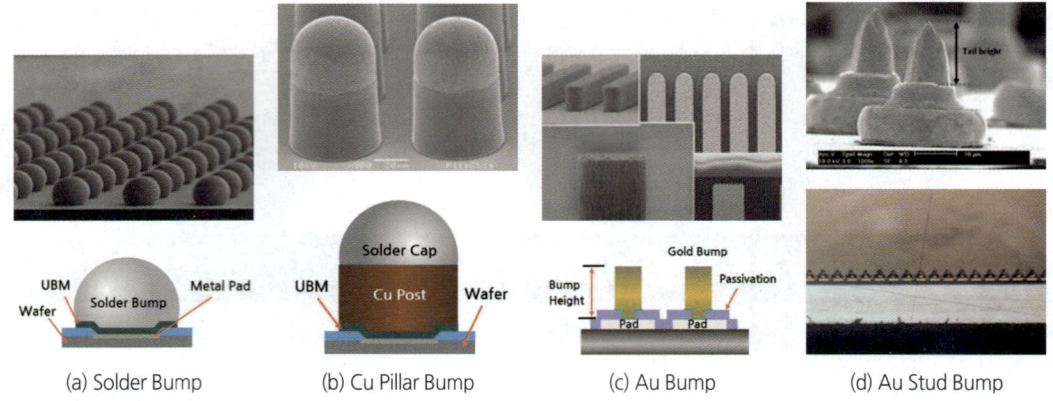

(a) Solder Bump    (b) Cu Pillar Bump    (c) Au Bump    (d) Au Stud Bump

[그림 5-56] 플립칩 본딩 범프 종류(ⓒ SPT Solution)

# 2. 서브스트레이트 종류

반도체 패키징에서는 다양한 종류의 서브스트레이트(Substrate)를 사용한다. 서브스트레이트는 칩이 실장되는 기판을 의미하며, 반도체 패키징뿐만 아니라 디스플레이, 인쇄회로기판(PCB) 등 여러 응용 분야에서 활용된다. 대표적인 서브스트레이트로는 FR4, Rigid-PCB(R-PCB), Flexible-PCB(FPCB), COF(Chip on Film), Silicon Substrate 등이 있으며, 최근에는 Glass Substrate 적용을 위한 TGV(Through Glass Via) 기술이 주목받고 있다. 현재 다양한 공정을 통해 상용화를 위한 개발이 진행 중이다.

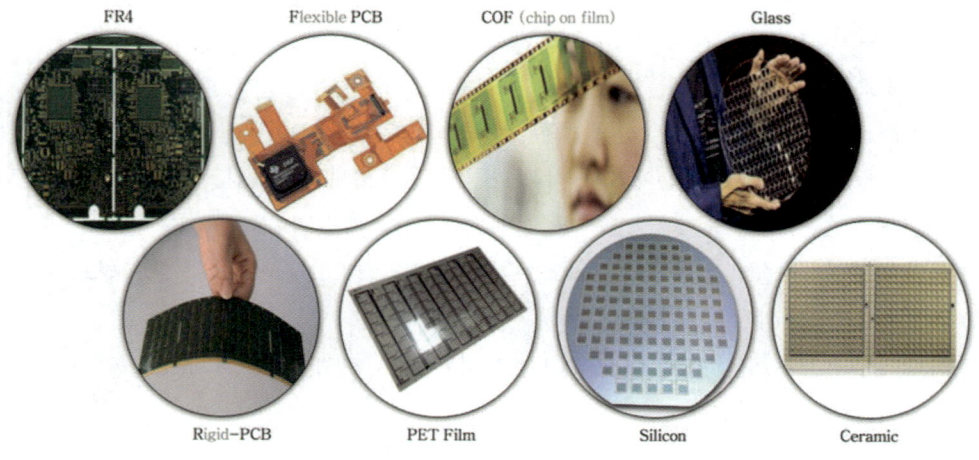

[그림 5-57] 서브스트레이트 종류(ⓒ SPT Solution)

[표 5-7]은 범프 타입과 서브스트레이트 조건에 따른 플립칩 본딩의 대표적인 공정 조건을 비교한 것이다.

| Bump Type | Substrate Pattern Metal | Pitch (μm) | Temp (℃) | Force (N/kgf) | Time (Sec) | Material | Remark |
|---|---|---|---|---|---|---|---|
| Solder | Cu/Ni/Au | 150~250 | Reflow | Low | 300 | Flux Cleaning | Underfill 선택 |
| Cu Pillar | Cu/Ni/Au | 70~150 | TCB Reflow | TCB (option) Reflow (Low) | TCB(~15) Reflow (~300) | Flux Cleaning | Underfill 필수 (NCF 적용 가능) |
| Au/Au Stud | Cu/Ni/Au | 100~150 | 180~250 | High | 5~10 | NCP, NCF ACA, ACF | Side-fill 선택 |
| Au | Cu/Sn | 20~30 | 20~30 | High | 0.1~0.3 | – | Underfill 필수 |

[표 5-7] 범프 타입별 플립칩 본딩 공정 조건 비교(ⓒ SPT Solution)

## ② 솔더링 접합 공정

솔더 범프(SnAg)와 카파필러 범프(Cu+SnAg)는 본딩 이후 솔더링 접합(합금화) 공정을 통해 전기적·기계적 접합을 완성한다. 이러한 솔더링 접합 방식에는 리플로우(Reflow), TCB(Thermal Compression Bonding), MR-MUF 방식 등이 있다.

(a) IR Reflow

(b) Full Hot Air Convection

[그림 5-58] 솔더링 접합 공정 종류(ⓒ SPT Solution)

# 1. 리플로우(Reflow) 접합

리플로우 접합은 플럭스를 사용해 범프 표면의 산화를 제거하고, 솔더를 용융·재고화시켜 서브스트레이트 패드와 합금 접합을 형성하는 공정이다.

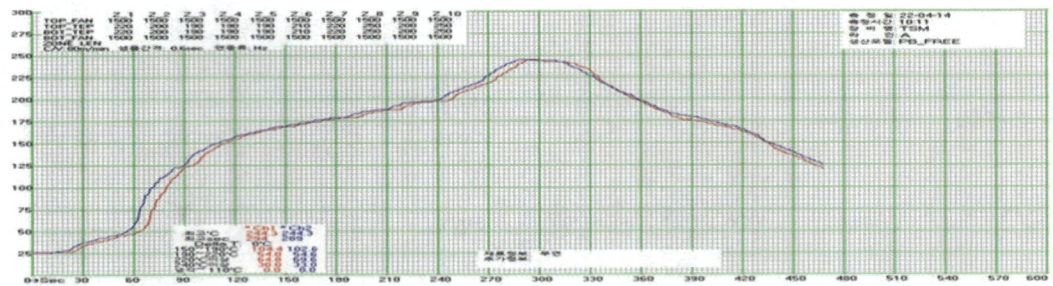

[그림 5-59] 리플로우 접합 공정 온도 플로우 차트(ⓒ SPT Solution)

## (1) 온도 프로파일 관리항목

### ① Pre-Heat 구간

ⓐ 1초당 1~3℃의 속도로 온도가 상승하도록 관리한다.

ⓑ 과도한 온도 증가를 방지해 열 충격을 줄이는 역할을 한다.

### ② Dry-Heat(Soak) 구간

ⓐ 150±5℃ ~ 180±5℃ 범위에서 약 90~120초 유지한다.

ⓑ 플럭스(Flux)의 활성화를 촉진하고 범프·패드 표면의 산화층 제거를 돕는 구간이다.

### ③ Reflow 구간

ⓐ 칩 범프의 SnAg 솔더가 용융되는 구간으로 200℃ 이상에서 진행된다.

ⓑ 이 구간의 시간이 지나치게 길어지면 재산화(Re-oxidation) 가 발생하여 접합 강도가 저하될 수 있다.

ⓒ 적정 유지 시간은 20~40초이다.

④ Cooling 구간

　㉠ 리플로우 이후 솔더를 급속 냉각하여 균일한 조직을 형성해야 한다.

　㉡ 냉각 시간이 너무 길면 솔더 응고 속도 차이로 인해 칩 틀어짐(Shift), 서브스트레이트 워페이지(Warpage), 접합 강도 저하 등이 발생할 수 있다.

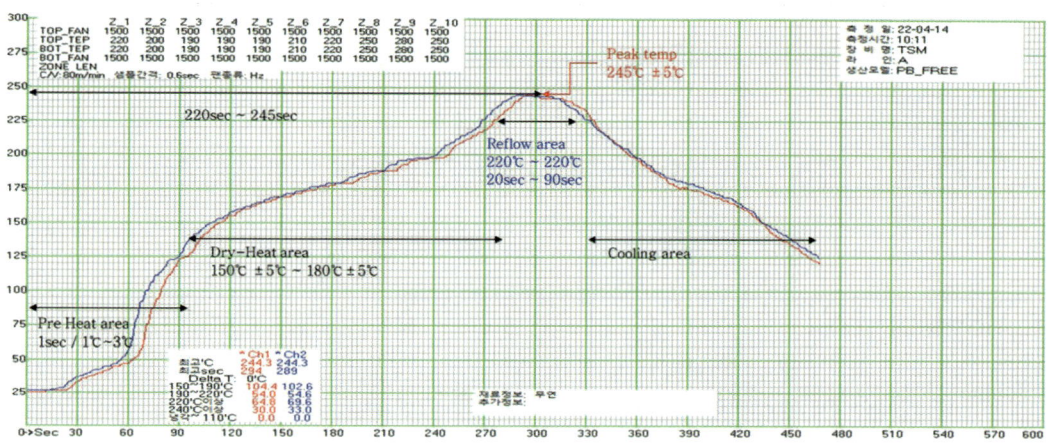

[그림 5-60] 리플로우(Reflow) 접합 공정 온도 프로파일(ⓒ SPT Solution)

　PCB의 두께와 사이즈에 따라 온도 프로파일 설정 값을 조정해야 하며, 설정 값이 적절하지 않을 경우 접합 강도 저하, 솔더링 불량(냉납), PCB 변색, 반도체 칩 소손 등 다양한 품질 문제가 발생할 수 있다.

## 2. TCB(Thermal Compression Bonding) 방식

　TCB 방식은 열(Temperature)과 압력(Force)을 동시에 활용하여 칩의 범프와 서브스트레이트 패드를 직접 압착해 접합하는 플립칩 본딩 기술로, 고밀도 패키징에서 가장 널리 사용되는 공정 방식이다.

　TCB는 적용되는 범프 종류(Solder bump, Cu pillar bump, Au bump)와 서브스트레이트의 메탈 도금(Au, Cu/Ni/Au, Sn 등)에 따라 공정 조건이 달라지며, 이에 따른 다양한 공정 시나리오가 존재한다. [그림 5-61]은 범프 종류와 서브스트레이트 금속 도금에 따른 적정 온도, 압력, 시간 등 TCB 접합 조건을 정리한 것이다.

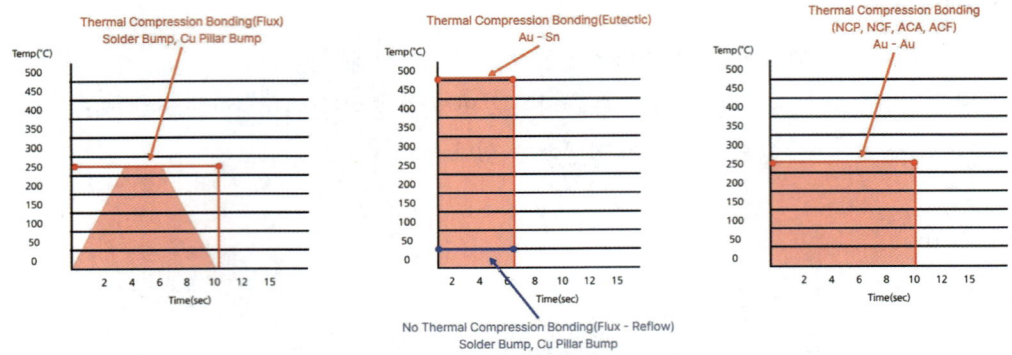

[그림 5-61] 범프 타입 및 서브스트레이트 도금층별 TCB 접합 온도 프로파일(© SPT Solution)

## 3. MR-MUF 방식

MR-MUF(Mass Reflow-Mold Underfill) 방식은 대량의 마이크로 범프(Micro Bump)를 한 번에 접합하는 매스 리플로우(Mass Reflow) 공정과 범프 사이 및 칩 주변을 동시에 몰딩하여 언더필 효과를 구현하는 몰드 언더필(Molded Undefill) 공정을 결합한 방식이다.

마이크로 범프는 일반적으로 Cu Pillar+SnAg 솔더 캡 구조로 형성되며, 칩과 서브스트레이트는 리플로우 공정에서 다수의 범프가 동시에 접합된다. 이후 몰드 언더필 공정을 통해 칩 범프 사이와 외부 가장자리를 일체형으로 충진함으로써 접합부 신뢰성 향상, 수직 적층 구조(2.5D/3D) 대응, 공정 단순화 등의 이점을 얻을 수 있다.

## ③ 웨이퍼 레벨 패키징(WLP, Wafer Level Packaging)

웨이퍼 레벨 패키징(WLP)은 반도체 칩을 웨이퍼 상태 그대로 패키징 공정을 수행한 뒤, 마지막 단계에서 개별 칩으로 다이싱하는 방식이다. WLP 공정에서는 포토 공정, 스퍼터링, 전해도금, 금속 에칭, PR 스트립 등 팹(FAB) 공정과 유사한 미세 공정을 활용하여 Redistribution Layer(RDL) 형성, Under Bump Metallization(UBM), 솔더 범프(Solder Bump) 형성 등을 진행한다. 이와 같은 공정을 통해 웨이퍼 전체에 범프 및 패키징 구조가 완성되면, 이후 다이싱되어 개별 칩 단위의 WLP 패키지가 완성된다. WLP 방식은 칩 크기 최소화, 신호 전달 경로 단축, 고주파 특성 우수 등의 장점을 가진다.

Part 05
반도체
패키징 공정

Ch. 01

Ch. 02

Ch. 03

Ch. 04

## ④ 팬아웃 웨이퍼 레벨 패키징(FOWLP, Fan-out Wafer Level Packaging)

FOWLP는 웨이퍼 레벨 패키징의 한 방식으로, 다이싱된 칩을 재배열하여 웨이퍼 형태로 다시 만드는 공정이다. 작업은 먼저 웨이퍼 형태의 캐리어 위에 테이프를 부착하고, 다이싱 후 양품으로 판정된 칩만 일정한 간격으로 배치하는 과정에서 시작된다. 이후 몰딩 공정을 통해 칩 사이의 빈 공간을 에폭시 성형재로 채워 새로운 재구성 웨이퍼를 만든다. 몰딩이 완료되면 캐리어와 테이프를 제거하고, 형성된 재구성 웨이퍼를 이용해 RDL(Redistribution Layer) 형성, UBM, 솔더 볼 부착 등의 패키징 공정을 수행한다. 모든 공정이 끝나면 최종적으로 개별 패키지 형태가 되도록 절단하여 Fan-out 패키징이 완성된다.

## ⑤ 칩렛 패키징(Chiplet Packaging)

칩렛 패키징은 고성능 단일 칩(Monolithic)을 기능별로 쪼개어 개별 제조한 뒤, 후공정 패키징 기술을 통해 하나의 패키지로 통합하는 방식이다. 이 방식은 수율이 낮은 대면적 칩을 작게 나누어 생산함으로써 비용을 절감하고, 각 기능(로직, 메모리, 아날로그 등)에 최적화된 공정을 각각 적용할 수 있어 유연성과 효율성을 극대화할 수 있다. 이러한 장점 덕분에 칩렛 패키징은 최근 고성능 컴퓨팅(HPC), 서버, AI 반도체 분야를 중심으로 빠르게 확산되고 있다. 칩렛 패키징은 결합 구조에 따라 크게 2D, 3D, 2.5D 패키징으로 구분된다.

### 1. 2D 패키징

여러 개의 칩렛을 일반 패키지 기판(Substrate) 위에 평면적으로 나란히 배치하고, 기판의 배선을 통해 서로 연결하는 가장 기본적인 방식이다. 전통적인 MCM(Multi-Chip Module) 기술이 이에 해당하며, 와이어 본딩(Wire Bonding)이나 플립칩(Flip-chip) 본딩을 사용하여 기판과 칩을 연결한다. 구조가 단순하고 제조 비용이 저렴하며 열 방출 관리가 비교적 쉬운 장점이 있지만, 기판 배선을 통한 연결이므로 칩 간 통신 거리가 길어 대역폭 제한과 신호 지연이 발생할 수 있다. 따라서 초고속 데이터 전송이 필요한 고성능 컴퓨팅(HPC)보다는 비용 효율성이 중요한 중급 시스템에 주로 적용된다.

## 2. 3D 패키징

여러 칩을 수직으로 쌓아 올려(Stacking) 집적도를 극대화하는 최첨단 패키징 방식이다. 칩 내부에 미세한 구멍을 뚫어 전도성 물질을 채운 TSV(Through Silicon Via, 실리콘 관통 전극) 기술을 핵심으로 사용하여, 상하 칩 간을 최단 거리로 전기적으로 연결한다. 이를 통해 배선 길이가 획기적으로 줄어들어 신호 지연을 최소화하고 전력 소비를 낮추며 데이터 전송 속도를 비약적으로 높일 수 있다. HBM(High Bandwidth Memory)과 3D NAND 플래시가 대표적인 사례이며, 최근에는 로직 칩 위에 SRAM 캐시 메모리를 쌓는 3D V-Cache 기술(AMD)이나 로직 위에 로직을 쌓는 형태로도 발전하고 있다. 다만 칩이 수직으로 겹쳐져 있어 발열 문제 해결이 까다롭고 제조 난이도와 비용이 높은 것이 단점이다.

## 3. 2.5D 패키징

2D 패키징의 평면 배치와 3D 패키징의 고속 연결성을 절충한 하이브리드 구조이다. CPU, GPU 같은 로직 칩과 HBM 메모리 등을 나란히 배치하되, 일반 기판이 아닌 실리콘 인터포저(Silicon Interposer)라는 중간 기판 위에 올리는 방식이다. 실리콘 인터포저는 내부에 미세 회로와 TSV가 형성되어 있어, 칩들 간의 초고속·고밀도 상호 연결을 가능하게 한다. 인터포저 상단은 마이크로 범프(Micro Bump)를 통해 칩과 미세 피치로 연결되고, 하단은 일반 범프(C4 Bump)를 통해 패키지 기판과 연결된다. 이 방식은 3D 패키징보다 발열 관리가 유리하면서도 2D보다 훨씬 빠른 칩 간 통신 속도를 제공하여, 현재 NVIDIA의 AI 가속기(GPU+HBM)나 Apple의 M시리즈 칩(UltraFusion) 등 고성능 AI 반도체 및 서버용 프로세서의 주류 기술로 자리 잡았다. 최근에는 비용 절감을 위해 실리콘 인터포저 대신 유기 소재를 활용한 RDL(Redistribution Layer) 인터포저나 실리콘 브릿지(Si Bridge) 기술도 활발히 도입되고 있다.

# Memo

# Chapter 04
# 기타 핵심 기술

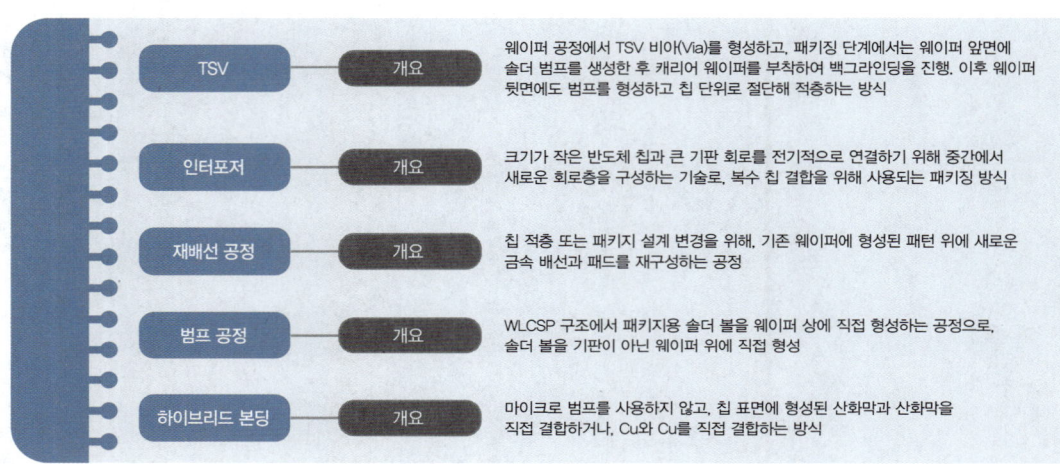

| | | |
|---|---|---|
| TSV | 개요 | 웨이퍼 공정에서 TSV 비아(Via)를 형성하고, 패키징 단계에서는 웨이퍼 앞면에 솔더 범프를 생성한 후 캐리어 웨이퍼를 부착하여 백그라인딩을 진행. 이후 웨이퍼 뒷면에도 범프를 형성하고 칩 단위로 절단해 적층하는 방식 |
| 인터포저 | 개요 | 크기가 작은 반도체 칩과 큰 기판 회로를 전기적으로 연결하기 위해 중간에서 새로운 회로층을 구성하는 기술로, 복수 칩 결합을 위해 사용되는 패키징 방식 |
| 재배선 공정 | 개요 | 칩 적층 또는 패키지 설계 변경을 위해, 기존 웨이퍼에 형성된 패턴 위에 새로운 금속 배선과 패드를 재구성하는 공정 |
| 범프 공정 | 개요 | WLCSP 구조에서 패키지용 솔더 볼을 웨이퍼 상에 직접 형성하는 공정으로, 솔더 볼을 기판이 아닌 웨이퍼 위에 직접 형성 |
| 하이브리드 본딩 | 개요 | 마이크로 범프를 사용하지 않고, 칩 표면에 형성된 산화막과 산화막을 직접 결합하거나, Cu와 Cu를 직접 결합하는 방식 |

TSV, 인터포저, RDL, 범프, 하이브리드 본딩 등 차세대 패키징을 구성하는 핵심 기술 요소를 학습한다. 이를 통해 고대역폭, 미세피치, 적층 패키징을 가능하게 하는 구조적 원리와 공정적 필요성을 이해한다.

# 1 TSV(Through Silicon Via)

웨이퍼 공정에서 TSV 비아(Via)를 형성하고, 패키징 단계에서는 웨이퍼 앞면에 솔더 범프를 생성한 후 캐리어 웨이퍼를 부착하여 백그라인딩을 진행한다. 이후 웨이퍼 뒷면에도 범프를 형성하고 칩 단위로 절단해 적층하는 방식이다.

TSV 비아를 비아 미들(Via Middle) 타입으로 형성하는 웨이퍼 공정을 개략적으로 설명하면 다음과 같다. 먼저 웨이퍼 상단에 CMOS 등의 트랜지스터를 형성하는 FEOL(Front End of Line) 공정을 완료한 뒤, TSV가 형성될 위치에 하드마스크(HM, Hard Mask)를 이용해 패턴을 만든다. 이후 HM이 노출되지 않는 부분을 기준으로 실리콘을 드라이 에칭하여 깊은 트렌치를(Trench)를 형성한다.

다음 단계에서는 트렌치 내부에 산화물(Oxide) 등의 절연막을 CVD(Chemical Vapor Deposition) 공정으로 증착한다. 이 절연막은 이후 트렌치를 채우는 Cu(구리) 금속이 실리콘과 접촉하여 오염을 유발하는 것을 방지하기 위한 것이다. 절연막 위에는 Barrier/Seed 금속 박막층을 형성하고, 이 Seed 층을 기반으로 전해도금(Electroplating) 공정을 통해 트렌치를 Cu로 채운다.

도금이 완료되면 CMP(Chemical Mechanical Polishing) 공정으로 표면을 평탄화하여 트렌치 내부를 제외한 불필요한 Cu를 제거한다. 마지막으로 BEOL(Back End of Line) 배선 공정을 진행하면 웨이퍼 공정이 완료된다.

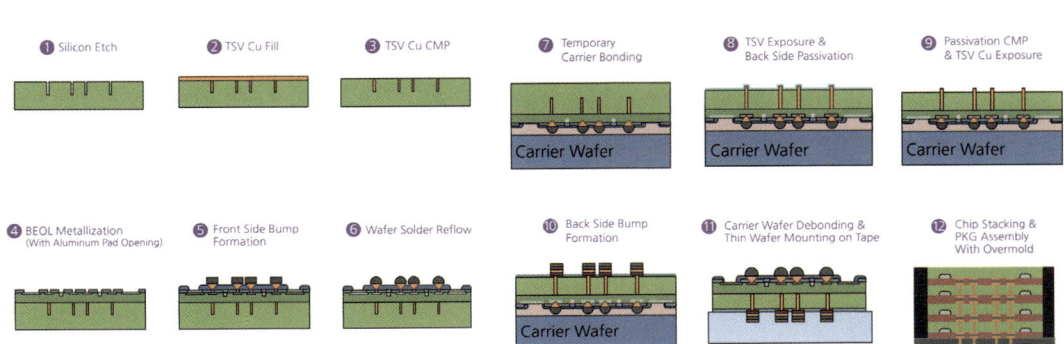

[그림 5-62] TSV 패키징 공정 순서(ⓒ SK하이닉스)

# ② 인터포저(Interposer)

인터포저(Interposer)는 크기가 작은 반도체 칩과 큰 기판 회로를 전기적으로 연결하기 위해 중간에서 새로운 회로층을 구성하는 기술로, 복수 칩 결합을 위해 사용되는 패키징 방식이다. 반도체 칩의 성능이 높아지면서 입출력(I/O) 신호를 주고받는 단자의 수가 증가하고, 더 많은 I/O를 작은 면적에 구현해야 하는 요구가 커졌다. 또한 전자 이동 속도를 높이기 위해서는 패키지 내부 전극의 길이를 최대한 줄여야 하고, 적층 본딩 시에는 범프 높이 역시 낮아져야 한다.

이처럼 수많은 I/O를 가진 칩을 서브스트레이트(PCB)에 직접 본딩하기 어려워지면, 칩과 기판 사이에서 가교 역할을 수행하는 인터포저가 필요해진다. 인터포저의 핵심 목적은 전기 배선을 더 넓은 피치(Pitch)로 확장하거나, 서로 다른 피치의 배선으로 다시 라우팅해주는 것이다.

인터포저는 IC 칩과 PCB 사이에 삽입되는 미세회로 기판으로, 중간 수준의 배선층을 구성해 칩과 기판을 물리적으로 연결한다. 특히 로직 칩이나 HBM과 같은 고성능 반도체는 범프가 매우 미세 피치로 배치되어 있으며, 반대로 PCB는 상대적으로 큰 피치를 갖기 때문에 단자 밀도는 약 20배 이상 차이가 발생한다. 이로 인해 칩의 I/O 단자를 PCB에 직접 본딩하기 어렵기 때문에, 이를 중간에서 연결해주는 실리콘 인터포저(Silicon Interposer) 또는 글라스 인터포저(Glass Interposer)가 활용된다.

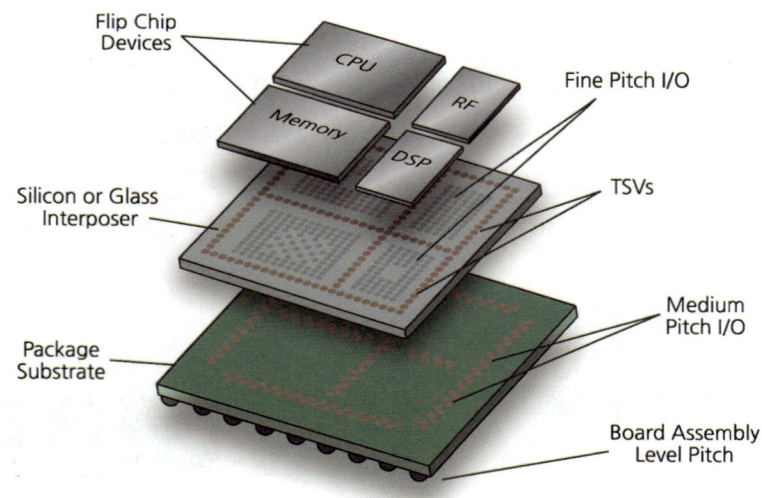

[그림 5-63] 인터포저

# ③ 재배선(RDL, Re-Distribution Layer) 공정

재배선(RDL, Re-Distribution Layer) 공정은 칩 적층 또는 패키지 설계 변경을 위해, 기존 웨이퍼에 형성된 패턴 위에 새로운 금속 배선과 패드를 재구성하는 공정이다. 일반적으로 웨이퍼 테스트(EDS)가 완료된 웨이퍼가 패키징 라인에 입고되면서 RDL 공정이 시작된다.

공정은 먼저 스퍼터링(Sputtering) 공정으로 금속 박막층을 형성한 뒤, 그 위에 두꺼운 포토레지스트를 도포한다. 이후 포토 공정을 통해 원하는 패턴을 노광하여 형성하고, 패턴이 열린 부분에 전해도금을 통해 Au(금) 등 필요한 금속을 증착하여 새로운 금속 배선을 만든다.

RDL 공정의 목적은 기존 패드를 재구성하여 패드 위치 이동, I/O 피치 확장, 배선 재라우팅 등을 가능하게 하는 데 있으며, 이를 통해 칩 적층, 플립칩 본딩, 팬아웃 패키징 등의 공정과 호환될 수 있도록 한다.

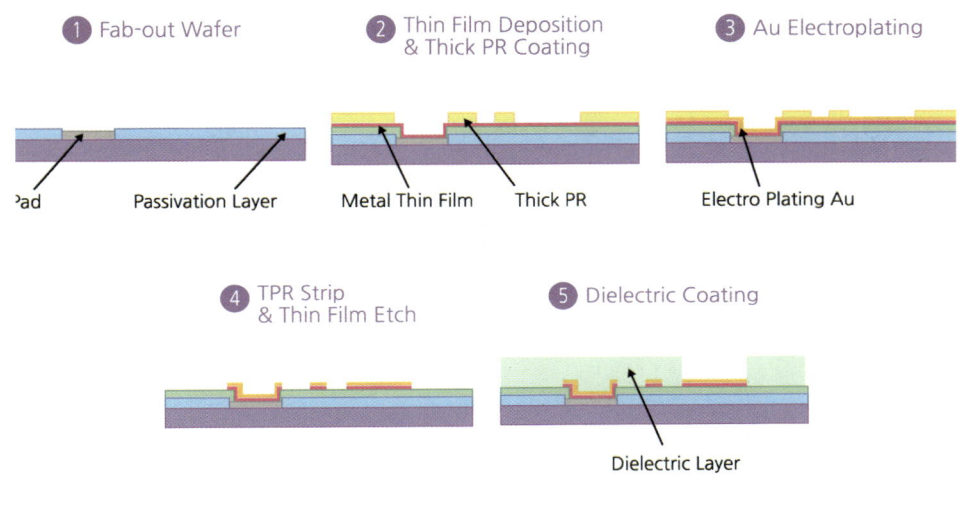

[그림 5-64] 재배선(RDL) 형성 공정 순서(ⓒ SK하이닉스)

## ④ 범프 공정(Micro Bump/Cu-Pillar Bump)

범프 공정은 WLCSP(Wafer Level Chip Scale Package) 구조에서 패키지용 솔더 볼을 웨이퍼 상에 직접 형성하는 공정이다. 이때 솔더 볼을 올리는 과정은 기존 컨벤셔널 패키지에서 서브스트레이트 위에 솔더 볼을 부착하는 BGA(Ball Grid Array) 공정과 원리는 유사하지만, 특징은 솔더 볼을 기판이 아닌 웨이퍼 위에 직접 형성한다는 점이다.

따라서 WLP 구조에서 필수적이며, 마이크로 범프(Micro-bump), Cu-Pillar 범프와 같은 다양한 형태의 범프를 제작하는 핵심 제조 단계에 해당한다.

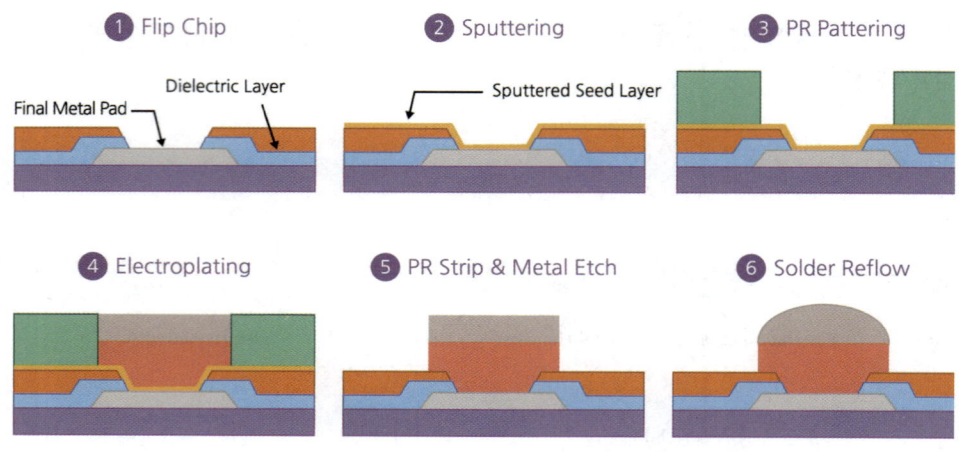

[그림 5-65] 플립 칩 범프(Filp Chip) 공정 순서(© SK하이닉스)

## ⑤ 하이브리드 본딩(Hybrid Bonding)

하이브리드 본딩(Hybrid Bonding)은 기존 마이크로 범프 기반의 HBM 패키지에서 적층되는 칩의 수가 증가하면서, 더 높은 I/O 밀도와 미세 피치가 요구됨에 따라 등장한 기술이다. 마이크로 범프를 사용하지 않고, 칩 표면에 형성된 산화막과 산화막을 직접 결합하거나, Cu와 Cu를 직접 결합하는 방식으로 이루어진다.

이 본딩 방식은 계면 본딩(Interfacial Bonding)의 일종으로, 두 표면을 미세하게 평탄화한 뒤 분자 간 힘에 의해 표면이 직접 접합된다. 그 후 열 처리를 통해 산화막·산화막 접합과 Cu-Cu 직접 본딩이 동시에 일어나 최종적으로 강한 기계적·전기적 연결을 형성한다.

# PART 05 반도체 패키징 공정

## Chapter 01 반도체 패키징 분류

Chapter 01에서는 반도체 패키징을 컨벤셔널 패키징과 어드밴스드 패키징으로 구분하여 설명하였다. 컨벤셔널 패키징은 DIP, QFP, BGA 등 전통적인 방식으로, 구조가 단순하고 신뢰성이 높아 여전히 산업 전반에서 널리 사용된다. 어드밴스드 패키징은 COF, CoC, CoW, TSV, 3D-Stacking 등 고집적·고성능 구현을 위한 첨단 기술로 구성된다. 이를 통해 두 패키징 방식의 특징과 기술적 진화 방향을 비교해 전체 패키징 체계를 학습하였다.

## Chapter 02 컨벤셔널 패키징 공정

Chapter 02에서는 백엔드 공정부터 다이싱, 칩본딩, 몰딩·언더필, 마킹, 트리밍·포밍, 플레이팅, 테스트 공정까지 컨벤셔널 패키징의 전체 플로우를 학습하였다. 특히 웨이퍼 백그라인딩, 다이싱, 칩본딩으로 이어지는 백엔드 및 본딩 공정의 중요성을 중점적으로 다루었다. 와이어 본딩 기반의 전통적 칩 연결 방식과 이를 안정적으로 보호하기 위한 몰딩·언더필 기술을 정리했다. 마킹·트리밍·플레이팅·테스트 등 후공정의 품질 관리 요소를 통해 패키지 완성까지의 전체 흐름을 체계적으로 파악하였다.

## Chapter 03 어드밴스드 패키징 공정

Chapter 03에서는 플립칩 패키징과 솔더링 접합 공정을 중심으로 어드밴스드 패키징 기술을 설명하였다. WLP과 팬아웃 WLP 공정을 통해 웨이퍼 상태에서의 재배선·범프 형성과 패키징 흐름을 다루었다. 또한 칩렛 패키징을 2D·2.5D·3D 구조로 구현하는 방식과 인터포저·TSV 기반 적층 기술을 소개하였다. 전체적으로 고성능 반도체를 위한 다양한 본딩·범프·재배선 기술의 체계를 정리했다.

## Chapter 04 기타 핵심 기술

Chapter 04에서는 TSV, 인터포저, RDL, 범프, 하이브리드 본딩 등 패키징의 핵심 기반 기술을 다루었다. TSV는 칩 적층을 위한 실리콘 내부 수직 연결 기술이며, 인터포저와 RDL은 I/O 재배치 및 배선 확장을 통해 칩과 기판 간 연결을 지원한다. 범프 공정과 하이브리드 본딩은 고밀도·미세 피치 접합을 구현하는 주요 접합 기술이다.

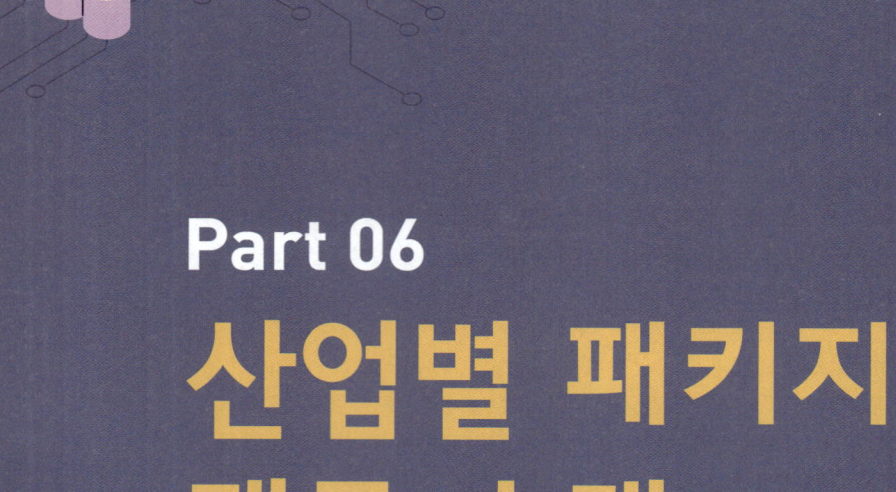

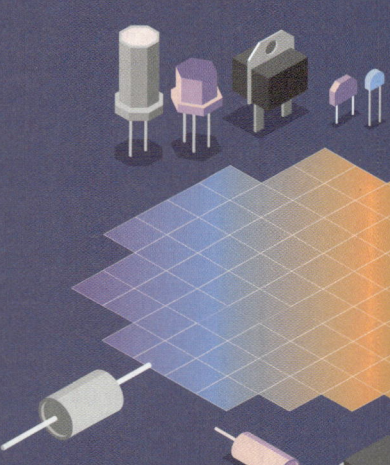

# Part 06
## 산업별 패키지
## 제품 소개

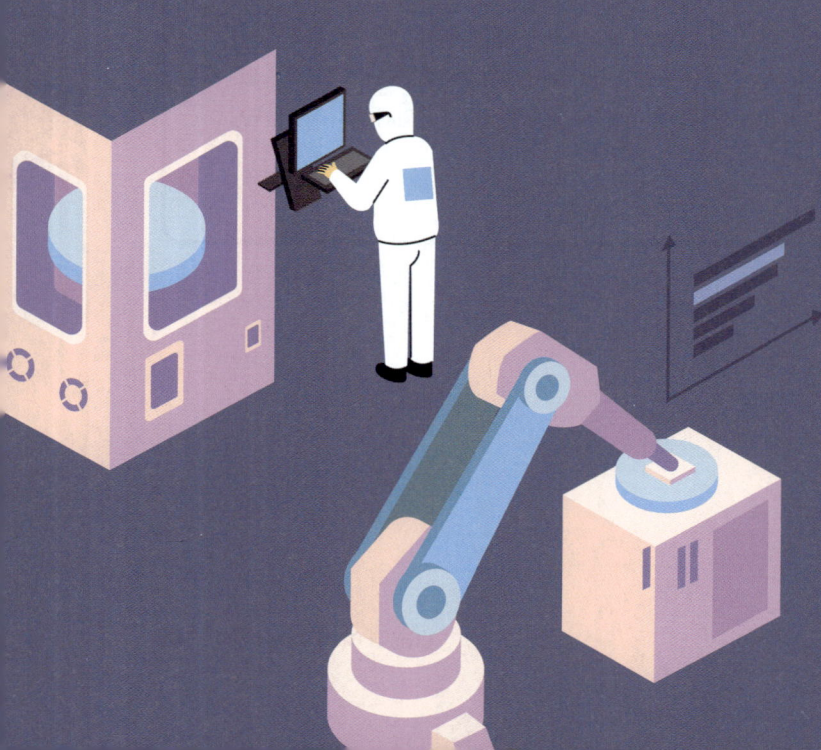

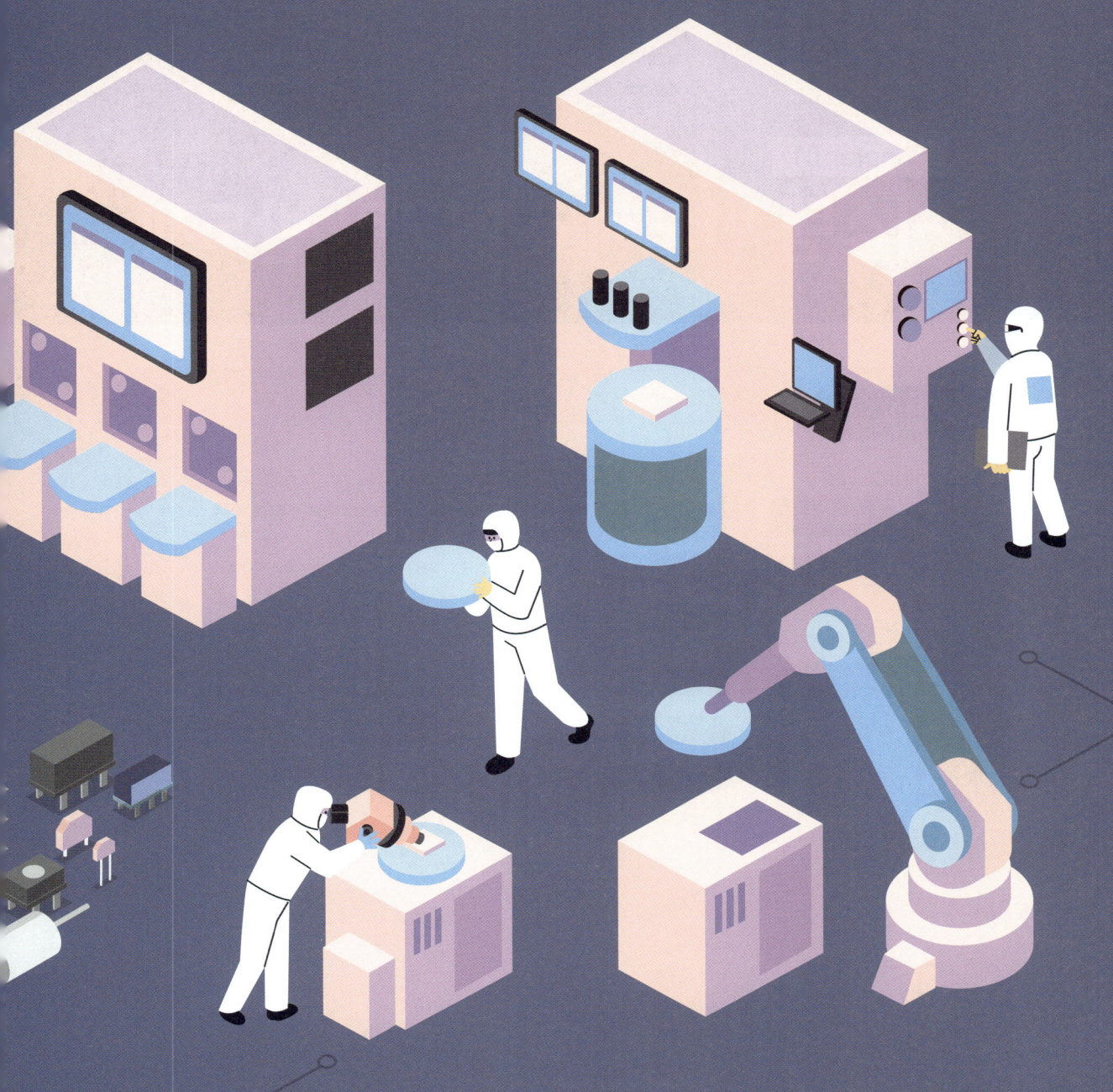

# Chapter 01

# 시스템 반도체와 메모리 반도체

## 핵심요약

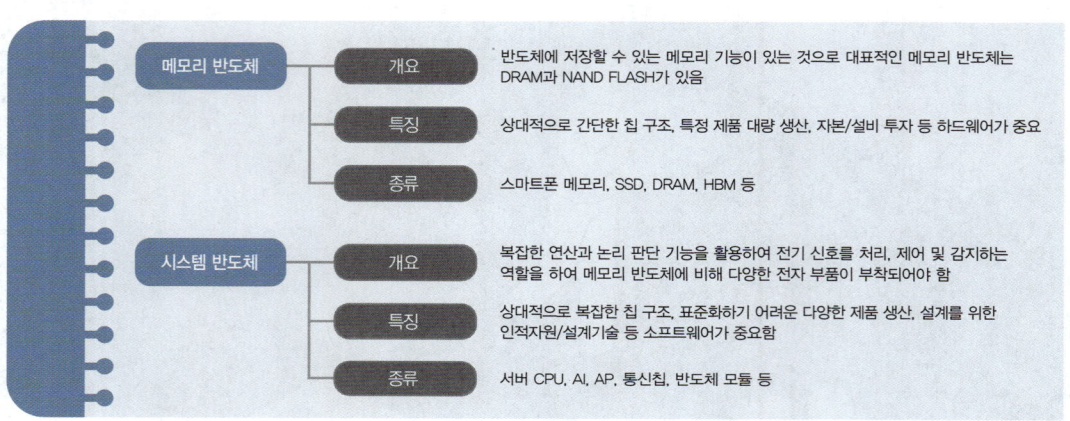

| 메모리 반도체 | 개요 | 반도체에 저장할 수 있는 메모리 기능이 있는 것으로 대표적인 메모리 반도체는 DRAM과 NAND FLASH가 있음 |
| | 특징 | 상대적으로 간단한 칩 구조, 특정 제품 대량 생산, 자본/설비 투자 등 하드웨어가 중요 |
| | 종류 | 스마트폰 메모리, SSD, DRAM, HBM 등 |
| 시스템 반도체 | 개요 | 복잡한 연산과 논리 판단 기능을 활용하여 전기 신호를 처리, 제어 및 감지하는 역할을 하여 메모리 반도체에 비해 다양한 전자 부품이 부착되어야 함 |
| | 특징 | 상대적으로 복잡한 칩 구조, 표준화하기 어려운 다양한 제품 생산, 설계를 위한 인적자원/설계기술 등 소프트웨어가 중요함 |
| | 종류 | 서버 CPU, AI, AP, 통신칩, 반도체 모듈 등 |

반도체 패키지는 적용하는 산업과 분야마다 생산되는 스펙이 모두 다르다. 각 반도체 제품은 고객의 요구사항에 맞추어 패키징과 테스트를 수행하고, 이상이 없는 제품을 만드는 것이 핵심이다. 따라서, 거시적으로 패키지를 만드는 제조 목적은 같을 수 있지만, 세부 요소를 고려하면 같은 패키지가 아니라는 것을 알아야 합니다. 이번 PART에서는 대표적으로 생산되는 패키지의 예시를 보면서, 각 분야에서 반도체 제품이 어떻게 활용되는지 학습한다.

반도체 패키지 제품은 PCB 기판, 인덕터, 커패시턴스 등 주변 전자 부품과 조립되어 최종 제품의 두뇌 역할로 활용된다. 하지만 하나의 패키지를 만들어서 모든 곳에 동일하게 적용할 수는 없다. 왜냐하면 각각의 제품은 활용하고자 하는 성능이 모두 다르기 때문이다. 예를 들어 삼성전자에서 만드는 스마트폰만해도 갤럭시S, 갤럭시A, 갤럭시Z 등으로 다양하고, 갤럭시S 시리즈도 그 안에서 기본형, 엣지, 플러스, 울트라 등으로 성능이 나뉜다. 이런 다양한 성능을 구현하기 위해서는 모두 다른 반도체 패키지 제품을 적용해야 한다.

또 다른 예시를 들어보겠다. 최근 주목받고 있는 AI 반도체는 데이터센터 구동 목적으로도 사용되고 자동차 자율주행 시스템에도 사용된다. 같은 AI 반도체이지만 데이터센터용 AI 반도체는 대량의 데이터를 저장하고 빠르게 전송하기 위해 사용되며, 자동차 자율주행용 AI 반도체는 딥러닝 기반의 시스템이 필수적으로 포함되어 있어야 한다.

이렇게 특정 제품의 제조 목적에 따라 활용되는 반도체 패키지 제품이 다르며, 이를 가장 크게 나눌 수 있는 기준은 메모리 반도체와 시스템 반도체(비메모리 반도체)로 구분하는 것이다. 메모리 반도체는 말 그대로 반도체에 저장할 수 있는 메모리 기능이 있는 것이다. 메모리 반도체 중 DRAM은 전원이 지속적으로 공급되는 상황에서만 데이터를 저장할 수 있어 한계가 명확한 제품이었다. 이를 보완하여 NAND FLASH 메모리 반도체가 개발되었고, 비휘발성 메모리가 상용화되면서 반도체 시장이 폭발적으로 성장하기 시작했다.

그에 반해 시스템 반도체는 복잡한 연산과 논리 판단 기능을 활용하여 전기 신호를 처리, 제어 및 감지하는 역할을 한다. 시스템 반도체는 메모리 반도체에 비해 다양한 전자 부품이 부착되어야 하며, 이를 고려하여 설계와 제조 과정이 복잡한 것이 특징이다. 한국은 반도체 후발주자로 1980년대부터 본격적으로 반도체 산업에 투자를 시작했기 때문에, 글로벌 시장에서 상대적으로 점유율을 확보하기 용이한 메모리 반도체에 집중적인 투자를 했다.

| 항목 | 메모리 반도체 | 시스템 반도체(비메모리 반도체) |
| --- | --- | --- |
| 용도 | 정보 저장 | 정보 처리 |
| 종류 | DRAM, NAND FLASH | CPU, AP, DDI, CIS 등 |
| 칩 구조 | 상대적으로 간단함 | 상대적으로 복잡함 |
| 생산 특징 | 특정 제품 대량 생산(표준화 가능) | 다양한 제품 생산(표준화 어려움) |
| 핵심 경쟁 요소 | 미세공정, 생산설비, 양산능력<br>(하드웨어가 더 중요함) | 설계를 위한 인적자원, 설계 기술<br>(스프트웨어가 더 중요함) |
| 경쟁력 | 생산기술의 개발, 자본, 설비 투자 | 인적자원 확보, 교육, 설계 기술 |
| 시장 점유율 | 30~40% | 60~70% |

[표 6-1] 메모리 반도체와 시스템 반도체의 주요 특징 비교

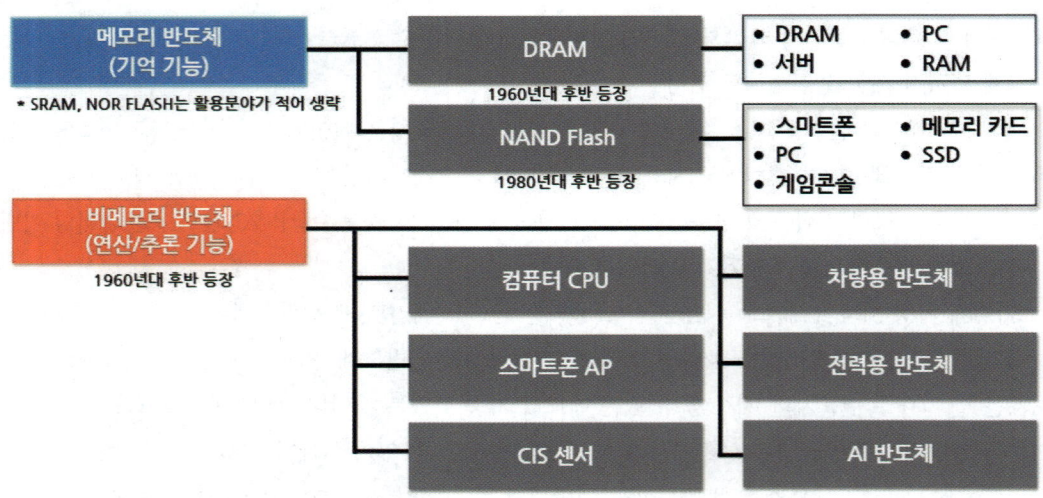

[그림 6-1] 메모리 반도체와 시스템 반도체의 대표적인 제품 목록

메모리 반도체 기술에만 투자해온 한국의 반도체 산업은 한계가 매우 명확하다. 반도체 전체 시장 규모에서 시스템 반도체가 차지하는 비율은 메모리 반도체보다 훨씬 크지만, 한국에서는 메모리 반도체 IDM 기업 중심으로 채용이 진행되다보니 이러한 현실을 알기 힘들었다. 최근들어 HBM 제품 수요가 급증하기 전에는 시스템 반도체의 시장 점유율이 80%에 달하기도 했다.

최신 메모리 반도체의 대표격인 HBM 또한 단순히 DRAM 웨이퍼를 수직으로 연결하는 시대는 벌써 끝나가고 있다. HBM4 제품의 성능을 향상시키는 핵심 기술은 Logic Die를 HBM 메모리 반도체와 수직으로 연결하여 소형화와 고성능을 동시에 확보하는 것이다. 이미 HBM 메모리 반도체도 Logic Die라는 시스템 반도체와 연결하지 않으면 뒤처진 기술이 되어버린 것이다.

[표 6-2]는 현존하는 반도체 패키지 제품 중 대표적인 것들을 정리한 것이다. 표에 정리된 반도체 패키지 제품은 대략 50가지가 넘는데, 여기에 신규 소재를 적용하여 개발 중인 웨이퍼와 기판 또한 20가지가 넘는다. 또한 표에 정리된 내용들은 현재 주로 사용되고 있는 제품과 신소재들이고, 고객의 요구사항에 맞게 이 제품들에서도 또 분기가 일어난다. 즉 실제 글로벌 반도체 시장에서 유통되는 패키지는 수천 개 또는 그 이상이 될 것이다(물론 우리는 그 많은 제품들을 모두 학습할 필요는 없다).

| 대분류 | 종류 | 구분 | 제품 |
|---|---|---|---|
| Conventional PKG | Ceramic PKG | Hermetic PKG | CERDIP, CPGA, CQFP, CLCC, Metal Can |
| | Plastic PKG | Leadframe PKG | DIP, TQFP, LQFP, MQFP, QFP, QFN, QFJ, SOP, TSOP, SIP, ZIP, SOJ, SON, SoIC, SSOP, PLCC, PGA, DFN |
| | | Substrate PKG | BGA, FBGA, LGA, SIMM, DIMM |
| Advanced PKG | Flip chip PKG | | FC-BGA, FC-CSP, FC-PGA, FC-LGA, FC-WLP |
| | WLP/WLCSP | Fan-in | FIWLP, FIWLCSP |
| | | Fan-out | FOWLP, FOWLCSP, InFO, eWLB |
| | PLP | | FOPLP |
| | SiP, SoC, PoP | | — |
| | AiP, AoP | | — |
| | 2.5D /3D PKG | | HBM, TSV, EMIB, CoWoS, CoCoS, FOEB, I-Cube, X-Cube, SoIC |
| | CXL | | — |
| 소재 변경 PKG | 웨이퍼 | | SiC, GaN, GaAs, Ge, SiGe, InP, Sapphire, Diamond, $Si_3N_4$ |
| | 기판 | | LTCC, HTCC, 유리기판, BT Resin, LCP, DBC, AIN, AMB |

[표 6-2] 주로 생산되는 패키지 제품 리스트

Part 06 산업별 패키지 제품 소개

Ch. 01

Ch. 02

Ch. 03

Ch. 04

Ch. 05

Ch. 06

이번 PART에서는 여러 반도체 패키지 제품 중에서 향후 가까운 미래에 수요가 급증할 것으로 예상되는 5가지 제품에 대해서만 집중적으로 학습할 것이다. [그림 6-2]와 같이 반도체 패키지 제품을 필요로 하는 전자제품 제조 기업은 메모리 반도체와 시스템 반도체로 나눠서 제품을 발주한다. 삼성전자와 SK하이닉스와 같은 메모리 반도체 기업은 스마트폰용 메모리, SSD, PC/서버용 DRAM, HBM 등을 주력으로 생산한다. 반면 우리 일상 생활에서 접하는 모든 제품과 산업용 장비는 시스템 반도체가 포함되어 있다. 따라서 이번 PART에서는 시스템 반도체에 대해 중점적으로 학습하는 것이 후공정 산업 취업에 더 많은 도움이 될 것이다.

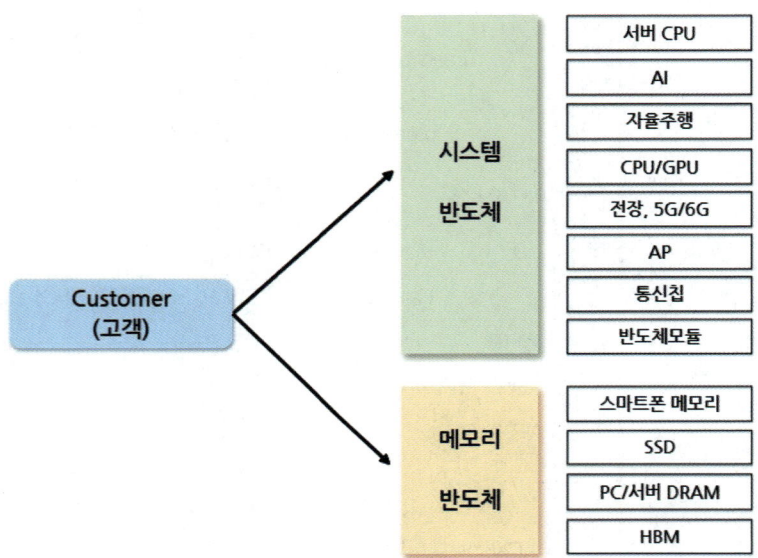

[그림 6-2] 메모리 반도체와 시스템 반도체의 주요 패키지 제품 종류

# Memo

# Chapter 02
# 스마트폰용 반도체 패키지

## 핵심요약

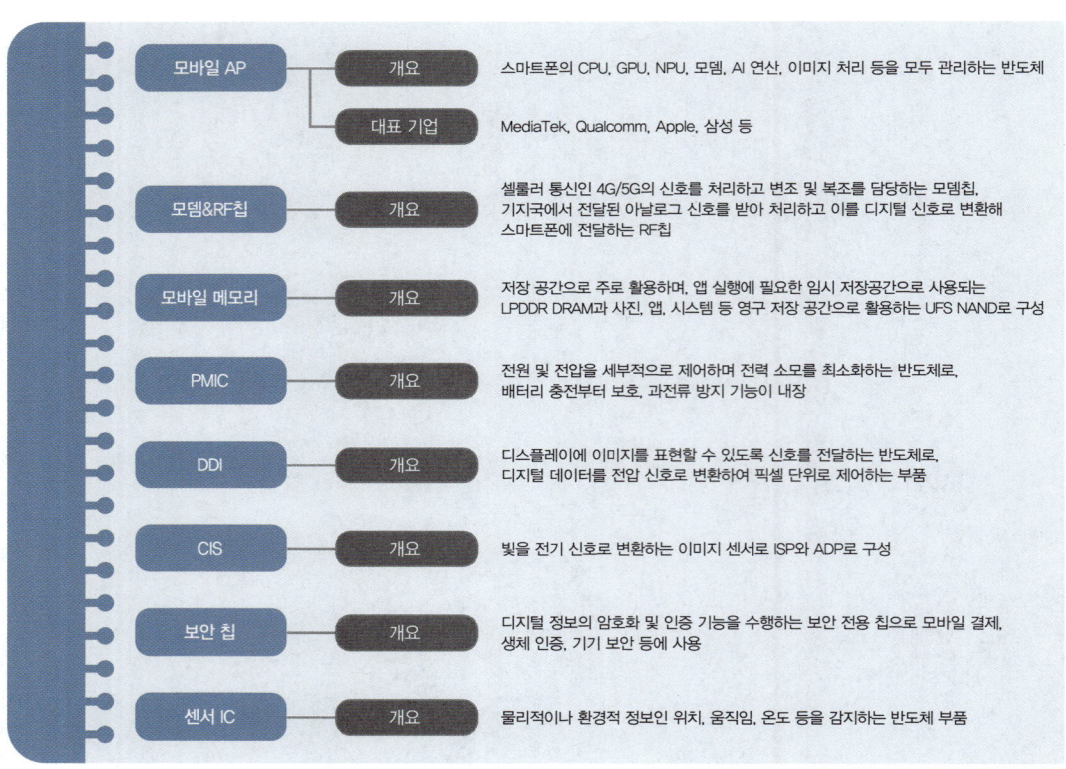

**모바일 AP**
- **개요**: 스마트폰의 CPU, GPU, NPU, 모뎀, AI 연산, 이미지 처리 등을 모두 관리하는 반도체
- **대표 기업**: MediaTek, Qualcomm, Apple, 삼성 등

**모뎀&RF칩**
- **개요**: 셀룰러 통신인 4G/5G의 신호를 처리하고 변조 및 복조를 담당하는 모뎀칩, 기지국에서 전달된 아날로그 신호를 받아 처리하고 이를 디지털 신호로 변환해 스마트폰에 전달하는 RF칩

**모바일 메모리**
- **개요**: 저장 공간으로 주로 활용하며, 앱 실행에 필요한 임시 저장공간으로 사용되는 LPDDR DRAM과 사진, 앱, 시스템 등 영구 저장 공간으로 활용하는 UFS NAND로 구성

**PMIC**
- **개요**: 전원 및 전압을 세부적으로 제어하며 전력 소모를 최소화하는 반도체로, 배터리 충전부터 보호, 과전류 방지 기능이 내장

**DDI**
- **개요**: 디스플레이에 이미지를 표현할 수 있도록 신호를 전달하는 반도체로, 디지털 데이터를 전압 신호로 변환하여 픽셀 단위로 제어하는 부품

**CIS**
- **개요**: 빛을 전기 신호로 변환하는 이미지 센서로 ISP와 ADP로 구성

**보안 칩**
- **개요**: 디지털 정보의 암호화 및 인증 기능을 수행하는 보안 전용 칩으로 모바일 결제, 생체 인증, 기기 보안 등에 사용

**센서 IC**
- **개요**: 물리적이나 환경적 정보인 위치, 움직임, 온도 등을 감지하는 반도체 부품

소비자 전자제품은 일상에서 사용되는 처리, 통신, 저장, 구동, 전력관리 등의 기능을 수행하는 저전력·고집적화된 레이아웃으로 만들어진 반도체 패키지 제품이다. 소비자 전자제품의 종류는 크게 모바일 기기, PC/노트북/태블릿, 가전제품, 의료기기, 스마트워치, AR/VR 등이 있다.

[그림 6-3] 소비자 전자제품군 종류

소비자 전자제품은 소형화되고 고집적화된 대표적인 제품으로, 한정된 공간 안에 다양한 반도체 종류가 조립되는 것이 기술 발전의 핵심이다. 소비자 전자제품은 그 종류가 너무 다양해서, 우리가 일상생활에서 가장 많이 접하는 스마트폰의 반도체 패키지 종류에 대해서 알아보고자 한다.

## 1. 개요

글로벌 스마트폰 반도체 시장은 2025년 약 702조원에서 2033년 약 1,678조원으로 성장할 것으로 전망되며, 이는 연평균 11.6%에 해당하는 가파른 성장이다.

[그림 6-4]를 보면 우리가 일상에서 사용하는 스마트폰에 다양한 반도체와 열 방출 부품, 배터리, 카메라 등 수십 가지 부품이 장착된 것을 볼 수 있다.

[그림 6-4] 갤럭시 S25 TearDown

앞으로도 스마트폰의 성능은 지속적으로 향상되겠지만 크기가 커지는 것에는 한계가 있다. 인간이 손에 쥐고 다닐 수 있는 크기는 한정적이기 때문이다. 따라서 스마트폰용 반도체 패키지 제품은 소형화되고 고집적화될 것이다.

[표 6-3]은 스마트폰에 적용되는 주요 반도체 패키지 종류를 정리한 것이다. 각각의 기능은 모두 다르며 이를 생산하는 기업 또한 다양한 것을 볼 수 있다.

| 반도체 종류 | 기능 | 대표 기업 |
|---|---|---|
| 모바일 AP (Application Processor) | OS 구동, 연산, 그래픽 처리 | Qualcomm, Apple, 삼성전자,, MediaTek |
| 모뎀(Modem) | 셀룰러 통신(5G/LTE) | Qualcomm, 삼성전자,, MediaTek |
| 메모리(DRAM, NAND) | 앱 실행, 데이터 저장 | 삼성전자, SK하이닉스, Micron |
| PMIC(전력관리 칩) | 전압 조절, 배터리 충전 관리 | Qualcomm, TI, Richtek |
| RF 칩셋 | 무선 신호 송수신 | Qorvo, Skyworks, Murata |
| 디스플레이 드라이버 IC(DDI) | 화면 구동 제어 | 삼성디스플레이, Novatek |
| 이미지 센서(CIS) | 카메라 영상 신호 처리 | Sony, 삼성전자, OmniVision |
| 보안 칩 | 지문/얼굴 인식, 암호화 | ST, NXP, 삼성전자 |
| 센서 IC | 자이로, 가속도, 근접, 온도 등 | Bosch, TDK, ST, Qorvo |

[표 6-3] 스마트폰용 반도체 패키지 종류

## 2. 스마트폰용 반도체 패키지 종류

### (1) 모바일 AP

스마트폰의 핵심 부품인 모바일 AP(Application Processor)는 스마트폰의 CPU, GPU, NPU, 모뎀, AI 연산, 이미지 처리 등을 모두 관리하는 반도체로 하나의 칩에 여러 기능을 통합한 System on Chip(SoC) 반도체의 형태로 제작된다. 향후 모바일 AP는 On-Device AI 기능이 강화되고, 통신 모뎀까지 통합하는 방향으로 개발이 진행될 것이다.

모바일 AP의 시장 점유율 순위는 [그림 6-5]와 같다. 이 중 MediaTek, Qualcomm, Apple, 삼성전자에 대해 좀 더 자세히 알아보자.

Part06 산업별 패키지 제품 소개

Ch. 01
Ch. 02
Ch. 03
Ch. 04
Ch. 05
Ch. 06

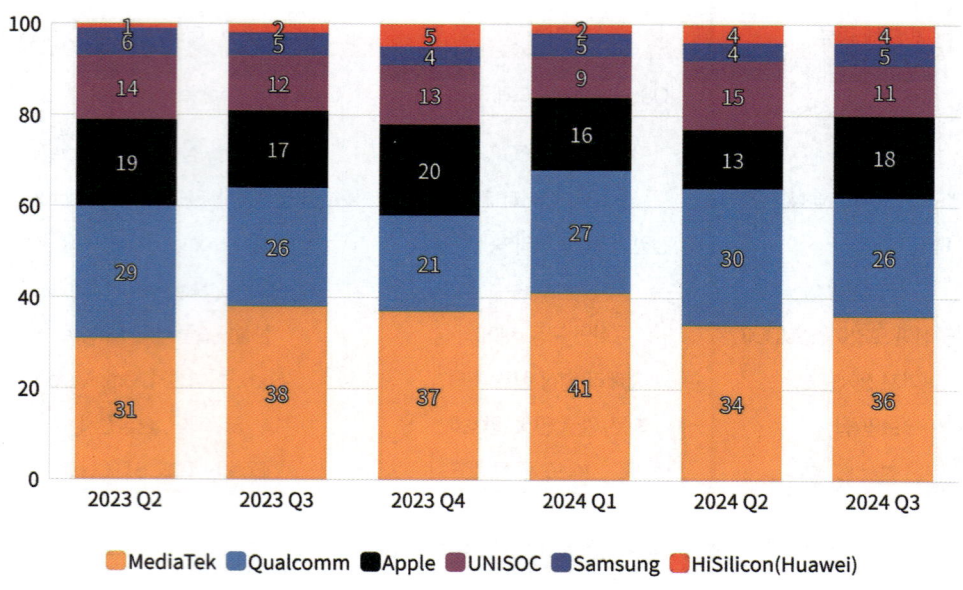

[그림 6-5] 모바일 AP 시장 점유율

## ① MediaTek

대만에 본사를 둔 팹리스 반도체 기업으로, 이동통신, 멀티미디어, 스마트폰, TV, 네트워크 장비 등에 적용되는 SoC를 주로 개발하고 있다. 스마트폰 시장에서는 Dimensity 시리즈로 글로벌 점유율을 크게 높였다. MediaTek의 최신 모바일 AP는 Dimensity 9500시리즈로 3nm 공정으로 제작되었다.

## ② Qualcomm

미국 캘리포니아에 본사를 둔 다국적 기업으로, 무선 통신 기술에 기반한 반도체, 소프트웨어, 통신 솔루션을 개발한다. Qualcomm의 최신 모바일 AP는 2025년 9월 발표된 Snapdragon 8 Elite Gen 5로 3nm 공정으로 제작되었다.

## ③ Apple

미국 캘리포니아에 본사를 둔 다국적 기업으로 아이폰, 아이패드, 맥 등 고성능 하드웨어 및 소프트웨어 생태계를 구축한 기업으로 유명하다. Apple은 삼성전자의 모바일 AP를 납품받아 사용하다가 2010년 아이폰4에 자체 설계한 Apple A4칩을 처음 탑재한 이후 자사 기기에 사용되는 여러 모바일 AP를 꾸준히 개발하고 있다. Apple의 최신 모바일 AP는 A19로 3nm 공정으로 제작되었다.

### ④ 삼성전자

삼성전자는 Exynos라는 모바일 AP를 자체적으로 개발 및 생산하고 있다. 최신 시리즈는 Exynos 2500으로 3nm 공정으로 제작되었다. 비록 삼성전자가 모바일 AP를 자체적으로 생산하고 있지만, 안정적인 수율이 확보되지 않을 뿐만 아니라 품질 안정성이 저하되는 문제가 있다. 이에 삼성전자의 스마트폰인 갤럭시 S 시리즈와 Z 시리즈에도 Qualcomm의 Snapdragon을 병행해서 사용하고 있다.

## (2) 모뎀 & RF 칩

통신 신호를 주고받을 수 있는 기능을 담당하는 부품으로는 모뎀 칩과 RF 칩이 있다. 모뎀 칩은 셀룰러 통신인 4G/5G의 신호를 처리하고 변조 및 복조를 담당하는 칩이다. 앞서 모바일 AP 개발 방향에서 언급했듯이 통신 모뎀이 모바일 AP에 통합된 제품도 있다. 이를 고급형 SoC라고 표현하며, Qualcomm의 Snapdragon과 같은 모바일 AP가 해당 예시가 된다.

RF 칩은 RF 트랜지스터, 파워 앰프, 저잡음 증폭기 등으로 구성되며, mmWave 지원이 되어야 작동이 가능한 특징이 있다. RF 칩은 기지국에서 전달된 아날로그 신호를 받아 처리하고, 이를 디지털 신호로 변환해 스마트폰에 전달한다. 또한 스마트폰에서 생성된 디지털 신호를 다시 RF 신호로 바꿔 기지국으로 송신하는 방식으로 동작한다.

## (3) 모바일 메모리

스마트폰에 사용되는 모바일 메모리는 저장 공간으로 주로 활용하며, 앱 실행에 필요한 임시 저장공간으로 사용되는 LPDDR DRAM[20]과 사진, 앱, 시스템 등 영구 저장 공간으로 활용하는 UFS NAND로 구성된다. 최근 스마트폰의 저장 용량은 플래그십 모델 기준으로 기본 256GB부터 많게는 1TB까지 저장할 수 있도록 개발되었다.

## (4) PMIC(Power Management IC, 전력 관리 칩)

PMIC은 전원 및 전압을 세부적으로 제어하며 전력 소모를 최소화하는 반도체로, 배터리 충전부터 보호, 과전류 방지 기능이 내장되어 있다. 주요 기능으로는 DC-DC 직류 전압을 변환하거나, 전력 스위칭이 가능한 것이 특징이며, 향후 기술 개발 트렌드로 총 3가지가 예상된다. 우선 저전력 소모 설계와 고집적화가 구현되어 하나의 칩에서 여러 전원을 제어할 것이다. 두 번째로는 모바일 AP 전용 PMIC 설계가 지속적으로 중요해질 것이다. 마지막으로 웨어러블 디바이스는 스마트폰보다도 크기가 더 작기 때문에 초저전력 PMIC 수요가 많이 확대될 전망이다.

---

**20** Low Power Double Data Rate DRAM으로, 저전력에 초점을 맞춤 DRAM 제품이다.

## (5) DDI(Display Driver IC, 디스플레이 드라이버)

DDI는 디스플레이에 이미지를 표현할 수 있도록 신호를 전달하는 반도체로, 디지털 데이터를 전압 신호로 변환하여 픽셀 단위로 제어하는 부품이다. 주요 기능으로는 LCD나 OLED를 구동하고, 터치 센서로 컨트롤이 가능하며, 컬러/밝기/해상도 조정이 자유로운 특징을 가지고 있다. 향후 개발 트렌드로 터치와 DDI 칩이 통합되는 TDDI 기술이 개발되어 소형화를 이룰 것으로 보이며, 고성능이 요구되는 OLED용 DDI도 수요가 급증할 것으로 예상된다. 또한 QHD나 4K와 같은 고해상도 패널 사용이 늘어나고 있기 때문에 전력 효율화를 달성하는 것도 중요 과제가 될 것이다.

## (6) CIS(CMOS Image Sensor, 이미지 센서)

CIS는 빛을 전기 신호로 변환하는 이미지 센서로, 주요 구성 요소는 빛을 수집하는 Pixel Array와 노이즈를 제거하고 색을 보정하는 ISP(Image Signal Processor), 아날로그와 디지털 신호를 변환하며 이미지에 존재하는 결함 픽셀을 자동으로 찾아 보정하는 기능을 담당하는 ADP(Automatic Defect Pixel Correction)로 구성되어 있다. CIS는 앞으로도 고화질·고속·저전력·소형화 방향으로 발전할 것으로 예상된다. 특히 더 많은 빛을 받아들이기 위한 픽셀 구조 혁신, AI 기반의 고급 노이즈 제거 및 보정 기술, 초고속 영상 촬영을 위한 고프레임·고대역폭 인터페이스가 핵심 트렌드가 될 전망이다.

## (7) 보안 칩

보안 칩은 디지털 정보의 암호화 및 인증 기능을 수행하는 보안 전용 칩으로 모바일 결제, 생체 인증, 기기 보안 등에 사용한다. 주요 기능으로는 지문과 얼굴 정보를 저장하고, 인증키와 암호키를 저장하며, 보안 기능을 기반으로 기기를 부팅하며, 기기와 eSIM을 연동하는 것이 있다. 예를 들면 삼성전자의 Knox, Apple의 Secure Enclave, 신용카드가 이러한 기능들을 모두 포함하고 있다. 앞으로는 이러한 기능들 뿐만 아니라 NFC 안테나 통신까지 결합하는 통합 칩이 개발될 것인데, 이를 iSIM이라고 한다. iSIM의 크기는 eSIM보다 약 60% 이상 축소되는 사이즈로 개발될 전망이다.

## (8) 센서 IC

센서는 물리적이나 환경적 정보인 위치, 움직임, 온도 등을 감지하는 반도체 부품 종류를 말한다. 대부분 아날로그 신호를 디지털 신호로 변환하여 인식하는 방식을 활용하며, 주요 종류로는 가속도 센서, 자이로 센서, 지자기 센서, 근접 센서, 조도 센서, 기압/온도/습도 측정 센서 등이 있다. 향후 개발 트렌드로는 자이로/가속도/자기장의 각 축을 통합한 9축 센서가 개발되어 소형화를 이룰 것이다. 또한 모바일이나 웨어러블 디바이스 또는 IoT 제품에 On – Device AI 기능을 사용할 수 있도록 연관된 센서를 지속 개발하고 있다.

# ③ 스마트폰용 반도체 패키지 발전 방향

스마트폰은 AP/AI/통신/CIS/메모리 등 다양한 기능의 반도체가 소형 플랫폼에 집적화되기 때문에 각 기술들이 SoC 형태로 소형화가 지속될 것이다. 또한 스마트폰의 기술 개발로 인하여 모바일 제품과 데스크톱 PC의 경계가 허물어지기 시작했다. 이는 스마트폰에서 복잡한 작업이 가능해졌고, On-Device AI의 상용화가 준비되었음을 의미한다.

벤치마크라고 하는 소비자 전자제품의 성능을 수치로 비교하는 웹사이트를 기준으로, 2024년에 출시된 아이폰 16 Pro 제품의 싱글코어와 멀티코어 점수는 각각 3,429점과 8,790점을 달성했다. 또한 2020년에 출시된 M1 맥북 에어의 싱글코어와 멀티코어 점수는 각각 2,370점과 8,606점을 기록했다. 이는 스마트폰과 데스크톱 PC의 성능 차이가 점차 좁혀지고 있음을 의미하며, 향후 모바일과 데스크톱 구동 환경의 앱 호환까지도 고려한 시스템이 제작될 것이다. 최근 Windows 11 기능을 보면 PC 또는 노트북에서 스마트폰과 연동하여 사용할 수 있는 기능을 추천 기능으로 제안하고 있다. 이미 이러한 기술의 연계가 실현되고 있음을 보여주는 사례다.

따라서 스마트폰에 탑재되는 반도체는 AI 연산 특화 기능 개발, 5G/6G 통신의 통합 SoC, 모바일 AP와 메모리 반도체의 통합, 전력 효율 향상을 통해 지속적으로 소형화/고집적화될 것이다.

Part 06 산업별 패키지 제품 소개

Ch. 01
Ch. 02
Ch. 03
Ch. 04
Ch. 05
Ch. 06

# 차량용 반도체 패키지

## 핵심요약

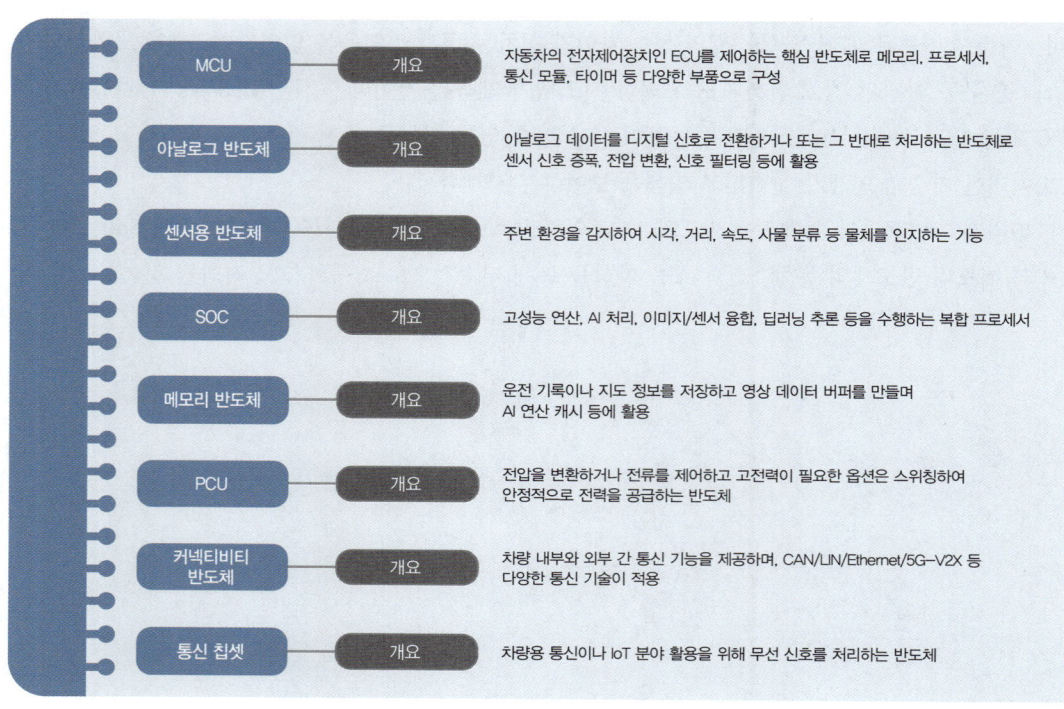

| MCU | 개요 | 자동차의 전자제어장치인 ECU를 제어하는 핵심 반도체로 메모리, 프로세서, 통신 모듈, 타이머 등 다양한 부품으로 구성 |
|---|---|---|
| 아날로그 반도체 | 개요 | 아날로그 데이터를 디지털 신호로 전환하거나 또는 그 반대로 처리하는 반도체로 센서 신호 증폭, 전압 변환, 신호 필터링 등에 활용 |
| 센서용 반도체 | 개요 | 주변 환경을 감지하여 시각, 거리, 속도, 사물 분류 등 물체를 인지하는 기능 |
| SOC | 개요 | 고성능 연산, AI 처리, 이미지/센서 융합, 딥러닝 추론 등을 수행하는 복합 프로세서 |
| 메모리 반도체 | 개요 | 운전 기록이나 지도 정보를 저장하고 영상 데이터 버퍼를 만들며 AI 연산 캐시 등에 활용 |
| PCU | 개요 | 전압을 변환하거나 전류를 제어하고 고전력이 필요한 옵션은 스위칭하여 안정적으로 전력을 공급하는 반도체 |
| 커넥티비티 반도체 | 개요 | 차량 내부와 외부 간 통신 기능을 제공하며, CAN/LIN/Ethernet/5G-V2X 등 다양한 통신 기술이 적용 |
| 통신 칩셋 | 개요 | 차량용 통신이나 IoT 분야 활용을 위해 무선 신호를 처리하는 반도체 |

# ① 차량용 반도체 패키지 개요

차량용 반도체는 자동차에 사용되는 전자 시스템과 부품을 제어하는 반도체로 자율주행, 전기차, 커넥티드카, 인포테인먼트 시스템 등 첨단 기능을 구현하는 시스템 반도체의 대표 제품이다. 현재는 자동차의 제어시스템 확대로 인하여 차량용 반도체 수요가 급증하고 있다.

과거 차량용 반도체 시장은 성능 수준이 상대적으로 낮은 Conventional 패키지 제품이 약 99%를 차지하는 구조였다. 그러나 코로나 이후 재택근무가 보편화되면서 컴퓨터, 모바일 기기, 데이터센터 등 전자제품 수요가 급증해 반도체 기업들이 IT 제품 생산에 집중하는 흐름으로 전환되었다. 여기에 미국의 중국 파운드리 기업 SMIC 제재까지 더해지면서, 차량용 반도체를 공급하던 업체들 역시 큰 영향을 받았다.

이러한 복합적인 요인으로 2021년 하반기부터 차량용 반도체 공급 부족이 본격화되었고, 그 영향은 2023년까지 이어져 전 세계 자동차 생산에 심각한 차질을 초래했다. 이에 많은 글로벌 완성차 기업들은 안정적인 부품 확보를 위해 차량용 반도체의 자체 생산 역량을 강화하는 데 투자하기 시작했으며, 2025년까지 대부분이 자체 생산 네트워크를 구축하는 방향으로 공급망 안정화 전략을 마련하게 되었다.

차량용 반도체 시장 규모는 2023년 약 100조 원 규모에서 2028년 154조 원 규모로 성장할 전망이며, 이는 연평균 성장률 8.9%에 달하는 높은 수치이다. 자동차 1대당 평균 반도체 적용 개수도 2023년 834개에서 2029년 1,106개로 단순한 개수만 약 32% 급증할 것으로 예상한다. 글로벌 차량용 반도체 기업들의 점유율은 네덜란드의 NXP가 21%로 1위를 차지했으며, 2위는 독일의 Infineon이 19%, 3위는 일본의 Renesas가 15%를 기록했다. 그 다음으로 4위는 미국의 Texas Instrument가 14%, 5위는 스위스의 STMicro, 6위 독일의 Bosch와 7위 미국의 ON Semiconductor는 각각 9%의 시장 점유율을 확보했다. 차량용 반도체 역시 오랜기간 개발이 지속된 시스템 반도체이기 때문에, 한국 기업은 상위권에 위치하지 않고 있는 특징을 볼 수 있다.

아래의 [표 6-4]는 글로벌 차량용 반도체 생산 기업별 개발 제품과 활용 시스템을 보여주고 있다. 자세한 개발 제품과 활용 시스템은 정리된 내용을 참고하기 바란다.

Part 06 산업별 패키지 제품 소개

Ch. 01
Ch. 02
Ch. 03
Ch. 04
Ch. 05
Ch. 06

| 기업명 | 제품명 | 개발 제품 | 활용 시스템 |
|---|---|---|---|
| NXP | S32 시리즈, RADAR 센서 | 차량용 MCU, 센서, 전력 관리, 통신 시스템 | 자율주행, 전기차, 인포테인먼트 시스템, V2X(차량 간 통신) |
| Qualcomm | Snapdragon Automotive | 차량용 프로세서, 커넥티비티 솔루션 | 인포테인먼트 시스템, 커넥티비티, 자율주행 지원 |
| Renesas Electronics | R-Car 시리즈 | 차량용 MCU, SoC | 자율주행, 전기차, 스마트 차량 시스템 |
| Infineon | AURIX 시리즈 | 차량용 반도체, 전력 관리, MCU | 안전 시스템(ESP, ABS), 전력 제어, 배터리 관리 |
| STMicro Electronics | L9901 | 전력 관리, 센서, 전자 제어 유닛 | 엔진 제어, 에어백 시스템, 전동화 및 전기차 시스템 |
| Bosch | BOSCH Automotive Microcontroller | ECU, 센서 시스템, 전력 관리 | 자율주행, 전자 제어 시스템, 파워트레인 시스템 |
| Texas Instruments | TMS 시리즈, LM 시리즈 | 차량용 MCU, 전력 관리, 아날로그 회로 | 엔진 관리, 전력 제어 시스템, 안전 시스템 |

[표 6-4] 차량용 반도체 주요 기업별 생산 제품과 활용 시스템

## ② 차량용 반도체 패키지 밸류체인

차량용 반도체는 팹리스 기업이 설계하고 파운드리와 OSAT 기업이 이를 위탁 생산하는 구조로 제조된다. 이렇게 생산된 차량용 반도체는 자동차 1차 벤더사에 공급되어 여러 전자부품 및 하드웨어와 조립되며, 하나의 자동차 부품으로 완성된다. 완성된 부품은 다시 완성차 업체로 전달되고, 완성차 업체는 이를 최종적으로 조립하여 자동차를 생산하는 밸류체인 구조를 가진다.

이러한 구조 때문에 완성차 업체는 주로 부품 조립 중심의 역할을 맡아왔으며, 차량용 반도체의 설계·제조 역량은 상대적으로 부족한 편이었다. 그러나 최근 차량 내 SW 비중이 급격히 커지는 차량의 전자화·지능화가 가속되면서, 완성차 업체 역시 SoC 설계 등 차량용 반도체 개발 역량 확보가 필수가 되고 있다. 이에 따라 글로벌 완성차 기업들은 반도체 전문 인력을 적극적으로 채용하며 내부 역량을 강화하는 추세다.

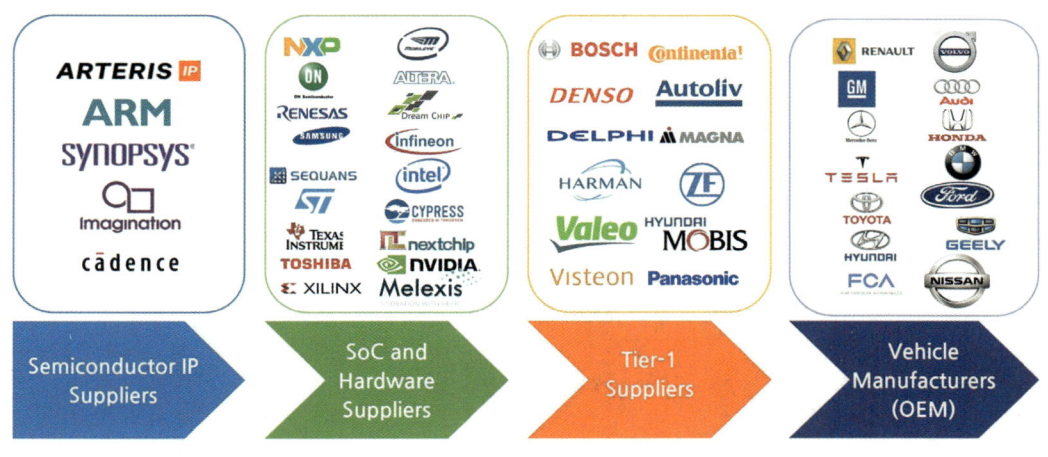

[그림 6-6] 차량용 반도체 밸류체인

## ③ 차량용 반도체 패키지 종류

## 1. 개요

자동차는 아날로그와 디지털 신호를 주고받으며 다양한 기능을 수행하도록 설계되는데, 이러한 신호 처리가 안정적으로 이루어지도록 하는 것이 차량용 반도체 패키지 시스템의 기본 목적이다. 구동 시스템은 상시 가동되는 만큼 고온·고압 환경에서도 안정적으로 작동할 수 있는 내구성과 고신뢰성 확보가 필수적이다. 또한 차량용 반도체는 에어백, ABS 등 안전 시스템과 직접 연결되기 때문에 일반 소비자용 반도체보다 훨씬 높은 수준의 신뢰성 기준이 요구된다. 이에 따라 차량용 반도체는 ISO 26262와 같은 국제 안전 규격을 충족하도록 설계되어야 한다.

차량 한 대에는 1,000개에 가까운 반도체가 사용된다. 이번 챕터에서는 이러한 반도체를 핵심 기능에 따라 7가지로 분류하여 학습한다.

| 종류 | 비중 | 주요 기능 | 개발 기업 |
|---|---|---|---|
| MCU<br>(Micro-controller Unit) | 30% | 각종 ECU 제어, 기본 동작 실행 | Renesas, NXP |
| 아날로그 반도체 | 29% | 센서 입력 신호 처리, 전압 조정 | Texas Instruments,<br>ADI |
| 센서용 반도체 | 17% | 카메라, 레이더, LiDAR 등으로 주변 환경 감지 | ON Semi, STMicro,<br>Infineon |
| SoC<br>(System on Chip) | 10% | 자율주행, 인포테인먼트, ADAS 제어 | NVIDIA Drive,<br>Tesla FSD |
| 메모리 반도체 | 7% | 주행 기록 저장, 고속 데이터 처리 | SK하이닉스, 삼성전자,<br>Micron |
| 전력 반도체 | 4% | 전력 변환, 배터리 관리, 모터 제어 | Infineon, ST, ROHM,<br>Mitsubishi |
| 통신 칩셋 | 3% | 차량 간/차량-인프라 통신(V2X), 5G, CAN | Qualcomm, NXP |

[표 6-5] 차량용 반도체의 종류와 적용 비중

## 2. MCU

자동차의 전자제어장치인 ECU(Electronic Control Unit)를 제어하는 핵심 반도체로 메모리, 프로세서, 통신 모듈, 타이머 등 다양한 부품으로 구성되어 있다. MCU는 센서로부터 입력된 신호를 받아 이를 처리한 뒤, 그 결과를 구동기로 전달해 자동차의 각종 기능이 제어되도록 하는 방식으로 동작한다. 주된 적용 분야는 엔진 제어, 브레이크 시스템, 에어백, 램프, 와이퍼, 윈도우 컨트롤, 전기차 배터리 관리 시스템(BMS) 등 매우 다양하다. 최근에는 차량 기능 고도화로 고성능/고신뢰성을 갖춘 MCU 수요가 확대될 것으로 전망되며, 자동차 1대 당 약 100~150개의 MCU 반도체가 필요할 것으로 전망한다.

## 3. 아날로그 반도체

아날로그 반도체는 아날로그 데이터를 디지털 신호로 전환하거나 또는 그 반대로 처리하는 반도체로 센서 신호 증폭, 전압 변환, 신호 필터링 등에 활용된다. 적용 분야는 전압 조절, 온도 센서, 오디오 앰프, 램프의 조도 센서 등이 있다. 차량 구동 시스템에 포함된 아날로그 반도체는 소비자의 안전과 직결되기 때문에 정확한 제어 컨트롤은 필수이다. 개발 기업은 Texas Instrument, ADI 등이 있다.

## 4. 센서용 반도체

센서용 반도체는 주변 환경을 감지하여 시각, 거리, 속도, 사물 분류 등 물체를 인지하는 기능을 하며, 이를 위해 수집된 아날로그 신호를 디지털 신호로 변환하거나 전처리하여 활용한다. 대표적인 센서용 반도체로는 이미지 센서, 카메라, 레이더, 라이다 등이 있다. 자율주행 기술을 구현하기 위한 핵심 반도체로 주목받고 있기 때문에 센서용 반도체의 스펙은 빠르게 발전하고 있다. 개발 기업은 ON Semi, STMicro, Sony, NXP, Texas Instruments 등이 있다.

## 5. SoC

고성능 연산, AI 처리, 이미지/센서 융합, 딥러닝 추론 등을 수행하는 복합 프로세서인 SoC는 차량용 반도체 분야에서는 CPU, GPU, NPU, ISP 등을 하나의 칩에 통합하여 설계한다. 적용 분야는 자동차의 전장 시스템 중 핵심인 자율주행과 인포테인먼트 시스템에 활용한다. 향후 기술 트렌드로는 고성능 반도체가 필요하여 7nm 이하의 공정을 사용하며, LPDDR5나 PCIe 등 고속 인터페이스가 필요할 것이다. 또한 자율주행 시스템의 기술 고도화로 AI 추론 전용 HW가 필수적으로 필요하며, 전력 효율 및 발열 제어도 매우 중요할 것이다. 개발 기업은 NVIDIA, Qualcomm, Tesla, 모빌아이, 삼성전자 등이다.

## 6. 메모리 반도체

메모리 반도체는 데이터를 저장하고 프로그램을 실행하는 반도체로, 운전 기록이나 지도 정보를 저장하고 영상 데이터 버퍼를 만들며 AI 연산 캐시 등에 활용된다. 자율주행 시스템과 인포테인먼트 시스템에서 사용하는 데이터 용량이 갈수록 증가하는 추세이기 때문에 메모리 반도체의 저장 용량도 이에 맞춰 늘어나고 있다. 자율주행 시스템과 인포테인먼트 시스템에서 사용하는 데이터 용량이 갈수록 증가하는 추세이기 때문에 메모리 반도체의 저장 용량도 이에 맞춰 늘어나고 있다. 메모리 반도체 개발 기업은 앞에서 학습한 것처럼 삼성전자, SK하이닉스, Micron이 있다.

## 7. PCU(Power Control Unit, 전력 반도체)

전압을 변환하거나 전류를 제어하고 고전력이 필요한 옵션은 스위칭하여 안정적으로 전력을 공급하는 반도체이다. 흔히 전력 반도체라고 부르나 자동차 업계에서는 PCU라고 명칭한다. 주로 전기차 모터 구동이나 BMS, DC-DC컨버터, OBC 분야에 활용되며 상세한 내용은 Chapter 5에서 확인할 수 있다. 개발 기업은 Infineon, STMicro, ROHM, ON Semi 등이 있다.

## 8. 커넥티비티 반도체

차량 내부와 외부 간 통신 기능을 제공하며, CAN/LIN/Ethernet/5G−V2X 등 다양한 통신 기술이 적용되는 반도체이다. 그중에서 차량 내부는 ECU간 통신하는 CAN이나 Ethernet 방식을 주로 사용한다. CAN 통신은 기존에 Point to Point 통신 방식보다 진보된 통신 기술로, 각각의 제어기를 1대1로 연결하는 것이 아니라 고속 통신과 저속 통신이 필요한 분야를 나눠서 중앙 집중형으로 통신하는 방식이다.

적용 분야는 V2X, V2I, OTA(Over The Air) 업데이트 등이다. 최근 자동차의 통신이 중요해지면서 실시간으로 업데이트되는 기술인 OTA를 시작으로 V2X, V2I 기술이 주목받고 있다. 또한 EU의 사이버보안 법규 대응을 위해  보안 기능이 내장된 무선 통신 기반 통신칩의 수요가 증가하고 있다. 개발 기업은 Qualcomm, NXP, 마벨 등이다.

## 9. 통신 칩셋(mmWave / RF)

mmWave 반도체는 고주파 무선 신호를 처리하는 반도체로, 파장의 길이가 1~10mm 수준이라 mmWave 라고 부른다. 5G 통신을 활용하기 때문에 국가마다 다른 주파수 대역대를 사용하며, 차량용 레이더는 일반적으로 77GHz 대역을 사용한다. RF 반도체는 mmWave보다 낮은 무선 주파수를 처리하며, 무선 신호의 증폭, 믹싱, 변조, 스위칭 등에 사용한다. 적용 분야는 차량용 통신이나 IoT 분야에 활용한다.

## ④ 차량용 반도체 패키지 적용 분야

## 1. 자율주행 시스템

### (1) 개요

자율주행 시스템은 차량이 스스로 도로와 주변 환경을 인지·판단하여 주행과 제어를 수행하는 복합적인 기술 집합으로, 다양한 첨단 반도체가 핵심 역할을 담당한다. 아래는 실제 적용 사례와 함께, 자율주행을 가능하게 하는 주요 반도체와 그 활용처에 대한 설명이다.

## (2) 주요 반도체 종류 및 사용처

### ① 고성능 SoC(System-on-Chip)

차량 내 센서(레이더, 라이다, 카메라 등)에서 수집하는 방대한 데이터를 실시간으로 융합하고, 정밀 지도 인식 · 경로 계획 · AI 기반 판단 등 복잡한 연산을 수행하는 중앙 처리 장치이다. SoC에는 CPU, GPU, 메모리, 각종 인터페이스가 통합되어 있다.

### ② GPU, NPU(Neural Processing Unit)

고속 병렬 연산을 통해 딥러닝 기반 객체 탐지, 영상 · 이미지 처리, 심층 신경망(DNN) 추론 등의 작업을 가속화한다. 스스로 학습하고 복잡한 환경을 실시간 인식 · 분석해야 하는 자율주행 시스템에 필수적이다.

### ③ DRAM, NAND 등 메모리 반도체

정밀 지도 정보, 센서 데이터, 주행 기록 등 대용량 데이터를 임시 저장하거나 로그로 보관한다. 빠른 데이터 입출력이 필요한 실시간 연산, 주행 이력 분석 등에 필수적이다.

### ④ Ethernet PHY, Switch 등 네트워크 반도체

초고속 유선 데이터 통신(GMSL, AVB, 이더넷)을 통해 센서와 중앙 연산 장치, 주변 ECU 간의 대용량 데이터 공유를 지원한다. 실시간 센서 데이터 전송 및 동기화를 위해 높은 신뢰성과 대역폭이 요구된다.

### ⑤ 사이버 보안 칩

차량 외부나 내부로부터의 해킹을 방지하고, 신호 및 데이터 암호화를 담당한다. 안전한 자율주행 운영을 위해 차량 네트워크 전반에 적용되며, OTA(무선 소프트웨어 업데이트) 보안도 지원한다.

Part 06 산업별 패키지 제품 소개

Ch. 01
Ch. 02
Ch. 03
Ch. 04
Ch. 05
Ch. 06

# 2. ADAS(Advanced Driver Assistance System, 첨단 운전자 보조 시스템)

## (1) 개요

ADAS는 자율주행과 구분되는 개념으로, 운전 중 운전자를 보조하고 차량 안전을 지원하는 다양한 기능을 제공한다. 스마트 크루즈 컨트롤, 차선 유지 보조, 자동 비상 제동 등의 기능이 현재 대부분의 양산차에 적용되고 있다. 자율주행 기술과 달리 ADAS는 차량 내부 통신망을 통해서만 제어되므로 외부 네트워크 의존도가 낮다. ADAS 시스템을 구현하기 위한 반도체의 종류와 세부 사용처는 다음과 같다.

## (2) 주요 반도체 종류 및 사용처

### ① 이미지 센서

전방, 후방, 측면에 장착된 카메라에서 실시간으로 영상 신호를 전달받아 차량 주변의 차선, 보행자, 장애물, 신호등 등 다양한 객체를 감지하는 역할을 한다. 고해상도 이미지 센서는 밝고 어두운 환경 모두에서 정확한 영상 처리를 지원해야 하며, 적외선 카메라도 야간 주행 안전성 강화에 활용된다.

### ② 레이더, LiDAR 칩

레이더는 전자기파를 방사하여 주변 물체까지의 거리와 상대 속도를 정확히 감지하는 센서다. LiDAR는 레이저 펄스를 발사해 반사되는 신호로 3차원 거리 정보를 수집한다. 두 센서 모두 악천후 상황에서도 안정적으로 작동하며, ADAS의 충돌 회피 및 적응형 속도 제어 기능을 지원한다.

### ③ SoC, AI 프로세서

카메라, 레이더, LiDAR에서 수집한 데이터를 융합 분석하여 주변 상황을 종합적으로 인지한다. 고급 딥러닝 모델을 통해 객체 인식, 차선 추적, 주행 경로 판단 등을 실시간으로 수행한다. NPU(신경망 처리 장치)는 AI 추론 연산을 가속화하여 저지연 응답을 가능케 하며, 차량 안전에 중요한 역할을 한다.

### ④ MCU

각종 센서 장치의 동작을 제어하고 수집된 신호를 처리한다. ADAS 시스템의 다양한 제어 기능을 조율하며, 차량 내부 ECU들과 협력하여 안전한 차량 제어를 구현한다. MCU는 높은 신뢰성과 실시간 응답성을 요구받는 핵심 요소다.

### ⑤ 통신 칩

ADAS 시스템과 동력, 제동, 조향 등을 담당하는 ECU 간에 CAN, Ethernet 등의 프로토콜로 데이터를 교환한다. 저지연 통신을 통해 ADAS의 판단 결과가 즉시 차량 제어로 반영될 수 있도록 지원한다.

## 3. 파워트레인 제어

### (1) 개요

파워트레인 제어는 자동차 구동 시스템의 두뇌 역할을 하며, 차량 성능과 연비, 안전을 직접 좌우한다. 내연기관 차량의 엔진과 변속기부터 전기차의 모터, 인버터, 감속기, 배터리에 이르기까지 모든 구동 핵심 부품을 정밀하게 제어한다. ADAS 및 자율주행 기술과 긴밀하게 연계되어 CAN 통신을 통해 자동차 전체 제어 시스템과 협력한다. 파워트레인 제어를 위한 반도체의 종류와 세부 사용처는 다음과 같다.

### (2) 주요 반도체 종류 및 사용처

#### ① MCU

엔진 제어 유닛(ECU)과 변속기 제어 유닛(TCU)에서 구동 시스템의 매순간 동작을 정밀하게 제어한다. 엔진 회전수, 연료 분사 시점, 변속기 변속 타이밍, 토크 조절 등 복잡한 제어 로직을 담당하며, 실시간 피드백 제어로 최적의 성능을 유지한다. 전기차의 경우 모터 회전 제어와 배터리 방전 최적화에 관여한다.

#### ② 파워 반도체

IGBT(절연 게이트 바이폴라 트랜지스터), MOSFET 등 고전력 반도체로, 모터 구동과 인버터 스위칭 등 고출력 전기 신호 제어를 담당한다. 전기차의 구동 모터로 흐르는 대전류를 효율적으로 관리하여 주행 거리와 배터리 수명을 크게 좌우한다.

#### ③ BMS IC(배터리 관리 시스템)

배터리의 전압, 전류, 온도를 실시간으로 모니터링하며, 셀 균형 제어 및 과충전/과방전 방지 로직을 구현한다. 배터리 상태 추정(SOC), 건강도 평가(SOH) 등을 통해 안전성과 수명을 극대화한다. 특히 전기차의 주행 안전과 성능에 매우 중요한 역할을 한다.

④ 온도/전류 센서

구동 계통의 온도 상승을 감지하고 과전류를 검출하여 보호 회로를 작동시킨다. 과열이나 단락 상황에서 시스템을 안전하게 셧다운하며, 차량 및 탑승자 안전을 최우선으로 한다.

## 4. 통신 네트워크

### (1) 개요

최근 생산된 자동차는 안전, 편의, 자율주행 등 다양한 기능을 수행하는 수십 개 이상의 ECU를 포함하며, 이들 간 실시간 정보 교환이 필수적이다. 네트워크는 통신 속도와 목적에 따라 고속 Ethernet과 저속 CAN, LIN으로 구분되며, 현재는 도메인 기반 구조이나 향후 Zonal Architecture로 전환되어 SDV(소프트웨어 정의 차량) 구현을 추진하고 있다. 차량 외부와의 연결은 5G, V2X 등으로 이루어지며, OTA 기술을 통해 네비게이션 실시간 업데이트, 자율주행 성능 개선, 교통 상황 기반 제어 등이 가능해진다. 통신 네트워크 구성에 필요한 반도체의 종류와 세부 사용처는 다음과 같다.

### (2) 주요 반도체 종류 및 사용처

#### ① CAN/LIN 트랜시버

저속 통신을 담당하는 인터페이스 IC로, 센서 신호, 제어 명령, 진단 정보 등 상대적으로 간단한 신호를 주고받는 데 활용된다. 저전력, 저비용, 높은 신뢰성이 특징이며, 자동차 내부 통신의 대부분을 담당한다.

#### ② Ethernet PHY, 컨트롤러

멀티미디어 데이터, 카메라 영상, 센서 대용량 데이터 등 고속 대역폭이 필요한 통신을 처리한다. 기가비트급 Ethernet 기술로 자율주행, 인포테인먼트, V2X 등 차세대 자동차 기능을 지원한다.

#### ③ 게이트웨이 SoC

서로 다른 프로토콜의 네트워크 간 데이터 중계와 프로토콜 변환을 담당한다. 저속 CAN 신호와 고속 Ethernet 신호를 상호 변환하여 차량 전체 통신 시스템을 통합 관리한다.

#### ④ 보안 칩

ECU 간 데이터 교환에서 암호화, 인증, 접근 제어를 수행하여 해킹과 사이버 공격으로부터 차량을 보호한다. 차량 네트워크 보안은 탑승자 안전과 개인정보 보호의 최우선 과제다.

### ⑤ 5G/4G 모뎀

외부 네트워크와 차량을 연결하는 통신 모듈로, OTA 소프트웨어 업데이트, 클라우드 기반 서비스, 자율주행 데이터 전송 등에 활용된다. 빠르고 안정적인 외부 연결을 통해 자동차의 디지털화를 가능케 한다.

### ⑥ V2X 칩셋(DSRC 또는 C-V2X)

차량 간 통신(V2V)과 차량-인프라 통신(V2I)을 지원하는 전용 통신 칩이다. 주변 차량과 교통 신호등, 도로 기반시설로부터 실시간 정보를 수신하여 자율주행 안전성과 교통 효율을 크게 향상시킨다.

### ⑦ GNSS(GPS) 수신기

위성 신호를 수신하여 차량의 정밀한 위치 정보를 제공한다. 자율주행 경로 계획, 정밀 지도 매칭, 네비게이션 등 다양한 위치 기반 서비스의 기초를 이룬다.

### ⑧ 통신 보안 칩

차량 내외부 모든 통신 데이터에 대해 암호화, 디지털 서명, 인증서 관리 등 보안 기능을 제공한다. OTA 업데이트 무결성 검증, 정보 유출 방지 등을 통해 안전한 디지털 자동차 환경을 구축한다.

## 5. 인포테인먼트 시스템

### (1) 개요

인포테인먼트 시스템은 차량 내에서 운전자와 탑승자에게 다양한 편의와 엔터테인먼트를 제공하는 플랫폼이다. 네비게이션, 클러스터 디스플레이, 오디오 시스템, 블루투스 연결 등 여러 기능을 통합하며, 음성 인식, 스마트폰 연동, 무선 결제 등 최신 서비스를 지원한다. 이 시스템은 사용자 경험을 좌우하는 중요한 요소로, 프리미엄 자동차에는 우수한 인포테인먼트 시스템이 반드시 필요하다. 인포테인먼트 시스템을 구성하기 위한 반도체의 종류와 세부 사용처는 다음과 같다.

### (2) 주요 반도체 종류 및 사용처

#### ① 애플리케이션 SoC

Linux, Android, QNX 등 운영체제를 구동하며 사용자 인터페이스를 처리한다. 네비게이션 앱, 음악 재생, 영상 디코딩 등 다양한 애플리케이션을 동시에 실행하는 멀티태스킹을 담당하며, 최신 스마트폰 수준의 성능을 제공해야 한다.

### ② GPU, ISP

고해상도 디스플레이 화면의 부드러운 렌더링과 복잡한 그래픽 처리를 담당한다. 카메라에서 입력된 영상을 실시간 처리하고 화질을 최적화하며, 후방 카메라, 360° 뷰 등의 기능을 지원한다.

### ③ 오디오 DSP(디지털 신호 처리기)

잡음 제거, 음성 인식, 고음질 음악 재생 등 음향 신호 전반을 담당한다. 차량 소음 환경에서도 명확한 음성 명령 인식을 가능하게 하며, 프리미엄 오디오 경험을 제공한다.

### ④ DRAM, NAND

운영체제와 다양한 애플리케이션 실행에 필요한 메모리를 제공한다. 사용자 설정, 맵 데이터, 음악 파일, 주행 기록 등을 저장하며, 빠른 부팅과 원활한 멀티태스킹을 지원한다.

### ⑤ 디스플레이 드라이버

터치스크린 디스플레이의 화면 표시, 밝기 조절, 색감 보정 등을 제어한다. 야간 주행 시 눈부심 방지, 주간 고밝기 모드 지원 등으로 운전자의 시인성을 최적화한다.

자동차용 반도체는 이처럼 ADAS부터 파워트레인, 통신, 인포테인먼트까지 매우 다양한 시스템을 지원해야 하며, 한정된 차량 공간 내에 수십 개 이상의 반도체를 집적해야 한다. 따라서 고집적화, 소형화, 저전력화가 필수적이며, 극도의 신뢰성과 안전성도 요구된다. 첨단 반도체 기술의 발전은 자동차의 전장 시스템 효율성을 극대화하고, 안전성과 편의성을 획기적으로 높이며, 궁극적으로 완전 자율주행 시대의 도래를 가능케 하는 기반이 된다.

# Memo

# Chapter 04
# AI/HPC 반도체 패키지

## 핵심요약

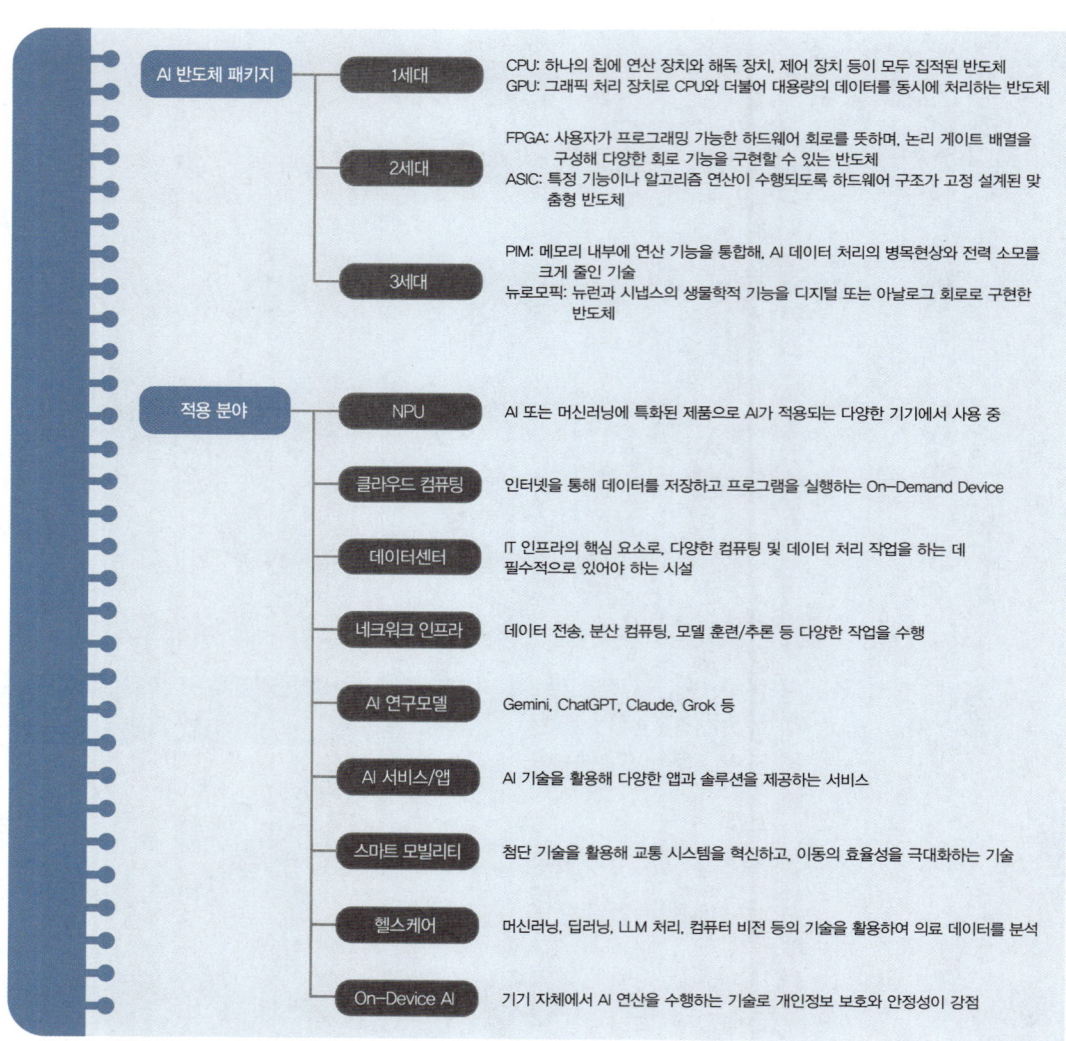

**AI 반도체 패키지**

**1세대**
CPU: 하나의 칩에 연산 장치와 해독 장치, 제어 장치 등이 모두 집적된 반도체
GPU: 그래픽 처리 장치로 CPU와 더불어 대용량의 데이터를 동시에 처리하는 반도체

**2세대**
FPGA: 사용자가 프로그래밍 가능한 하드웨어 회로를 뜻하며, 논리 게이트 배열을 구성해 다양한 회로 기능을 구현할 수 있는 반도체
ASIC: 특정 기능이나 알고리즘 연산이 수행되도록 하드웨어 구조가 고정 설계된 맞춤형 반도체

**3세대**
PIM: 메모리 내부에 연산 기능을 통합해, AI 데이터 처리의 병목현상과 전력 소모를 크게 줄인 기술
뉴로모픽: 뉴런과 시냅스의 생물학적 기능을 디지털 또는 아날로그 회로로 구현한 반도체

**적용 분야**

**NPU**
AI 또는 머신러닝에 특화된 제품으로 AI가 적용되는 다양한 기기에서 사용 중

**클라우드 컴퓨팅**
인터넷을 통해 데이터를 저장하고 프로그램을 실행하는 On-Demand Device

**데이터센터**
IT 인프라의 핵심 요소로, 다양한 컴퓨팅 및 데이터 처리 작업을 하는 데 필수적으로 있어야 하는 시설

**네크워크 인프라**
데이터 전송, 분산 컴퓨팅, 모델 훈련/추론 등 다양한 작업을 수행

**AI 연구모델**
Gemini, ChatGPT, Claude, Grok 등

**AI 서비스/앱**
AI 기술을 활용해 다양한 앱과 솔루션을 제공하는 서비스

**스마트 모빌리티**
첨단 기술을 활용해 교통 시스템을 혁신하고, 이동의 효율성을 극대화하는 기술

**헬스케어**
머신러닝, 딥러닝, LLM 처리, 컴퓨터 비전 등의 기술을 활용하여 의료 데이터를 분석

**On-Device AI**
기기 자체에서 AI 연산을 수행하는 기술로 개인정보 보호와 안정성이 강점

# ① AI/HPC 반도체 패키지 개요

AI 반도체를 이해하기에 앞서 고성능 반도체인 HPC[21]를 먼저 이해하는 것이 필요하다. 이번 챕터에서는 고성능 반도체를 HPC라고 부를 것이다. HPC는 대규모 연산을 빠르게 처리하는 반도체로 CPU, GPU, AI 가속기, HBM 등과 같은 고성능 부품들이 포함되는 반도체를 말한다. 최근 AI, 빅데이터, 시뮬레이션, 기후 예측, 반도체 설계 등에서 HPC 수요가 폭발적으로 증가하는 추세에 있기 때문에, AI 반도체와 HPC 반도체의 명확한 차이를 이해해야 한다. AI 반도체는 행렬 연산 등 인공지능 학습과 추론을 중점적으로 계산하는 반도체이며, HPC 반도체는 데이터 분석, 다양한 시나리오에 대한 시뮬레이션, 암호화 등 복잡하고 다양한 연산을 특정 장치 내에서 고속으로 처리하기 위해 설계된 반도체이다.

따라서 AI 반도체는 HPC 반도체가 기본적으로 필요하고, 이외 다른 요구사항을 고려하여 제작해야 한다. AI 반도체는 대규모 연산을 빠르게 처리해야하기 때문에 [표 6-6]과 같은 기술적 요구사항을 만족하는 반도체 패키지가 제작되어야 한다. 그래야 성능 측면에서 우위를 점할 수 있기 때문이다.

| 요구사항 | 상세 설명 |
|---|---|
| 고성능 연산 | 테라플롭~페타플롭[22]급 처리 능력 |
| 대규모 병렬 처리 | 수천~수만 개 코어에서 동시 연산 |
| 저지연/고대역폭 통신 | 메모리와 칩 간 연결을 위한 고속 인터페이스 |
| 고속 메모리 탑재 | DDR5, HBM3E/4 등의 고대역폭 메모리 사용 |
| 발열 제어 | 고성능에서 발생하는 열을 제어하기 위한 고급 패키징 및 냉각 시스템 |
| 전력 효율 최적화 | TOPS/W(연산 성능 대비 전력 소비) 향상 필요 |

[표 6-6] AI 반도체의 필요 요구사항 목록

AI/HPC 반도체 패키지는 다른 반도체 패키지 분야와 비교해도 연평균 성장률이 매우 높은 것이 특징이다. 글로벌 AI/HPC 기기용 반도체 시장은 2030년까지 연평균 36.6%의 성장률을 기록할 것으로 추정되며, 전체 반도체 시장 내 비중 역시 2023년 13%에서 2030년에는 31%까지 급격히 확대될 것으로 전망된다. 이에 따라 AI 반도체는 앞서 언급한 것처럼 시스템 반도체 분야에 속하는 핵심 제품군으로, 향후 메모리 반도체보다도 시스템 반도체의 시장 점유율 확대를 주도하는 대표적인 제품이 될 것으로 예상된다.

---

**21** High Performance Computing의 약자로, 말 그대로 고성능 반도체는 HPC라고 보통 표현한다.

**22** 플롭(FLOPS)은 초당 부동소수점 연산이라는 의미로 컴퓨터의 연산 능력을 나타낸다. 테라플롭(TFLOPS)은 1초에 1조번 연산, 페타플롭(PFLOPS)은 1초에 1,000조번 연산이 가능하다는 뜻이다.

Part 06 산업별 패키지 제품 소개

Ch. 01
Ch. 02
Ch. 03
Ch. 04
Ch. 05
Ch. 06

반면 한국은 시스템 반도체를 생산할 수 있는 기업이 제한적이며, 대규모로 해당 역할을 수행하는 곳은 사실상 삼성전자 파운드리 사업부가 유일한 상황이다. 이로 인해 한국 시스템 반도체 산업의 성장률은 글로벌 시장 성장률의 약 절반 수준인 연평균 18.7%로 전망된다. 물론 18.7%라는 수치 자체는 높은 성장률이지만, 글로벌 경쟁력을 따라가기에는 여전히 부족한 수준이다. 이를 극복하기 위해서는 시스템 반도체를 설계하는 팹리스 전문 기업의 육성과 함께 생산 인프라 확충을 위한 지속적인 노력이 필요하다.

더불어 반도체 팹리스 설계 기업의 핵심 경쟁력인 IP 설계 시장 역시 빠르게 성장하는 분야로 주목받고 있다. 실제로 2023년 반도체 전체 매출이 9% 감소하는 역성장을 기록한 반면, IP 설계 시장은 오히려 6%의 매출 성장을 보이며 차별화된 흐름을 나타냈다. 한국에서도 파두, 리벨리온 등 서버용 SSD 및 AI 반도체 설계 기술을 보유한 기업들이 증가하고 있다. 향후 이러한 연구와 개발을 수행하는 팹리스 스타트업이 대거 확대될 때, 한국 역시 글로벌 시스템 반도체 시장에서 설계 역량을 인정받을 수 있을 것으로 기대된다.

## ② AI/HPC 반도체 패키지 종류

### 1. 개요

AI/HPC 반도체는 세대를 거듭하면서 그 역할이 점차 확대되고 있다. [그림 6-7]과 같이 AI 반도체는 1세대인 CPU와 GPU부터, 2세대 FPGA과 ASIC, 그리고 가장 최근에 개발되어 적용중인 PIM과 뉴로모픽 반도체가 있다. 이들은 학습과 추론이 가능하여 복잡한 상황 속에서 인식과 판단이 가능한 반도체로, 최근 개발된 3세대 AI 반도체는 AI 가속기 유형으로 분류된다.

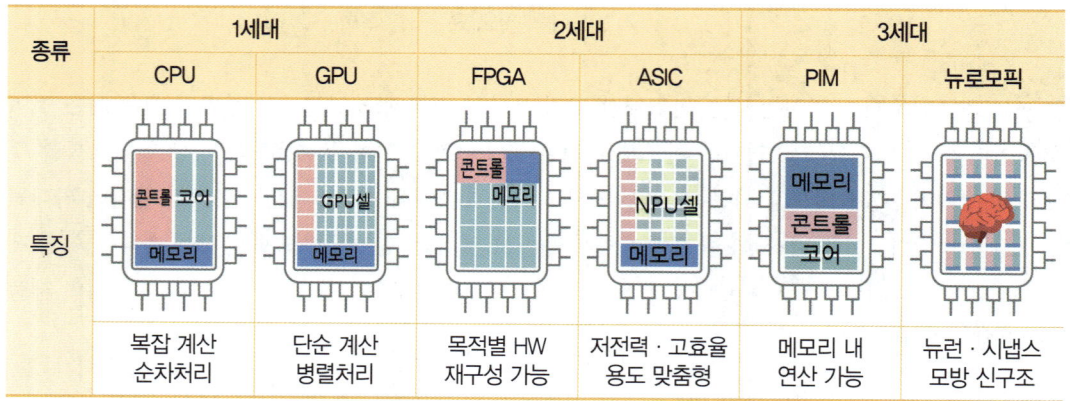

| 종류 | 1세대 | | 2세대 | | 3세대 | |
|------|------|------|------|------|------|------|
| | CPU | GPU | FPGA | ASIC | PIM | 뉴로모픽 |
| 특징 | 복잡 계산<br>순차처리 | 단순 계산<br>병렬처리 | 목적별 HW<br>재구성 가능 | 저전력·고효율<br>용도 맞춤형 | 메모리 내<br>연산 가능 | 뉴런·시냅스<br>모방 신구조 |

[그림 6-7] AI 반도체 패키지 제품 종류

기존에 연산 작업을 했던 CPU와 GPU는 기본 계산 로직을 처리하는 기능을 하고, 최근 개발되는 AI 가속기는 이러한 계산을 더욱 빠르게 가속시켜주는 장치의 도움을 받아서 반도체의 고성능을 확보한다. AI 가속기의 주요 기능과 활용 분야는 다음과 같다.

## (1) 주요 기능

① **병렬 처리**: 다수의 연산을 동시에 수행하여 연산 속도를 크게 향상시킴
② **전력 효율성**: 높은 연산 성능을 유지하면서도 낮은 전력 소모를 실현
③ **최적화된 연산**: AI 및 딥러닝 알고리즘에 최적화된 연산 구조 제공
④ **확장성**: 대규모 데이터 및 모델을 처리하기 위해 확장 가능한 아키텍처 지원

## (2) 활용 분야

① **딥러닝 모델 학습 및 추론**: 이미지 인식, 자연어 처리, 음성 인식 등의 딥러닝 작업 가속
② **자율 주행**: 자율 주행 차량의 실시간 데이터 처리 및 의사 결정 지원
③ **헬스케어**: 의료 영상 분석, 신약 개발 등에서의 대규모 데이터 분석
④ **클라우드 컴퓨팅**: 클라우드 서비스 제공 업체들이 기능 지원을 위해 대규모 AI 가속기 구축

# 2. 반도체 종류

## (1) CPU(Central Processing Unit)

CPU는 중앙 처리 장치라고 부르며, 하나의 칩에 연산 장치와 해독 장치, 제어 장치 등이 모두 집적된 반도체이다. 입력된 명령에 따라 해석과 연산을 직접 수행하여 결과가 출력되는 복잡한 연산 처리를 하는 데 특화된 기능을 가지고 있다.

## (2) GPU(Graphics Processing Unit)

GPU는 그래픽 처리 장치이며, 두뇌 역할을 하는 CPU와 더불어 대용량의 데이터를 동시에 처리하는 반도체이다. 병렬 연산에 특화되어 있어, AI 반도체뿐만 아니라 시뮬레이션, 렌더링 작업에 주로 사용된다. 한 번에 처리할 수 있는 데이터 양이 많기 때문에 게임과 같은 그래픽 프로그램, 포토샵·일러스트와 같은 이미지 편집 작업에 활용되며, 공학 분야에서도 다양한 요소를 동시에 계산해야 하는 시뮬레이션에 강점을 가진다.

GPU는 고성능 반도체 구현에 있어 핵심적인 역할을 하지만, 경우에 따라서는 CPU와 통합된 형태로 스펙을 일부 낮춰서도 제작이 가능하다. 이러한 GPU를 개발하는 대표적인 기업으로는 NVIDIA, AMD, Intel, Qualcomm 등이 있다.

Part 06
산업별 패키지
제품 소개

Ch. 01
Ch. 02
Ch. 03
Ch. 04
Ch. 05
Ch. 06

## (3) FPGA(Field Programmable Gate Array)

FPGA는 사용자가 프로그래밍 가능한 하드웨어 회로를 뜻하며, 논리 게이트 배열을 구성해 다양한 회로 기능을 구현할 수 있는 반도체이다. 구성 요소는 논리 블록, 입출력 블록, 그리고 라우팅으로 구성되며, 특정 제품의 사용 목적에 맞게 사용자가 직접 구성하기 때문에 CPU보다 빠르고 소프트웨어를 유연하게 설계할 수 있는 것이 특징이다. 또한 발열이 적기 때문에 GPU보다도 빠른 데이터 처리가 가능하다. 이를 개발하는 기업은 AMD, Intel, Microchip 등이 있다.

## (4) ASIC(Application-Specific Integrated Circuit)

ASIC은 특정 기능이나 알고리즘 연산을 수행하도록 하드웨어 구조가 고정 설계된 맞춤형 반도체이다. 딥러닝 · 추론 · 학습 등 AI 연산에 최적화된 구조로 구성되어 있으며, FPGA와 마찬가지로 특정 제품의 사용 목적에 맞게 제작되기 때문에 효율이 좋은 것이 특징이다. 이를 개발하는 기업은 Google, Amazon, Baidu, Tesla, 삼성전자 등이 있다.

## (5) PIM(Processing in Memory)

PIM은 메모리 내부에 연산 기능을 통합해, AI 데이터 처리의 병목현상와 전력 소모를 크게 줄인 기술이다. 기존 폰 노이만(Von Neumann) 병목 현상의 한계를 극복한 구조로, 특히 데이터 집약형 응용 분야에서 메모리 전송 시간이 오래 걸리는 것을 보완하기 위해 메모리 셀에 연산 유닛을 통합하여 제작한 것이 특징이다. 이를 개발하는 기업은 삼성전자, SK하이닉스와 같은 메모리 반도체 업체이다.

## (6) 뉴로모픽(Neuromorphic)

뉴로모픽은 뉴런과 시냅스 구조를 모방한 새로운 구조로, 인간의 뇌에서 사고와 학습을 담당하는 뉴런과 시냅스의 생물학적 기능을 디지털 또는 아날로그 회로로 구현한 반도체이다. 연산 시 에너지 소비가 최소화되고, 병렬 계산에 용이하여 기존 딥러닝보다 빠른 의사결정이 가능한 것이 특징이다. 주로 저전력 IoT 제품이나 스마트 센서에 활용된다. 이를 개발하는 기업은 Intel, IBM, SK하이닉스 등이다.

## 1. 개요

AI/HPC 기기용 반도체는 적용되는 분야가 매우 광범위하다. 아래 [그림 6-8]의 AI 반도체 생태계 지도를 보면 데이터센터에 적용되는 AI 반도체와 일반 제품 또는 제조업에 적용되는 AI 반도체가 구분되어 있는 것을 확인할 수 있다. 이번에는 AI 반도체가 주로 어떤 분야에 적용되는지 예시를 통해 알아보겠다.

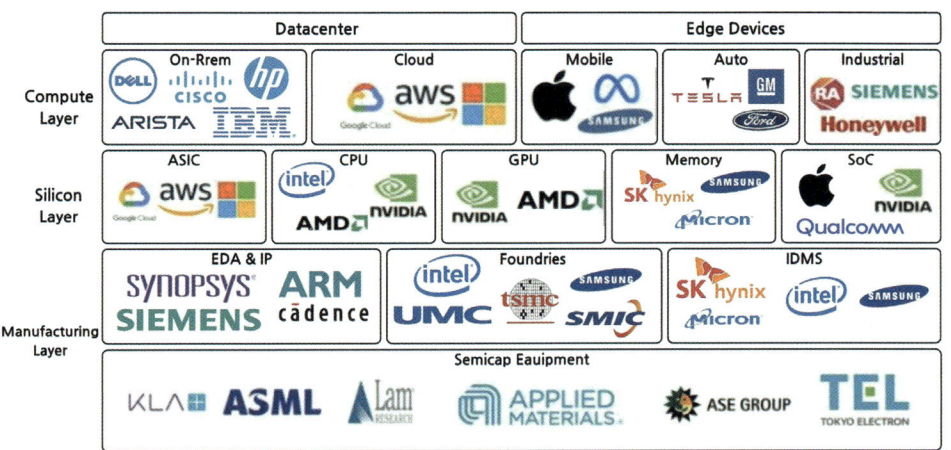

[그림 6-8] AI/HPC 기기용 반도체 밸류체인

## 2. 적용 분야

### (1) NPU(Neural Processing Units)

GPU의 파생 버전이자 신경망 처리 장치로 불리는 NPU는 GPU의 병렬 계산기에서 우선순위를 고려하여 저전력으로 작동하는 장치로 알려져 있다. 셀 수 없이 많은 신경 세포와 시냅스로 연결된 인간의 뇌 신경세포와 유사하게 구동하는 것이 특징이다. AI와 머신러닝에 특화된 제품으로 CPU·GPU 보다 뛰어난 성공을 제공하기 때문에 AI가 접목되는 모바일 기기, PC, 노트북 등에서 NPU를 사용하고 있다. 개발 기업은 QualComm, MediaTek, Intel, NVIDIA, Broadcomm, ARM, Graphcore, Cerebras, 삼성전자 등이 있다.

## (2) 클라우드 컴퓨팅

인터넷을 통해 데이터를 저장하고 프로그램을 실행할 수 있게 해주는 클라우드 컴퓨팅은 고성능 컴퓨터를 보유하지 않아도 많은 데이터와 컴퓨팅 자원을 활용할 수 있는 특징을 가진 기술이다. 주요 특징은 On-Demand 방식으로, 사용자가 원하는 순간에만 자원을 활용할 수 있다는 점이다. 이에 따라 사용량에 맞춰 자원을 자동으로 확장하거나 축소할 수 있으며, 초기 인프라 구축 비용 없이 사용한 만큼만 비용을 지불하는 구조이기 때문에 누구나 쉽게 이용할 수 있다. 또한 데이터 손실을 최소화할 수 있도록 백업 서버가 구축되어 있어, 재해 발생 시에도 신속한 복구가 가능한 장점을 가진다. 출시된 제품으로는 AWS(Amazon Web Services), Google Cloud Platform, MS Azure, OCI(Oracle Cloud Infrastructure) 등이 있다.

## (3) 데이터센터

데이터센터는 수백에서 수천 대의 서버를 집적해 구축한 시설로, IT 인프라의 핵심 요소이다. 다양한 컴퓨팅 작업과 대규모 데이터 처리를 수행하는 데 필수적인 기반 시설로 활용된다. 데이터센터는 AI 가속기와 CPU 등을 탑재한 서버들을 대량으로 운영하는 구조를 갖고 있으며, 서버와 데이터센터는 그 역할에 차이가 있다. 서버는 데이터 저장, 애플리케이션 실행, 네트워크 관리, 가상화 등의 기능을 수행하는 개별 단위인 반면, 데이터센터는 이러한 서버들을 통합해 대규모 데이터 처리와 저장, 안정적인 네트워크 인프라 운영, 보안 관리, 클라우드 컴퓨팅 지원 등 대규모 연산과 서비스 제공에 최적화된 환경을 제공하는 것이 특징이다.

데이터센터는 대규모 데이터를 지속적으로 처리해야하기 때문에 냉각 솔루션을 통한 발열 관리가 필수적이다. 고정된 공간에서 24시간 냉각을 진행해야 하므로, 특수용액에 서버를 담가서 냉각하는 액침 냉각 기술까지 적용되고 있다.

데이터센터를 가동하기 위해서는 막대한 양의 전력이 필수적이다. 미국에는 전 세계 데이터센터의 33%가 위치하고 있으며 이를 가동하기 위해 연간 939TWh의 전력량이 필요할 것으로 예측된다. 이는 일본이 1년 동안 사용하는 전력량과 비슷할 정도로 거대한 규모이다. 이러한 전력을 생산하기 위해서는 기존 에너지 기업 뿐만 아니라 재생에너지 기업의 역할이 중요해질 것으로 전망된다.

대표적인 데이터센터 개발 기업으로는 32개국 71개 도서에 데이터센터를 구축한 Equinix가 있으며 그 밖에 Digital Realty, CyrusOne, Cisco, Dell 등이 주요 기업으로 꼽힌다.

## (4) 네트워크 인프라

네트워크 인프라는 데이터 전송, 분산 컴퓨팅, 모델 훈련/추론 등 다양한 작업을 수행하는 데 핵심 역할을 수행한다. 특히 데이터센터에서는 대규모 병렬 처리 성능이 필요하므로, 유/무선 케이블, 스위치, 라우터 등 전자 부품들이 같이 결합된 제품이다. 서버와 데이터센터를 연결하는 기술은 Ethernet 기반의 기술을 활용하며, 개발 기업은 Sisco, Huawei, Amphenol 등이 있다.

## (5) AI 연구모델

AI 분야에서 다양한 문제를 해결하기 위해 개발된 모델로, 알고리즘과 시스템 개발이 핵심 과제이다. 머신러닝과 딥러닝 기법을 사용해 데이터로부터 학습하고, 예측, 분류, 군집화, 생성 등의 다양한 작업을 수행한다. 주로 사용하는 모델은 데이터의 연속형 값을 예측하는 회귀 모델, 클러스터링 모델, 분류 모델, 딥러닝 모델, 강화학습 모델, 생성 모델이 있다. 주요 제품으로는 Google의 Gemini, OpenAI의 ChatGPT 등이 있다.

## (6) AI 서비스/앱

AI 기술을 활용해 다양한 앱과 솔루션을 제공하는 서비스로, 가장 많이 활용되는 분야는 챗봇이다. 챗봇은 우리 일상에서 실시간으로 응답이 어려운 고객센터의 대체제로 많이 활용되고 있으며, 클라우드 기반 AI 서비스를 주요 사용한다. 이 외에도 머신러닝 서비스, LLM 처리 서비스, 음성인식 및 합성 서비스, 가상 비서 서비스, 추천 시스템 서비스 등 다양한 분야에서 새로운 서비스가 개발되고 있다. 개발 기업은 Microsoft, Google, Adobe, Palantir, Oracle, SAP, Snowflake, Perplexity 등이 있다.

## (7) 스마트 모빌리티 / AI 헬스케어

스마트 모빌리티는 첨단 기술을 활용해 교통 시스템을 혁신하고, 이동의 효율성을 극대화하는 기술이다. 또한, 개인의 이동 경험을 개선하고 도시 교통 문제를 해결하며, 지속 가능한 환경을 조성하는 데 중점을 두는 AI 기술이다. 주요 유형으로는 자율주행 차량, 커넥티드 카, 공유 모빌리티 등이 있다.

AI 헬스케어는 AI를 활용해 의료 분야에서 진단, 치료, 환자 관리, 연구 등을 혁신적으로 개선하는 기술이다. 주로 머신러닝, 딥러닝, LLM 처리, 컴퓨터 비전 등의 기술을 활용하여 의사나 의료 전문가들이 더 정확하고 효율적인 결정을 내릴 수 있도록 데이터를 학습하고 판단을 내리는 일에 사용된다. 그 밖에도 의료기기 개발, 의약품 개발 등에 활용되기도 한다.

## (8) On-Device AI

    On-Device AI는 기기 자체에서 AI 연산을 수행하는 기술로, 클라우드 연결 없이도 실시간 처리가 가능하다는 점에서 개인정보 보호와 안정성이 뛰어난 것이 강점이다. 과거에는 방대한 데이터를 활용해야 AI 연산 효율을 높일 수 있었지만, 스마트폰처럼 사용자가 항상 소지하는 기기에서는 클라우드에 의존하지 않고 동작하는 AI 기능에 대한 수요가 점차 증가하고 있다.

    다만 On-Device AI는 고성능 하드웨어가 필요하고 연산 자원이 제한적이기 때문에, 수행 가능한 연산 수준에 한계가 있으며 실시간 대규모 데이터 활용이 어렵다는 단점도 존재한다. 그럼에도 불구하고 이러한 제약 속에서도 충분히 유용한 활용 분야가 많다.

    예를 들어 생체 인증, 음성 인식, 사진·동영상 처리, 증강현실, 헬스케어 및 피트니스 트래킹과 같은 기능은 상대적으로 단순한 패턴 학습과 추론만으로도 충분히 매력적인 기능을 제공할 수 있다. 최근에는 스마트폰, 노트북, 가전제품 등에서 외부 클라우드 서버와 연결하지 않고도 기기 자체에서 AI 기능을 활용해 다양한 편의 기능을 제공하는 사례가 빠르게 확대되고 있다.

# Memo

# Chapter 05

# 전력반도체 패키지

## 핵심요약

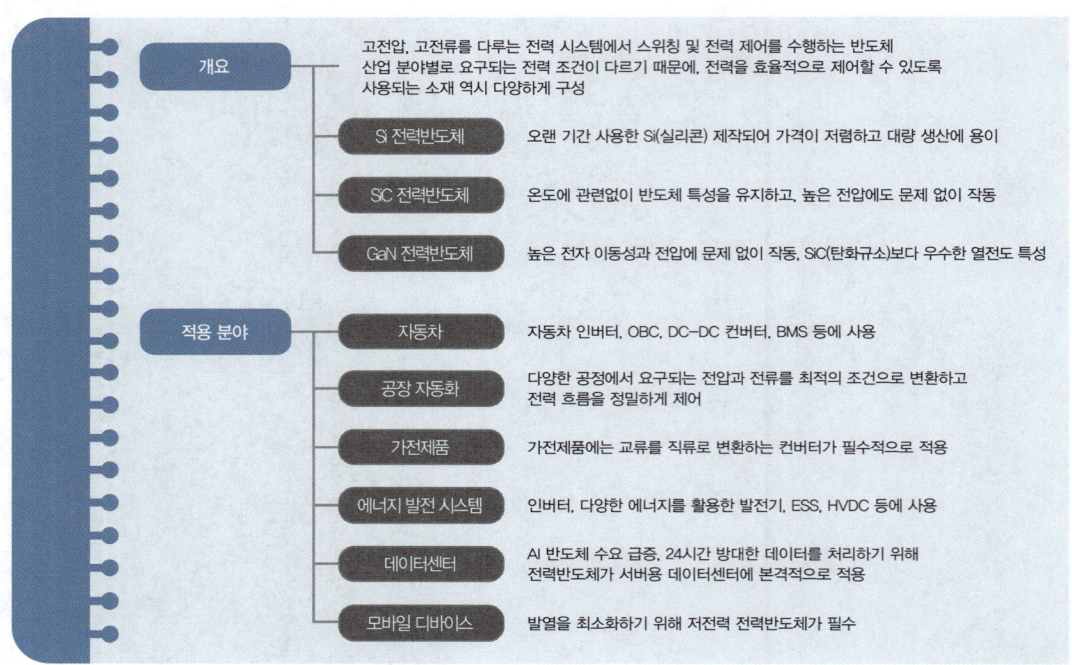

| | | |
|---|---|---|
| 개요 | | 고전압, 고전류를 다루는 전력 시스템에서 스위칭 및 전력 제어를 수행하는 반도체<br>산업 분야별로 요구되는 전력 조건이 다르기 때문에, 전력을 효율적으로 제어할 수 있도록<br>사용되는 소재 역시 다양하게 구성 |
| | Si 전력반도체 | 오랜 기간 사용한 Si(실리콘) 제작되어 가격이 저렴하고 대량 생산에 용이 |
| | SiC 전력반도체 | 온도에 관련없이 반도체 특성을 유지하고, 높은 전압에도 문제 없이 작동 |
| | GaN 전력반도체 | 높은 전자 이동성과 전압에 문제 없이 작동, SiC(탄화규소)보다 우수한 열전도 특성 |
| 적용 분야 | 자동차 | 자동차 인버터, OBC, DC-DC 컨버터, BMS 등에 사용 |
| | 공장 자동화 | 다양한 공정에서 요구되는 전압과 전류를 최적의 조건으로 변환하고<br>전력 흐름을 정밀하게 제어 |
| | 가전제품 | 가전제품에는 교류를 직류로 변환하는 컨버터가 필수적으로 적용 |
| | 에너지 발전 시스템 | 인버터, 다양한 에너지를 활용한 발전기, ESS, HVDC 등에 사용 |
| | 데이터센터 | AI 반도체 수요 급증, 24시간 방대한 데이터를 처리하기 위해<br>전력반도체가 서버용 데이터센터에 본격적으로 적용 |
| | 모바일 디바이스 | 발열을 최소화하기 위해 저전력 전력반도체가 필수 |

전력반도체는 고전압, 고전류를 다루는 전력 시스템에서 스위칭 및 전력 제어를 수행하는 반도체로, 일반 디지털 반도체와 다르게 아날로그 신호와 고전력 관리에 특화되어 있다. 산업 분야별로 요구되는 전력 조건이 다르기 때문에, 전력을 효율적으로 제어할 수 있도록 사용되는 소재 역시 다양하게 구성되는 것이 특징이다.

전력반도체는 고전압, 고전류를 다루는 전력 시스템에서 스위칭 및 전력 제어를 담당하는 반도체로, 일반 디지털 반도체와 다르게 아날로그 신호와 고전력 관리에 특화되어 있다. 산업 분야별로 요구되는 전력 조건이 다르기 때문에, 전력을 효율적으로 제어할 수 있도록 사용되는 소재 역시 다양하게 구성되는 것이 특징이다.

최근 전기차, 전력 그리드, 5G 통신 인프라, 제조업 공장의 자동화 적용 등 고부가가치 산업이 확장되면서 고전압과 고전류를 필요로 하는 분야가 늘어나고 있다. 이러한 수요에 대응하기 위해 전력반도체에 기존의 Si(실리콘) 대신 SiC(탄화규소), GaN(질화갈륨) 등을 사용하고 있다. 따라서 전력반도체를 이해하기 위해서는 소재별 특징에 대해서 파악하고 있어야 한다.

실리콘 전력반도체는 오랜 기간 사용한 실리콘으로 제작되어 가격이 저렴하고 대량 생산에 용이하다. 하지만, 고온/고전압 구동 환경에서는 에너지 이동의 제한도 있고, 최대 전압을 견딜 수 있는 기준도 1,700V로 낮은 편이다.

SiC(탄화규소) 전력반도체는 물리 · 화학적으로 매우 안정적이며 다이아몬드 경도의 92% 수준으로 매우 단단한 특징을 가지고 있다. 또한, 온도에 관련없이 반도체 특성을 유지하고, 높은 전압에도 문제 없이 작동한다. 이러한 특성으로 인해 전기차, 철도, 에어컨, 태양광 인버터 등에 활용된다.

GaN(질화갈륨) 전력반도체는 높은 전자 이동성과 전압에 문제 없이 작동하는 것이 특징이다. 또한 SiC 보다도 우수한 열전도 특성 덕분에 최대 800℃까지 견딜 수 있어 고대역폭 RF칩 소자, 고속 충전, LiDAR 센서 작동에 주로 활용된다.

전력반도체 시장은 2022년 2,500억 원의 시장 규모에서 2032년에는 1조 원으로 4배 가까이 성장할 것이라고 전망된다. 2024년 기준 글로벌 기업별 점유율은 1위STMico 40%, 2위 Infineon Technologies 22%, 3위 Wolfspeed 24%, 4위 ROHM 10%, 5위 ON Semiconductor 7% 순이다. 국내 기업은 순위권에 이름을 올리지 못했다.

Part 06

산업별 패키지
제품 소개

Ch. 01

Ch. 02

Ch. 03

Ch. 04

Ch. 05

Ch. 06

## ② 전력반도체 패키지에 적용되는 소자 종류

전력반도체는 앞서 언급했듯이 소재에 따라 활용 분야가 달라지며, 다른 반도체와 달리 적용 분야에 최적화된 소자를 선택해 사용하는 것이 특징이다. 이러한 소자들은 전원을 교류(AC) 또는 직류(DC) 형태로 제어하는 스위칭 동작을 핵심 원리로 하며, 각 소자의 구동 방식에 따라 적용되는 산업과 용도가 달라진다고 이해하면 된다. 각 소자에 대한 좀 더 자세한 내용은 [표 6-7]을 참고하면 된다.

| 소자 | 설명 | 주요 용도 |
|---|---|---|
| 다이오드(Diode) | 전류를 한 방향으로만 흐르게 함 | 정류 회로, 역전류 방지 |
| MOSFET | 고속 스위칭, 저전압 제어에 적합 | SMPS[23], EV, 서버 전원 |
| IGBT (절연 게이트 양극성 트랜지스터) | 고전압/고전력용, MOSFET & BJT[24] 결합된 특성을 활용 | 산업용 인버터, 전기차 |
| 사이리스터(Thyristor) | 대전력 스위칭 제어, 느린 응답속도 | 전력망, 철도, 용접기 |
| 전력계 IC, 전력 모듈 | 전력 소자를 제어하는 IC | 파워반도체 구동 |

[표 6-7] 전력 반도체 소자별 특징

## ③ 전력반도체 패키지 적용 분야

### 1. 전력반도체 밸류체인

전력반도체의 패키지 적용 분야를 이해하기 위해서는 먼저 기본 밸류체인을 파악할 필요가 있다. 우선 웨이퍼 제조사가 소재별 특성에 맞춰 웨이퍼를 생산하고, 이를 기반으로 전력반도체 칩이 제조되어 다양한 산업 분야에 적용된다. 글로벌 주요 전력반도체 기업들은 웨이퍼 생산부터 패키징까지 한 번에 수행할 수 있도록 수직계열화를 강화하고 있으며, 국내 기업들 역시 SiC와 GaN 기반 웨이퍼 및 패키지 제품을 생산할 수 있는 밸류체인을 구축하고 있다.

---

23  Switching Mod Power Supply의 약자로 반도체 소자를 스위치로 사용하여 입력 전원을 변환하는 소자이다.
24  Bipolar Junction Transistor의 약자이다. 과거에 처음 스위치로 쓰인 반도체 소자로, 3개의 불순물 반도체를 접합하여 전류의 흐름을 조정하는 소자이다.

국내에서는 SK그룹과 DB하이텍이 웨이퍼와 패키지를 모두 생산할 수 있는 시설을 갖춘 대표 기업으로, SiC와 GaN 전력반도체를 모두 생산할 수 있다. SiC 공급사로는 KEC, 파워큐브세미, 트리노테크놀로지, LX세미콘 등이 있으며, GaN 공급사로는 에이프로, 아모센스가 있다. 또한 전력반도체용 웨이퍼 생산의 핵심 공정인 EPI(에피텍셜 성장)[25]을 수행할 수 있는 기업으로는 아이브이웍스와 아르케가 있다.

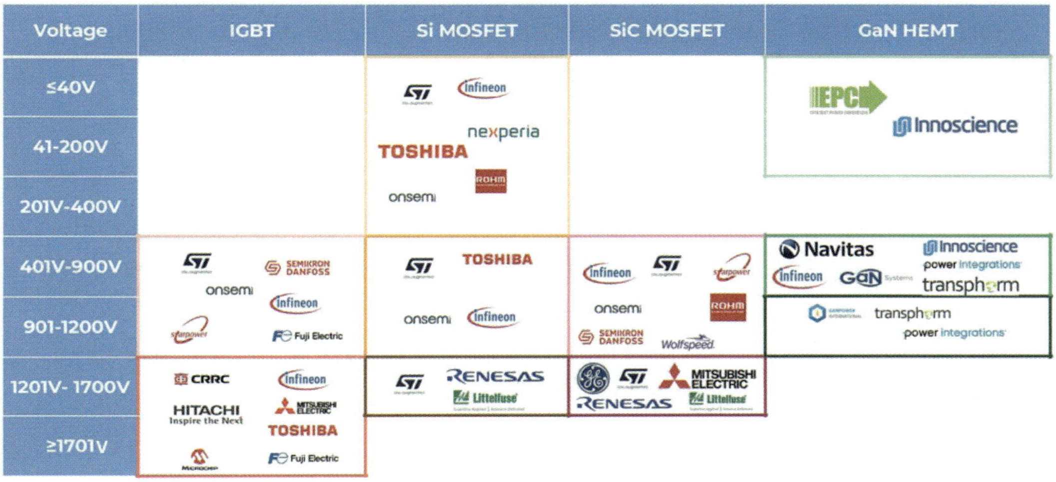

[그림 6-9] 제품별 전압 스펙에 따라 분류한 전력반도체 밸류체인

## 2. 전력반도체 적용 분야

### (1) 자동차

모든 자동차에는 배터리가 장착된다. 일반 차량은 전장과 엔진 시스템을 구동하기 위한 12V 또는 24V의 저전력 배터리, 하이브리드 자동차는 200~400V, 전기차는 400~1200V 고전압 배터리가 사용된다. 따라서 자동차는 전력반도체가 적용되는 가장 대표적인 제품이다.

자동차에서 전력반도체가 사용되는 부품은 DC 전원을 AC로 변환하여 모터를 구동시키는 인버터, 외부 AC 전원을 DC로 바꿔 전기차의 배터리를 충전하는 OBC, 자동차의 전장시스템을 작동하기 위해 저전압으로 전환하는 DC-DC 컨버터, 배터리를 제어하는 BMS 등이 있다.

---

25  고순도/고내구성을 확보하는 단층결정을 성장시키는 방식으로 반도체의 성능과 신뢰도를 높이는 공정이다.

## (2) 공장 자동화 또는 고전력 산업용 설비

산업용 설비에서는 다양한 공정에서 요구되는 전압과 전류를 최적의 조건으로 변환하고 전력 흐름을 정밀하게 제어하기 위해 전력반도체가 활용된다. Si 기반 전력반도체뿐 아니라 SiC와 GaN 전력반도체도 적용되며, 분야에 따라 내열성 · 고전압 내성 등 소재별 특성을 고려해 적합한 소자를 선택해 제작한다. 특히 자동화 공장 라인은 다수의 로봇, 레이저 가공 장비, 제어반 등 다양한 설비가 사용되기 때문에 전력반도체 수요가 매우 많은 대표적인 산업 분야다.

## (3) 가전제품

가정에 공급되는 전압은 AC(교류)이기 때문에, 가전제품은 이를 DC(직류) 전압으로 변환하여 사용한다. 따라서 모든 가전제품에는 교류를 직류로 변환하는 컨버터가 필수적으로 적용되며, 인버터, 모터, 압축기 · 응축기, 전력 제어장치 등 다양한 부품이 함께 결합해 적절한 전압과 전류를 조절하도록 구성된다.

최근에는 온디바이스 AI 반도체 적용이 확대되면서, 이를 안정적으로 구동하기 위한 전력반도체 성능의 중요성이 더욱 커지고 있다.

## (4) 에너지/발전 시스템

과거 화력발전소나 원자력발전소 중심으로 전기를 생산하는 것에 반해 최근에는 다양한 재생에너지를 활용하여 전기를 생산하며 해당 분야에서 전력반도체 수요가 크게 증가하고 있다. 스마트그리드 기술 역시 에너지 저장 시스템과 재생에너지원의 통합 운영이 필수적이기 때문에 전력반도체의 필요성이 더욱 커지고 있다.

에너지 공급원이 다각화되면서 송전 케이블 규모도 확대되고 있으며, 이는 육상뿐 아니라 해저케이블 기반 전력 전송까지 포함된다. 이 과정에서 인버터, 풍력 발전기, 에너지 저장 · 공급을 담당하는 ESS, 장거리 고전압 직류 송전을 위한 HVDC(High Voltage Direct Current) 등 다양한 분야로 전력반도체의 적용이 빠르게 확산되고 있다.

## (5) 데이터센터/통신/충전기

최근 AI 반도체 수요가 급증하면서 전력반도체의 필요성도 함께 커지고 있다. 특히 고속·고주파·고효율·고전력·고속 충전 등 성능 요구가 동시에 높아지면서, SiC와 GaN 전력반도체가 서버용 데이터센터에 본격적으로 적용되기 시작했다.

데이터센터는 24시간 가동되며 방대한 데이터를 처리해야 하기 때문에 전력 소모가 매우 크고, 높은 신뢰성과 안정적인 전원 관리가 필수적이다. 전원을 공급하는 장치, 통신 고주파를 송신하는 증폭 장치와 전력 변환장치, 고속 충전기, 이더넷 통신을 통한 데이터 전송 장치 등 다양한 시스템에 전력반도체가 활용된다. 이러한 요구를 충족하기 위해 고성능 전력반도체의 중요성이 더욱 부각되고 있다.

## (6) 모바일/웨어러블 디바이스

스마트폰, PC·노트북, 웨어러블 디바이스 등에서는 발열을 최소화하기 위해 저전력 전력반도체가 필수적으로 요구된다. 특히 웨어러블 기기에 적용되는 초저전력 반도체는 활용 분야가 빠르게 확대될 것으로 전망되며 높은 관심을 받고 있다. 최근에는 스마트워치에도 무선 전력 공급 기술이 도입되기 시작하면서 전력반도체 수요가 더욱 증가할 것으로 보인다.

Part 06 산업별 패키지 제품 소개

Ch. 01
Ch. 02
Ch. 03
Ch. 04
Ch. 05
Ch. 06

# Chapter 06
# 반도체 패키지 미래 기술 트렌드

## 핵심요약

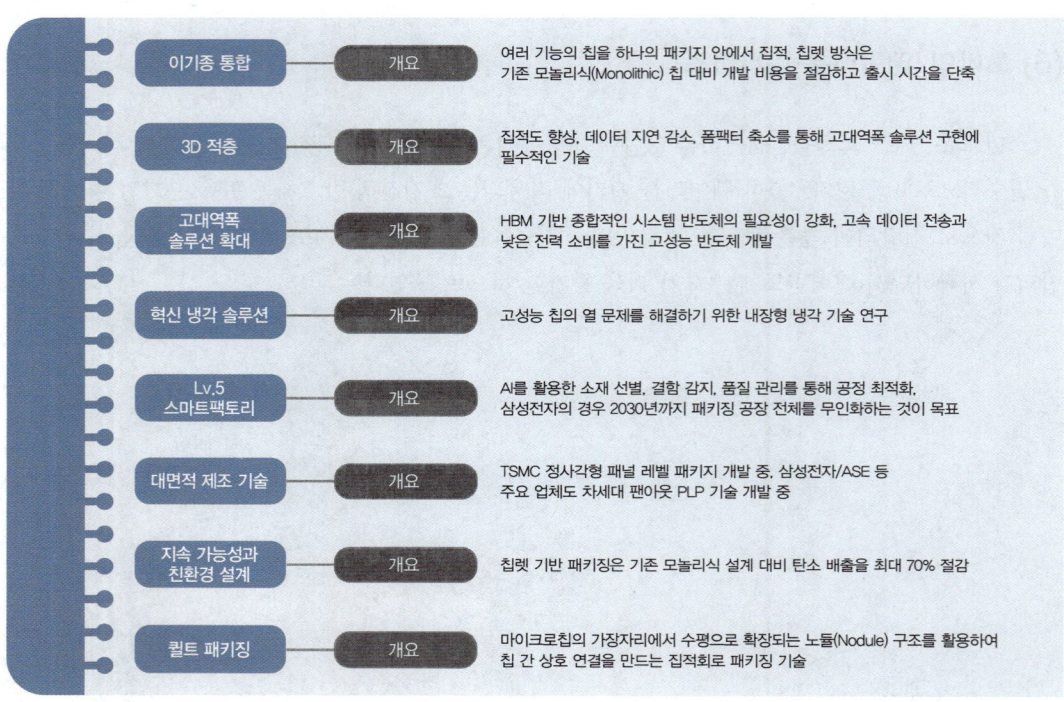

앞으로 다양한 패키지 기술이 개발될 예정이지만 가까운 미래인 2030년까지 중점적으로 개발될 8가지 기술 개발 트렌드에 대해 알아보자.

## 1. 이기종 통합 및 멀티 칩렛 패키징

여러 기능의 칩을 하나의 패키지 안에서 집적하는 이기종 통합(Heterogeneous Integration)이 핵심 트렌드로 주목받고 있다. 특히 2.5D/3D IC, SiP(System-in-Package), Chiplet 디자인 등을 통해 성능 향상과 전력 효율을 극대화하고, 다양한 칩 유형을 조합할 수 있는 유연성을 확보하는 기술이 개발되고 있다. AMD, Intel, ARM, 삼성전자, TSMC 등 주요 기업들은 UCIe(Universal Chiplet Interconnect Express) 컨소시엄을 구성하여 칩렛 구조의 호환성과 생산성, 수율 향상을 목표로 표준화 작업을 추진 중이다. 칩렛 방식은 기존 모놀리식(Monolithic) 칩 대비 개발 비용을 절감하고 출시 시간을 단축할 수 있으며, 다양한 공정 노드와 재료를 자유롭게 조합해 최적화된 성능을 구현한다. 칩렛 패키징 기술 시장은 2024년 15억 달러에서 2033년 52억 달러로 연평균 14.8% 성장할 전망이다.

## 2. 3D 적층 및 칩렛 기반 구조

수직적 회로 적층(3D IC) 및 칩렛 기반 구조는 집적도 향상, 데이터 지연 감소, 폼팩터 축소에 강점을 가지며, HBM(고대역폭 메모리)과 같은 고대역폭 솔루션 구현에 필수적인 기술이다. 3D 패키징은 칩을 수직으로 적층하여 공간을 최적화하고 전력 효율을 높이며, 더 많은 기능을 작은 크기에 집약할 수 있다. TSV(Through-Silicon Via) 기술과 하이브리드 본딩(Hybrid Bonding) 같은 첨단 연결 기법이 활용되며, 삼성전자와 SK하이닉스는 HBM4 및 HBM4E 차세대 메모리에 하이브리드 본딩을 적용할 계획이다. 앞으로는 패키지 크기를 축소하기 위해 메모리 반도체와 시스템 반도체를 하나의 공간 안에 3D 기술로 적층하는 MiP(Memory in Package) 등의 기술이 주목받을 것이다. 2.5D 패키징은 실리콘 인터포저 위에 여러 칩렛을 배치해 상호 연결성을 높이고 지연을 줄여 성능을 향상시킨다.

## 3. HBM 및 고대역폭 솔루션의 확대

AI와 HPC(고성능 컴퓨팅) 수요에 대응하기 위해 HBM 기반 종합적인 시스템 반도체의 필요성이 강화되고 있으며, 낮은 전력에도 고속 데이터 전송이 가능한 고성능 반도체 개발이 빠르게 이루어질 것이다. HBM 패키징 시장은 데이터센터, 인공지능, 머신러닝 애플리케이션의 수요 증가로 인해 지속적으로 성장하고 있다. 미래 HBM 기술은 더 높은 대역폭과 대용량을 지원하며, HBM3 기술은 HBM2보다 향상된 성능을 제공할 것으로 예상된다. 또한 패키지 크기를 줄이면서도 고성능과 고대역폭을 유지하는 기술이 지속적으로 발전하고 있으며, 자율주행, 가상현실(VR), 증강현실(AR) 등

산업별 패키지 제품 소개

Ch. 01

Ch. 02

Ch. 03

Ch. 04

Ch. 05

Ch. 06

새로운 시장으로 HBM 기술이 확대될 전망이다. 고정밀도와 신뢰성을 요구하는 적층 및 인터포저 기술의 과제 해결이 HBM 성능 향상과 비용 절감의 핵심이 될 것이다.

## 4. 열관리 기술 및 혁신 냉각 솔루션 확대

고성능 칩의 열 문제를 해결하기 위한 내장형 냉각 기술이 연구되고 있다. 마이크로 유체 냉각 채널, 고급 열 인터페이스 소재(TIM), 히트 스프레더 등 혁신적인 열관리 솔루션이 개발되고 있으며, 이는 패키지의 고성능을 확보하는 핵심 기술이다. 특히 3D 적층 구조와 고밀도 칩렛 패키징에서는 발열 밀도가 급격히 증가하므로, 효과적인 열 분산 및 냉각 시스템 설계가 필수적이다. 향후 액체 냉각, 상변화 냉각, 열전 냉각 등 다양한 방식의 냉각 솔루션이 반도체 패키징에 통합되어 시스템 안정성과 수명을 향상시킬 것이다. 열관리 기술은 AI 가속기, HPC 서버, 자동차 전장 시스템 등에서 특히 중요한 역할을 담당한다.

## 5. Lv.5 스마트팩토리 기술 도입 및 AI 기반 공정 최적화

AI를 활용한 소재 선별/결함 감지/품질 관리를 통해 공정을 최적화하고, 고집적 패키징의 신뢰성과 수율을 향상시키는 것이 핵심 과제이다. 삼성전자는 2023년 6월부터 천안 및 온양 패키징 공장에서 무인화 생산라인 가동을 시작했으며, 이를 통해 제조 인원을 85% 감축하고 설비 고장 발생률을 90% 감소시켰다. 또한 설비 전체 효율도 약 2배 향상되었으며, 2030년까지 패키징 공장 전체를 무인화하는 목표를 설정했다. 특히 테스트 라인에서 사람이 직접 테스트 핸들러를 운영하는 휴먼 에러를 최소화하여 비가동 발생 빈도를 줄이고, 사고 발생 즉시 대응 가능한 인력의 전담 배치를 통해 생산 자동화 시스템을 빠르게 안정화하는 것이 중요하다. AI 기반 예지 보전, 실시간 공정 모니터링, 자동화된 품질 검사 시스템이 스마트팩토리의 핵심 요소로 자리잡을 것이다.

## 6. 패널 레벨 패키징 등 대면적 제조 기술 도입

TSMC는 전통적인 둥근 웨이퍼 대신 정사각형 패널 레벨 패키지 개발을 추진 중이다. 패널 레벨 패키징(PLP)은 웨이퍼 대비 높은 캐리어 활용률을 제공하여 재료 효율성을 높이고 낭비를 줄인다. TSMC는 CoWoS(Chip on Wafer on Substrate)에서 CoPoS(Chip on Panel on Substrate)로 전환하며, 310×310mm 패널을 시작으로 향후 515×510mm 대면적 패널까지 확대할 계획이다. 패널 레벨 패키징 시장은 2024년 1.6억 달러에서 2030년 6.5억 달러로 약 4배 성장할 전망이다.

삼성전자, ASE Global, Amkor Technology 등 주요 업체들도 차세대 팬아웃 PLP 기술을 개발 중이다. 패널 레벨 기술은 양산 성공 시 반도체 후공정의 패러다임을 근본적으로 변화시킬 것으로 기대된다.

## 7. 지속 가능성과 친환경 설계의 중요성 증가

칩렛 기반 패키징은 기존 모놀리식 설계 대비 탄소 배출을 최대 70% 절감할 수 있다는 연구 결과가 있듯이 친환경 설계 트렌드로 부상하고 있다. 지구상의 모든 기업은 탄소 배출 저감의 의무를 피할 수 없으며, 반도체 후공정 제조라인 또한 성능은 향상시키면서 동시에 배출가스를 감축해야 하는 ESG 경영을 고려한 기술 개발이 필수적이다. ASE는 탄소 중립을 위한 포괄적인 탄소 감축 전략을 시행하며, 재생 에너지 통합, 에너지 효율적인 공정 설계, 저탄소 소재 및 장비 도입 등을 추진하고 있다. 반도체 제조 과정에서 주요 온실가스 배출원인 전력 사용을 줄이기 위해 열 공정의 전력 효율 개선, 에너지 회수 시스템 도입, 저온 경화 소재 사용 등 다양한 기술이 적용되고 있다. 또한 원자재 회수 및 재사용, 패키징 재료 재활용, 공급망 내 순환경제 구축을 통해 환경 영향을 최소화하는 노력이 가속화되고 있다.

## 8. '퀼트 패키징' 등 새로운 인터커넥트 기술 개발

퀼트 패키징(Quilt Packaging) 기술은 마이크로칩의 가장자리에서 수평으로 확장되는 노듈(Nodule) 구조를 활용하여 칩 간 상호 연결을 만드는 집적회로 패키징 기술이다. 이 기술은 Si(실리콘), GaAs(갈륨비소), GaN(질화갈륨) 등 서로 다른 반도체 재료의 칩을 가장자리에서 직접 연결하여 하나의 퀼트처럼 통합한다.

퀼트 패키징은 DC부터 100GHz까지 0.1dB 미만의 삽입 손실을 보이며, 220GHz에서도 0.8dB 미만의 우수한 RF 성능을 나타낸다. 디지털 신호 전송에서는 12Gbps의 비트레이트를 왜곡 없이 달성했으며, 서브 마이크론 수준의 정렬 정확도를 제공한다. 이러한 새로운 인터커넥트 기술 개발을 통해 패키지의 소형화 목적을 달성하고, 칩 간 고속 데이터 전송, 저전력 소비, 이기종 통합을 효과적으로 구현할 수 있다.

반도체 패키징 기술은 앞으로 더욱 큰 성장 가능성을 지닌 분야다. 전자제품이 일상의 필수품이 된 만큼, 패키지 기술의 중요성도 점점 커지고 있다. 향후 패키지 기술은 지속적인 연구개발을 통해 기업의 경쟁력을 강화하고, 글로벌 시장에서 제조 기술력을 입증하는 핵심 요소가 될 것이다. 특히 전공정의 미세화, 후공정의 Advanced Packaging 기술, 그리고 기술지원 체계를 아우르는 통합 솔루션을 제공하는 기업이 시장에서 주도권을 확보할 것으로 예상된다.

# 산업별 패키지 제품 소개

산업별로 반도체 패키지 적용 사례를 통하여 해당 제품의 목적에 맞게 웨이퍼 재료가 선정되고, 패키징 공정이 진행되어 해당 산업에서 요구하는 제품으로 탄생하는 과정을 학습했다. 다양한 패키지 제품 중에서 최근 가장 주목을 받는 4가지의 산업군과 미래 기술 트렌드를 통해 반도체 후공정의 산업 방향성에 대해 명확하게 이해하였다.

### Chapter 01 시스템 반도체와 메모리 반도체

메모리 반도체와 시스템 반도체를 비교하고 시스템 반도체의 특징과 중요성에 대해 학습했다.

### Chapter 02 스마트폰용 반도체 패키지

스마트폰에 들어가있는 반도체의 종류에 대해 학습하고 각 반도체의 역할에 대해 알아보았다. 이후 스마트폰용 반도체 패키지가 어떤 방향으로 발전할지 학습했다.

### Chapter 03 차량용 반도체 패키지

차량용 반도체 패키지의 주요 제조 기업과 반도체 종류, 팹리스/파운드리/OSAT 기업부터 자동차 1차 협력업체와 완성차 회사까지 이어지는 밸류체인에 대해 학습했다. 이후에는 차량용 반도체로 적용되는 시스템과 그에 대한 반도체 종류를 학습했다.

### Chapter 04 AI/HPC 반도체 패키지

AI/HPC 반도체 패키지의 주요 요구사항과 패키지 종류, 시장 성장 전망과 AI 가속기에 대해 학습했다. 이후 반도체의 종류와 밸류체인을 통해 매우 다양한 분야에 적용되는 사례를 통하여 이해도를 높였다.

### Chapter 05 전력반도체 패키지

전력반도체 패키지를 학습하며, 시장 성장 전망과 전력 제어를 위해 필요한 소재 변경에 관한 기술 발전 트렌드까지 알아보았다. 그 후에는 전력반도체에 적용되는 소자의 종류와 적용 분야에 대해 학습했다.

### Chapter 06 반도체 패키지 미래 기술 트렌드

앞으로 미래 반도체 패키지 제품은 어떤 기술을 중심으로 발전할지 8가지의 카테고리를 통해 핵심 기술을 파악했다.

# Memo

# Memo

# Memo

# 렛유인 한권으로 끝내는 전공 · 직무 면접
# 반도체 후공정편

**1판 1쇄 발행**   2026년 1월 21일
**지은이**   차호철, 김용식, 렛유인연구소
**펴낸곳**   렛유인에듀

**총괄**   김근동
**편집**   김혜림
**표지디자인**   김나희

**홈페이지**   https://letuin.com
**이공계 커뮤니티**   이공모야
**인스타그램**   @letuin_official
**유튜브**   취업사이다
**대표전화**   1668-1362
**이메일**   letuin@naver.com

**ISBN**   979-11-92388-71-7 (13560)

여러분을 합격으로 안내할

# 렛유인 공식 SNS로
# 초대합니다!

*QR코드를 휴대폰으로 스캔하면 해당 SNS로 바로 이동됩니다.

## 렛유인 인스타그램 @letuin_official
이공계 맞춤 취준 소식을 가장 빠르게 확인할 수 있는 곳

- 반도체·자동차·방산 등 산업별 **채용 전망 & 최신 트렌드**
- 삼성·SK하이닉스·현대차 등 **기업별 최신 합격자 스펙**
- 자소서/인적성/면접 등 **전형별 준비 TIP·핵심 포인트 요약**
- 이공계 취업에 꼭 필요한 **산업·전공 기반 지식 콘텐츠**

**Scan Me!**

## 취업 사이다 @careersaida
실전감 200%, 이공계 취업 전략을 가장 생생하게 배우는 곳

- 렛유인 **취업전문가와 현직자들이 직접 출연!**
- **취업 전형별 핵심 전략**을 '재미있고 실전감 있는 기획 영상'으로 풀어내는 채널
- 긴장감 넘치는 **실제 합격자 모의면접**부터 렛유인만의 **취업 전략·분석 인사이트**가 담긴 새로운 시리즈 계속 업로드 될 예정

**Scan Me!**

반도체 전공정만큼 중요한
# 반도체 후공정시장은
# 점점 더 커지는 중

## 하지만, 반도체 후공정에 대해 모르는 당신!

 반도체 후공정 엔지니어는 **무슨 일을 하는** 것인가요?

 반도체 후공정의 주요 이슈는 무엇일까요?

# 반도체 후공정 엔지니어가 되기 위해
# 남들과 차별화된 특별한 경험을 찾고 있다면?

## 현직 반도체 후공정 엔지니어
## Wilson 멘토가 직접 알려드립니다!

- ☑ 現 렛유인 반도체 후공정 엔지니어 전문 멘토
- ☑ 現 반도체 후공정 기업 12년차 엔지니어
- ☑ 수도권 대학 메카트로닉스공학사

## '반도체 후공정 엔지니어 멘토링 실무과정'
## 4주 만에 실무를 알려드립니다!

| 일정 | 주제 및 내용 | 과제 | 일정 | 주제 및 내용 | 과제 |
|---|---|---|---|---|---|
| 1주차 | 반도체 후공정 엔지니어 직무는?<br>- 반도체 후공정 공정기술 직무<br>- 후공정 엔지니어가 되기 위한 필요역량 | - 반도체 후공정<br>신제품 공정 조건 | 3주차 | 반도체 후공정 문제 개선 대책<br>- 문제의 개선 대책 수립 | - 분석된 문제와 원인을<br>유발할 수 있는 개선 대책 수립 |
| 2주차 | 반도체 후공정 기본개념과 부적합 원인 분석<br>- 반도체 후공정 기본공정의 이해<br>- 부적합과 원인 분석 | - 주어진 이슈와<br>원인 분석 파악 | 4주차 | 반도체 후공정 문제해결능력<br>- 문제의 해결 및 평가 Report | - 평가 Report 작성 및 오류 확인 |
| 종강 후 | 최종 과제 제출 | | | | |

# 이공계 취업
## 1:1 컨설팅

반도체 / 자동차 / 디스플레이 / 2차전지 / 제약·바이오

방향성 수립부터 서류전형, 면접전형 준비까지!
취업준비 고민들, 전문가 선생님들과 함께 해결하세요.

## 1:1 컨설팅 진행 대표 유형

### 이력서 & 자기소개서

- ✓ 자소서 항목 분석 및 핵심키워드 제시
- ✓ 자소서 탈락원인 분석
- ✓ 자소서 개별 첨삭
- ✓ 이력서-자소서-면접 연결 포인트 점검

### 면접

- ✓ 이력서 & 자소서 기반 면접 질문 도출
- ✓ 1분 자기소개, 마지막 한마디 등 면접 코칭
- ✓ 모의면접을 통한 피드백 및 모범답안 제시

### 직무 & 전공

- ✓ 전공별 지원직무 추천
- ✓ 전공별 직무면접 예상질문 도출 및 답변 전략
- ✓ 면접 기출문제 기반 전공면접 준비
- ✓ 석사 PT면접 준비전략

## 1:1 컨설팅 진행 방법

사전 설문지 작성 > 선생님과 일정 조율 > 1:1 컨설팅 진행 > 추가 Q&A 진행으로 합격전략 수립